高职高专“十一五”规划教材

数控机床编程与操作

王立军　主编
丁仁亮　主审

化学工业出版社
·北京·

本书系统介绍了数控机床加工编程与机床操作的知识。全书共分 11 章，可分为五部分：第一部分介绍数控机床编程的基础知识；第二部分详细介绍数控车床编程，数控车床操作，数控车床典型零件加工；第三部分详细介绍数控铣床与加工中心编程，数控铣床与加工中心操作，数控铣床与加工中心典型零件加工；第四部分简要介绍了自动编程技术；第五部分介绍了数控机床安全操作与维护保养基本知识。本书第二、第三部分内容均以典型 FANUC 系统和相应的数控机床编程与操作为核心内容，意在体现明确清晰的知识技能体系。同时，简要介绍了 SIEMENS 系统数控机床编程的内容和特点。

本书内容全面，重点突出。在编写中兼顾了数控机床编程与操作知识的完整性与实用性，着力体现实际应用能力的培养。本书有配套电子课件，包括视频、动画等。

本书可作为高等职业技术院校相关专业的教学用书和教师参考书、数控加工技术培训教材，也可作为数控加工技术人员和数控操作工学习和参考用书。

图书在版编目(CIP)数据

数控机床编程与操作/王立军主编. —北京：化学工业出版社，2009.2

高职高专“十一五”规划教材

ISBN 978-7-122-04646-8

Ⅰ. 数… Ⅱ. 王… Ⅲ. ①数控机床-程序设计-高等学校-教材②数控机床-操作-高等学校-教材 Ⅳ. TG659

中国版本图书馆 CIP 数据核字（2009）第 008816 号

责任编辑：韩庆利　　装帧设计：杨　北

责任校对：王素芹

出版发行：化学工业出版社（北京市东城区青年湖南街 13 号　邮政编码 100011）

印　　刷：北京永鑫印刷有限责任公司

装　　订：三河市宇新装订厂

787mm×1092mm　1/16　印张 14¼　字数　354　千字　　2009 年 3 月北京第 1 版第 1 次印刷

购书咨询：010-64518888（传真：010-64519686）　售后服务：010-64518899

网　　址：http://www.cip.com.cn

凡购买本书，如有缺损质量问题，本社销售中心负责调换。

定　　价：25.00 元

前　言

机械制造业是国民经济的支柱产业，是反映一个国家经济实力和科学技术水平的重要标志。近年来随着计算机技术、电子技术的发展，制造业也朝着数字化方向飞速迈进，而数字化的核心就是数控技术。世界各工业发达国家通过发展数控技术、建立数控机床产业，促使制造业跨入一个新的发展阶段，给国民经济的结构带来了巨大的变化。

我国是机械制造业大国，近年来，数控机床的普及率得到了较快的提高。目前急需大批具有较强的数控专业理论知识和适度的机械基础理论知识，掌握数控设备的编程、操作、维护能力的高素质人才。为了适应国家职业技能培训的核心目标，培养高素质的数控应用型人才，组织编写了《数控机床编程与操作》这本教材。

全书共分 11 章，书中介绍了数了控机床编程的基础知识；数控车床编程，数控车床操作，数控车床典型零件加工；数控铣床与加工中心编程，数控铣床与加工中心操作，数控铣床与加工中心典型零件加工；自动编程技术；数控机床安全操作与维护保养基本知识。

本书编写中均以典型 FANUC 系统及其数控机床为主线，介绍编程与操作常用知识，同时简要介绍 SIEMENS 系统数控机床编程的基本内容和特点。力求通过典型的实例，完整地体现相关知识技能的综合运用，力争达到较高的实际应用价值。

在本书编写中，始终贯彻以培养生产一线所需的数控机床编程与操作技能型人才为目标，突出编程与操作实际应用能力的培养。本书适用于数控技术类、机械制造类相关专业，可作为数控机床编程与操作课程的教科书，也可作为数控技术人员或数控操作工人的参考书和自学教材。

本书由王立军主编，参加本书编写的还有朱虹、姬彦巧、石磊等，全书由丁仁亮主审。本书在编写过程中，参考了一些教材和数控技术资料，得到了辽宁装备制造职业技术学院王长义、李运杰、史立峰等老师的大力协助，在此表示衷心的感谢。

本书有配套电子课件，可赠送给用本书作为教材的学校和老师，如有需要请发电子邮件至 hqlbook@126.com 索取。

由于编者水平有限，时间仓促，本书难免有不当之处，恳请读者和各位同仁提出宝贵意见。

编者

2009 年 1 月

目　录

第 1 章　数控加工编程基础

1.1　数控加工编程概念

1.1.1　数控加工的基本过程

数控加工，就是泛指在数控机床上进行零件加工的工艺过程。数控机床是一种用计算机来控制的机床。用来控制机床的计算机，不管是专用计算机、还是通用计算机都统称为数控系统。数控机床的运动和辅助动作均受控于数控系统发出的指令。而数控系统的指令是由程序员根据工件的材质、加工要求、机床的特性和系统所规定的指令格式（数控语言或符号）编制的。所谓编程，就是把被加工零件的工艺过程、工艺参数、运动要求用数字指令形式（数控语言）记录在介质上，并输入数控系统。数控系统根据程序指令向伺服装置和其他功能部件发出运行或中断信息来控制机床的各种运动。当零件的加工程序结束时，机床便会自动停止。任何一种数控机床，在其数控系统中若没有输入程序指令，数控机床就不能工作。

机床的受控动作大致包括机床的启动、停止；主轴的启停、旋转方向和转速的变换；进给运动的方向、速度、方式；刀具的选择、长度和半径的补偿；刀具的更换，冷却液的开启、关闭等。在数控机床上加工零件所涉及的工作内容比较广泛，与相关的配套技术有密切的关系。合格的编程员首先应该是一个很好的工艺员，应熟练地掌握工艺分析、工艺设计和切削用量的选择，能正确地选择刀辅具并提出零件的装夹方案，了解数控机床的性能、特点及操作过程，熟悉程序编制方法和程序的输入方式。图 1-1 所示为数控机床加工过程流程图，从图中可以看出数控机床加工工件的基本过程，即从零件图到加工好零件的整个过程。

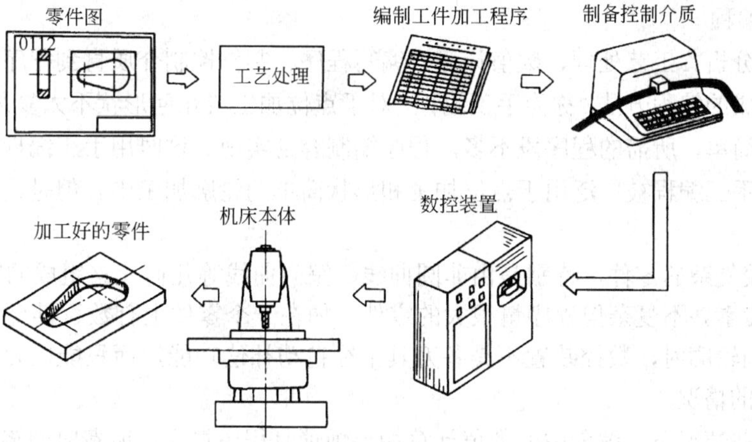

图 1-1　数控机床加工过程流程图

数控加工程序编制方法有手工（人工）编程和自动编程之分。手工编程即程序的全部内容是由人工按数控系统所规定的指令格式编写的。自动编程即计算机编程，可分为以语言和绘画为基础的自动编程方法。但是，无论是采用何种自动编程方法，都需要有相应配套的硬件和软件。

可见，编程是实现数控加工的关键。但光有编程是不行的，数控加工还包括编程前必须要做的一系列工艺准备工作及编程后的善后处理工作。一般来说数控加工工艺主要包括的内容如下：

① 选择并确定进行数控加工的零件及内容；

② 对零件图纸进行数控加工的工艺分析；

③ 数控加工的工艺设计；

④ 对零件图纸的数学处理；

⑤ 编写加工程序单；

⑥ 按程序单制作控制介质；

⑦ 程序的校验与修改；

⑧ 首件试加工与现场问题处理；

⑨ 数控加工工艺文件的定型与归档。

1.1.2 数控编程概念

在数控机床上加工零件时，一般首先需要编写零件加工程序，即用数字形式的指令代码来描述被加工零件的工艺过程、零件尺寸和工艺参数（如主轴转速、进给速度等），然后将零件加工程序输入数控装置，经过计算机的处理与计算，发出各种控制指令，控制机床的运动与辅助动作，自动完成零件的加工。当变更加工对象时，只需重新编写零件加工程序，而机床本身则不需要进行调整就能把零件加工出来。

这种根据被加工零件的图纸及其技术要求、工艺要求等切削加工的必要信息，按数控系统所规定的指令和格式编制的数控加工指令序列，就是数控加工程序，或称零件程序。要在数控机床上进行加工，数控加工程序是必需的。制备数控加工程序的过程称为数控加工程序编制，简称数控编程（NC programming），它是数控加工中的一项极为重要的工作。

1.1.3 数控编程方法

1.1.3.1 手工编程

从零件图分析、工艺处理、数值计算、编写程序、制作控制介质直到程序校验等各个阶段均由人工完成的编程方法，称为手工编程。对于点位加工或几何形状不太复杂的平面零件，数值计算较为简单，所需的程序段不多，程序编制容易实现。这时用手工编程较为经济而且及时。因此，手工编程被广泛用于点位加工和形状简单的轮廓加工中。但是，下列情况不适合用手工编程：

① 形状较复杂的零件，特别是由非圆曲线、空间曲线等几何元素组成的零件；

② 几何元素并不复杂但程序量很大的零件，如在一个零件上有数百甚至上千个孔；

③ 当铣削轮廓时，数控装置不具备刀具半径自动补偿功能，而只能以刀具中心的运动轨迹进行编程的情况。

在以上这些情况下，编程中的数值计算相当烦琐且程序量大，所费时间多且易出错。而且，有时手工编程根本难以完成。为缩短生产周期，提高数控机床的利用率，有效地解决各种复杂零件的编程问题，必须采用自动编程。

1.1.3.2 自动编程

由计算机完成程序编制中的大部分或全部工作的编程方法，称为自动编程。

目前，由世界各国研制的自动编程系统已有上百种。按照加工信息输入方式的不同，自动编程系统可分为语言式系统和图形交互式系统两类。

早期的自动编程系统均为语言式系统。编程员需将全部加工内容用数控语言编写好零件源程序，输入计算机，计算机处理完毕后再输出可以直接用于数控机床的数控加工程序。由美国麻省理工大学在 1955 年研制成功的 APT 系统属于语言式系统。

随着微型计算机技术和数控编程技术的发展，出现了可以直接将零件的几何图形转化为数控加工程序的图形交互式系统，如美国 CNC Software 公司开发的 MASTER CAM 系统、EDS 公司开发的 UG 系统等，编程员可利用自动编程系统本身的 CAD 功能，以人机对话的方式，很方便地在显示器上勾画出复杂的零件图形，从而完成了编程信息的输入。这种自动编程方法实现了 CAM 与 CAD 的高度结合，因此被纳入 CAD/CAM 技术。

自动编程可以大大减轻编程人员的劳动强度，将编程效率提高几十倍甚至上百倍。同时解决了手工编程无法解决的复杂零件的编程难题。因此，除了少数情况下采用手工编程外，原则上都应采用自动编程。但是手工编程是自动编程的基础，对于数控编程的初学者来说，仍应从学习手工编程入手。

1.1.4　数控编程的内容和步骤

数控机床是按照事先编制好的加工程序，自动地对被加工零件进行加工。使用数控机床加工零件时，程序编制是一项重要的工作。迅速、正确而经济地完成程序编制工作，对于有效地利用数控机床具有决定性意义。

一般说来，数控加工程序的编制有以下 5 个步骤。

（1）工艺处理　在对零件图进行全面分析的基础上，确定零件的装夹定位方法、加工路线（如对刀点、换刀点、进给路线）、刀具及切削用量等工艺参数（如进给速度、主轴转速、切削宽度和切削深度等），确定机床坐标系、工件坐标系。

（2）数值计算　根据零件图和所确定的加工路线，要计算出刀具中心运动轨迹。一般的数控装置具有直线插补和圆弧插补的功能。因此，对于加工由圆弧、直线组成的简单零件，只需计算出零件轮廓上相邻几何元素的交点或切点（基点）的坐标值，得出直线的起点、终点，圆弧的起点、终点和圆心坐标值。

当零件的形状比较复杂，并与数控装置的插补功能不一致时，需要作较复杂的计算。比如对非圆曲线或其他二次曲线，用仅有直线和圆弧插补功能的数控机床加工时，不仅需要计算基点，还要用直线段（或圆弧段）来逼近，在满足加工精度的条件下，再计算出曲线上各逼近线段的交点（节点）的坐标值。对于这种情况，大多要借助计算机来完成数值计算工作。

（3）编写零件加工程序　根据所计算出的刀具运动轨迹坐标值和已确定的切削用量以及辅助动作，结合数控系统规定的指令及程序段格式，编写零件加工程序。

（4）制作控制介质　程序编写好之后，需要制作成控制介质，以便将加工信息输入给数控装置。常用的记载加工程序的信息载体（即控制介质）有磁盘、磁带及 U 盘等。现在穿孔纸带已不用，多数采用磁盘的形式，利用数据传输软件（如 DNC 系统）通过数控机床的通信接口，将加工信息传给数控装置。

（5）程序校验和零件试切　编制好的程序必须经过校验和试切才能正式使用。校验的方法是直接将控制介质上的内容输入到数控装置中，检查刀具的运动轨迹是否正确。在有 CRT 图形显示屏的数控机床上，可以用模拟工件切削过程的方法进行校验。否则可用笔代刀，用坐标纸代替工件，让机床运转，画出加工轨迹。

上述这些方法只能检验刀具的运动轨迹是否正确，不能检查加工精度。因此，还应进行零件的试切。如果通过试切发现零件的精度达不到要求，则应进行程序的修改及采用误差补偿方法，直到加工出合格零件为止。

1.2 数控机床的坐标系

1.2.1 机床坐标系的命名规定

我国根据 ISO841 国际标准制定的 JB 3501—1982《数字控制机床坐标和运动方向的命名》的标准，对数控机床的坐标轴及运动方向作了明文规定。

标准规定，不论机床在加工中是刀具移动，还是被加工工件移动，都一律假定刀具相对于静止的工件移动。并且，将刀具与工件之间距离增大的方向作为坐标轴的正方向。

为了确定机床的运动方向和移动的距离，要在机床上建立一个坐标系，这个坐标系就是标准坐标系，也叫机床坐标系。在编制程序时，以该坐标系来规定运动的方向和距离。标准中规定数控机床的坐标系采用右手直角笛卡儿坐标系。如图 1-2 所示，右手笛卡儿坐标系中的 3 个直角坐标轴 *X*、*Y*、*Z* 与机床的主要导轨相平行，*X*、*Y*、*Z* 轴之间的关系及其正方向由右手定则规定。在图 1-2 中，大拇指的方向为 *X* 轴的正方向，食指的方向为 *Y* 轴的正方向，中指的方向为 *Z* 轴的正方向。

图 1-3 所示为数控机床的主轴以及工作台的机床坐标系建立状况。3 个旋转坐标 *A*、*B*、*C* 相应表示其轴线平行于 *X*、*Y*、*Z* 的旋转运动，其正方向根据右手螺旋方法确定。

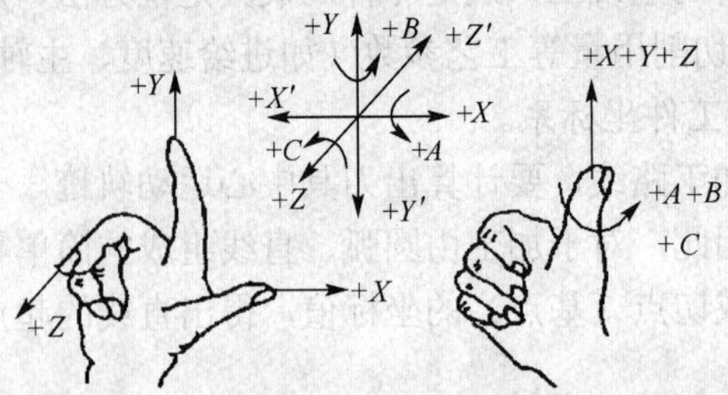

图 1-2 右手笛卡儿坐标系

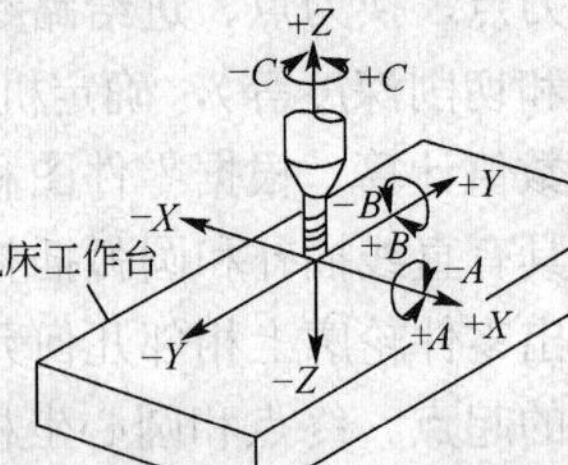

图 1-3 机床坐标系建立

编程时，一律假定工件不动而刀具运动，所以对于编程人员来说，即使不知道是刀具移近工件，还是工件移近刀具，也能编出正确的程序。

对于工件运动而不是刀具运动的机床，在坐标系命名时，在坐标系的符号上应加注标记“′”，如 *X*′、*Y*′、*Z*′等，以示区别。

1.2.2 机床坐标轴方向和方位的确定

确定机床坐标轴时，一般先确定 *Z* 轴，再确定 *X* 轴、*Y* 轴。

（1）*Z* 轴的确定 规定平行于机床主轴轴线的坐标轴为 *Z* 轴，并取刀具远离工件的方向为其正方向。如在孔加工中，钻入工件的方向为 *Z* 轴的负方向，而退出方向为 *Z* 主轴正方向。如数控铣床主轴带动刀具旋转，与主轴平行的坐标即为 *Z* 坐标，如图 1-4 所示。

对于没有主轴的机床（如牛头刨床），则取垂直于装夹工件的工作台的方向为 *Z* 轴方向。如果机床有几个主轴，则选择其中一个与装夹工件的工作台垂直的主轴为主要主轴，并以它

的方向作为 Z 轴方向，如图 1-5 所示。

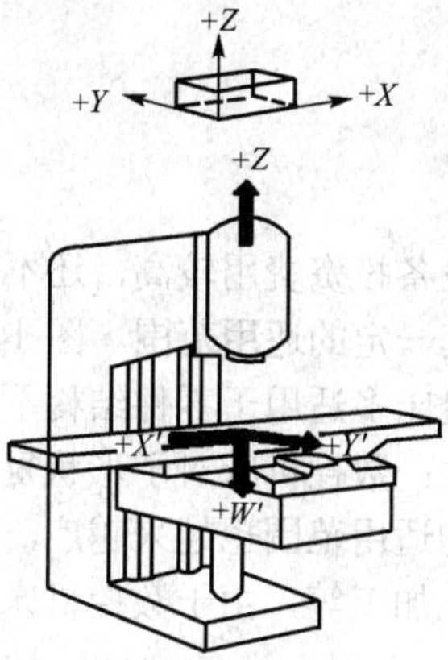

图 1-4 立式数控铣床坐标系

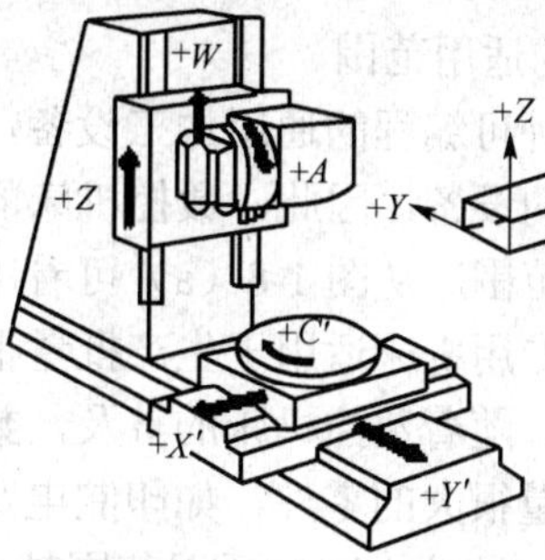

图 1-5 加工中心坐标系

（2）X 轴的确定　X 轴位于与工件定位平面相平行的水平面内，且垂直于 Z 轴。

对于工件旋转的机床（如车床、外圆磨床等），则 X 轴在水平面内且垂直于工件旋转轴线。安装在横向滑座上的刀具离开工件的方向为 X 轴的正方向，如图 1-6 所示。

对于刀具旋转的机床，若主轴是垂直的（如立式铣床、钻床等），当从主轴向立柱看时，X 轴的正方向指向右方。若主轴是水平的，如图 1-7 所示卧式数控铣床，当从主轴向工件看时，X 轴的正方向指向右方。因此，当面对机床看时，立式数控铣床与卧式数控铣床的 X 轴正方向相反。

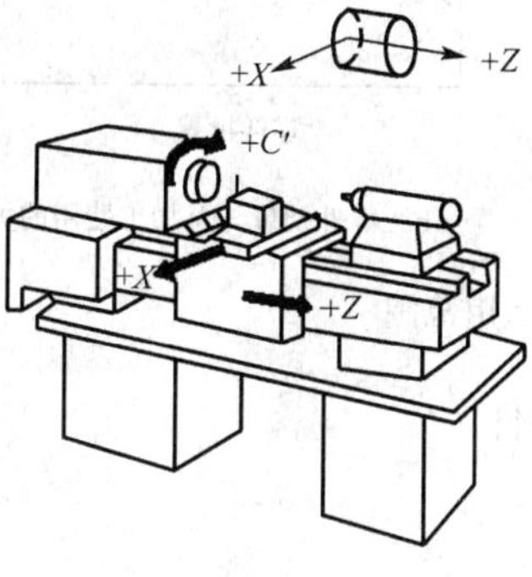

图 1-6 数控车床坐标系

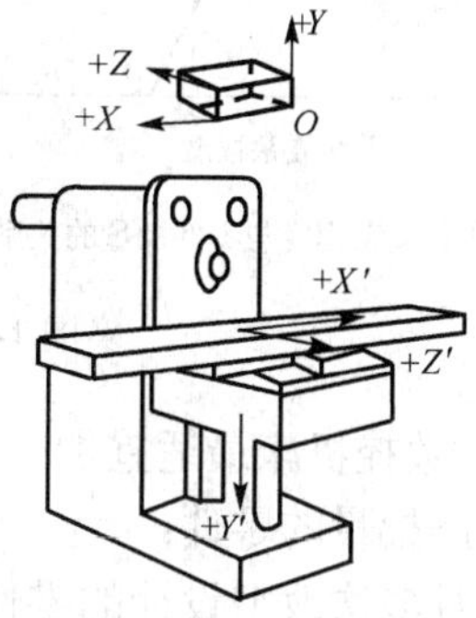

图 1-7 卧式数控铣床坐标系

对于无主轴的机床（如刨床），则选定主要切削方向为 X 轴正方向。

（3）Y 轴的确定　Y 轴方向可根据已确定的 Z 轴、X 轴方向，用右手直角笛卡儿坐标系来确定。

（4）回转轴　绕 X 轴回转的坐标轴为 A，绕 Y 轴回转的坐标轴为 B，绕 Z 轴回转的坐标轴为 C，方向采用右手螺旋定则。如图 1-5 所示，加工中心坐标系的回转轴 A、C'，其中 C' 表示工件回转。

如果在第 1 组 A、B、C 做回转运动的同时，还有平行或不平行 A、B、C 回转轴的第 2 组回转运动可命名为 D 或 E。

（5）附加坐标轴　如果机床除有 X、Y、Z 主要的直线运动坐标外，还有平行于它们的坐标运动，则应分别命名为 U、V、W。如果还有第 3 组直线运动，则应分别命名为 P、Q、R。

1.3 数控加工工艺分析与工艺设计

1.3.1 数控机床的合理选用

1.3.1.1 数控机床的适用范围

数控机床是一种可编程的通用加工设备，但是因设备投资费用较高，还不能用数控机床完全替代其他类型的设备，因此，数控机床的选用有其一定的适用范围。图 1-8 可粗略地表示数控机床的适用范围。从图 1-8（a）可看出，通用机床多适用于零件结构不太复杂、生产批量较小的场合；专用机床适用于生产批量很大的零件；数控机床对于形状复杂的零件尽管批量小也同样适用。随着数控机床的普及，数控机床的适用范围也越来越广，对一些形状不太复杂而重复工作量很大的零件，如印制电路板的钻孔加工等，由于数控机床生产率高，也已大量使用。因而，数控机床的适用范围越来越大。

图 1-8（b）表示当采用通用机床、专用机床及数控机床加工时，零件生产批量与零件总加工费用之间的关系。据有关资料统计，当生产批量在一定数量以下，用数控机床加工具有一定复杂程度零件时，加工费用最低，能获得较高的经济效益。

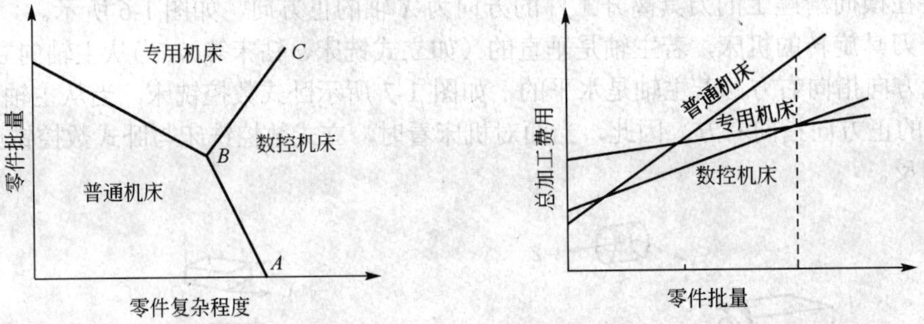

（a）零件复杂程度与零件批量的关系　　（b）零件批量与总加工费用的关系

图 1-8　数控机床的适用范围

由此可见，数控机床最适宜加工以下类型的零件：

① 中小生产批量的零件；

② 需要进行多次改型设计的零件；

③ 加工精度要求高、结构形状复杂的零件，如箱体类，曲线、曲面类零件；

④ 需要精确复制和尺寸一致性要求高的零件；

⑤ 价值昂贵的零件，这种零件虽然生产量不大，但是如果加工中因出现差错而报废，将产生巨大的经济损失。

1.3.1.2 数控车床的加工对象

与传统车床相比，数控车床比较适合于车削具有以下要求和特点的回转体零件。

（1）精度要求高的零件　由于数控车床的刚性好，制造和对刀精度高，以及能方便和精确地进行人工补偿甚至自动补偿，所以它能够加工尺寸精度要求高的零件。在有些场合可以以车代磨。此外，它能加工对母线直线度、圆度、圆柱度要求高的零件。

（2）表面粗糙度好的回转体零件　数控车床能加工出表面粗糙度小的零件，不但是因为机床的刚性好和制造精度高，还由于它具有恒线速度切削功能。在材质、精车留量和刀具已定的情况下，表面粗糙度取决于进给速度和切削速度。使用数控车床的恒线速度切削功能，就可选用最佳线速度来切削端面，这样切出的粗糙度既小又一致。数控车床还适合于车削各部位表面粗糙度要求不同的零件。粗糙度小的部位可以用减小进给速度的方法来达到，而这在传统车床上是做不到的。

（3）轮廓形状复杂的零件　数控车床具有圆弧插补功能，所以可直接使用圆弧指令来加工圆弧轮廓。数控车床也可加工由任意平面曲线所组成的轮廓回转零件，既能加工可用方程描述的曲线，也能加工列表曲线。如果说车削圆柱零件和圆锥零件既可选用传统车床也可选用数控车床，那么车削复杂转体零件就只能使用数控车床。

（4）带一些特殊类型螺纹的零件　传统车床所能切削的螺纹相当有限，它只能加工等节距的直、锥面公、英制螺纹，而且一台车床只限定加工若干种节距。数控车床不但能加工任何等节距直、锥面，公、英制和端面螺纹，而且能加工增节距、减节距，以及要求等节距、变节距之间平滑过渡的螺纹。数控车床加工螺纹时主轴转向不必像传统车床那样交替变换，它可以一刀又一刀不停顿地循环，直至完成，所以它车削螺纹的效率很高。数控车床还配有精密螺纹切削功能，再加上一般采用硬质合金成形刀片，以及可以使用较高的转速，所以车削出来的螺纹精度高、表面粗糙度小。可以说，包括丝杠在内的螺纹零件很适合于在数控车床上加工。

（5）超精密、超低表面粗糙度的零件　磁盘、录像机磁头、激光打印机的多面反射体、复印机的回转鼓、照相机等光学设备的透镜及其模具，以及隐形眼镜等要求超高的轮廓精度和超低的表面粗糙度值，它们适合于在高精度、高功能的数控车床上加工。以往很难加工的塑料散光用的透镜，现在也可以用数控车床来加工。超精加工的轮廓精度可达到 0.1μm，表面粗糙度可达 0.02μm。超精车削零件的材质以前主要是金属，现已扩大到塑料和陶瓷。

1.3.1.3　数控铣床的加工对象

与加工中心相比，数控铣床除了缺少自动换刀功能及刀库外，其他方面均与加工中心类同，也可以对工件进行钻、扩、铰、锪和镗孔加工与攻螺纹（攻丝）等，但它主要还是被用来对工件进行铣削加工，这里所说的主要加工对象及分类也是从铣削加工的角度来考虑的。

（1）平面类零件　加工表面平行、垂直于水平面或加工表面与水平面的夹角为定角的零件称为平面类零件。根据定义，如图 1-9 所示的三个零件都属于平面类零件。目前，在数控铣床上加工的绝大多数零件属于平面类零件。平面类零件的特点是，各个加工单元面是平面，或可以展开成为平面，如图 1-9 中的曲线轮廓面 *A*（展开后为平面）和正圆台面 *B* 以及倾斜平面 *C*，均为平面。平面类零件是数控铣削加工对象中最简单的一类，一般只需用 3 坐标数控铣床的两坐标联动就可以把它们加工出来。

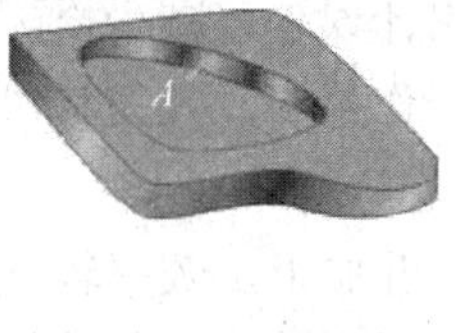

（a）曲线轮廓表面

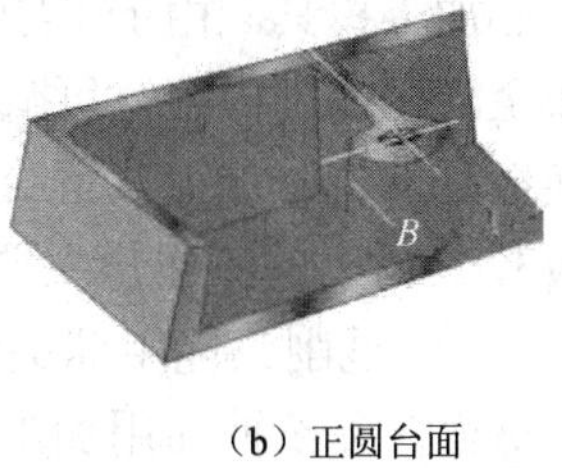

（b）正圆台面

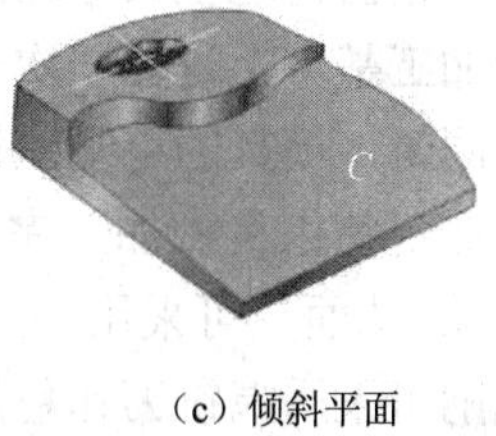

（c）倾斜平面

图 1-9　数控铣床平面类零件加工

（2）变斜角类零件　加工表面与水平面的夹角呈连续变化的零件称为变斜角类零件。这类零件多数为飞机零件，如飞机上的整体梁、框与肋等，此外还有检验夹具与装配型架等。变斜角类零件的变斜角加工表面不能展开为平面，但在加工中，加工表面与铣刀圆周接触的瞬间为一条直线。最好采用4坐标和5坐标数控铣床摆角加工，如没有上述机床时，也可用3坐标数控铣床上进行2.5坐标近似加工。

（3）曲面类（立体类）零件　加工表面为空间曲面的零件称为曲面类零件。零件的特点其一是加工表面不能展开为平面；其二是加工表面与铣刀始终为点接触。此类零件一般采用3坐标数控铣床。

1.3.1.4　加工中心的主要加工对象

加工中心适宜于加工复杂、工序多、要求较高、需用多种类型的普通机床和众多刀具夹具，且经多次装夹和调整才能完成加工的零件。其加工的主要对象有箱体类零件、复杂曲面、异形件、盘套板类零件和特殊加工件等五类。

（1）箱体类零件　箱体类零件一般是指具有一个以上孔系，内部有型腔，在长、宽、高方向有一定比例的零件。这类零件在机床、汽车、飞机制造等行业用得较多。箱体类零件一般都需要进行多工位孔系及平面加工，公差要求较高，特别是形位公差要求较为严格，通常要经过铣、钻、扩、镗、铰、锪、攻螺纹等工序，需要刀具较多，在普通机床上加工难度大，工装套数多，费用高，加工周期长，需多次装夹、找正，手工测量次数多，加工时必须频繁地更换刀具，加工工艺比较复杂，更重要的是精度难以保证。

加工箱体类零件的加工中心，当加工工位较多，需工作台多次旋转角度才能完成的零件，一般选卧式镗铣类加工中心。当加工的工位较少，且跨距不大时，可选立式加工中心，从一端进行加工。

（2）复杂曲面　复杂曲面在机械制造业，特别是航天航空工业中占有特殊重要的地位。复杂曲面采用普通机加工方法是难以加工，甚至无法完成的。在我国，传统的方法是采用精密铸造，可想而知其精度是低的。复杂曲面类零件如各种叶轮、导风轮、球面，各种曲面成形模具，螺旋桨以及水下航行器的推进器，以及一些其他形状的自由曲面。这类零件均可用加工中心进行加工。比较典型的下面几种。

① 凸轮、凸轮机构。作为机械式信息储存与传递的基本元件，被广泛地应用于各种自动机械中，这类零件有各种曲线的盘形凸轮、圆柱凸轮、圆锥凸轮、桶形凸轮、端面凸轮等。加工这类零件可根据凸轮的复杂程度选用三轴、四轴联动或选用五轴联动的加工中心。

② 整体叶轮类。这类零件常见于航空发动机的压气机，制氧设备的膨胀机，单螺杆空气压缩机等，对于这样的型面，可采用四轴以上联动的加工中心才能完成。

③ 模具类。如注塑模具、橡胶模具、真空成形吸塑模具、电冰箱发泡模具、压力铸造模具、精密铸造模具等。采用加工中心加工模具，由于工序高度集中，动模、静模等关键件的精加工基本上是在一次安装中完成全部机加工内容，可减少尺寸累计误差，减少修配工作量。同时，模具的可复制性强，互换性好。机械加工残留给钳工的工作量少，凡刀具可及之处，尽可能由机械加工完成，这样使模具钳工的工作量主要在于抛光。

④ 球面。可采用加工中心铣削。三轴铣削只能用球头铣刀作逼近加工，效率较低，五轴铣削可采用端铣刀作包络面来逼近球面。复杂曲面用加工中心加工时，编程工作量较大，大多数要有自动编程技术。

（3）异形件　异形件是外形不规则的零件，大都需要点、线、面多工位混合加工。异形件的刚性一般较差，装夹变形难以控制，加工精度也难以保证，甚至某些零件的有的加工部位用普通机床难以完成。用加工中心加工时应采用合理的工艺措施，一次或二次装夹，利用加工中心多工位点、线、面混合加工的特点，完成多道工序或全部的工序内容。

（4）盘、套、板类零件　带有键槽，或径向孔，或端面有分布的孔系，曲面的盘套或轴类零件，如带法兰的轴套，带键槽或方头的轴类零件等，还有具有较多孔加工的板类零件，如各种电机盖等。端面有分布孔系、曲面的盘类零件宜选择立式加工中心，有径向孔的可选卧式加工中心。

（5）特殊加工　在熟练掌握了加工中心的功能之后，配合一定的工装和专用工具，利用加工中心可完成一些特殊的工艺工作，如在金属表面上刻字、刻线、刻图案；在加工中心的主轴上装上高频电火花电源，可对金属表面进行线扫描表面淬火；用加工中心装上高速磨头，可实现小模数渐开线圆锥齿轮磨削及各种曲线、曲面的磨削等。

1.3.2　工艺分析与工艺设计的内容

数控加工工艺分析与工艺设计的主要内容有：

① 选择适合在数控机床上加工的零件，确定工序内容；

② 分析被加工零件图样，明确加工内容及技术要求，在此基础上确定零件的加工方案，制定数控加工工艺路线，如工序的划分、加工顺序的安排、与传统加工工序的衔接等；

③ 设计数控加工工序，如工步的划分、零件的定位与夹具的选择、刀具的选择、切削用量的确定等；

④ 调整数控加工工序的程序，如对刀点、换刀点的选择、走刀路线的确定、刀具的补偿；

⑤ 分配数控加工中的容差；

⑥ 处理数控机床上部分工艺指令；

⑦ 编制数控加工工艺文件。

总之，数控加工工艺内容较多，有些与普通机床加工相似。

1.3.3　加工方法的选择与加工方案的确定

1.3.3.1　加工方法的选择

表面加工方法的选择，就是为零件上每一个有质量要求的表面选择一套合理的加工方法。在选择时，一般先根据表面的精度和粗糙度要求选定最终加工方法，然后再确定精加工前准备工序的加工方法，即确定加工方案。由于获得同一精度和粗糙度的加工方法往往有几种，在选择时除了考虑生产率要求和经济效益外，还应考虑下列因素。

（1）工件材料的性质　例如，淬硬钢零件的精加工要用磨削的方法；有色金属零件的精加工应采用精细车或精细镗等加工方法，而不应采用磨削。

（2）工件的结构和尺寸　例如，对于IT7级精度的孔采用拉削、铰削、镗削和磨削等加工方法都可。但是箱体上的孔一般不用拉或磨，而常常采用铰孔和镗孔，直径大于60mm的孔不宜采用钻、扩、铰。

（3）生产类型　选择加工方法要与生产类型相适应。大批大量生产应选用生产率高和质量稳定的加工方法。例如，平面和孔采用拉削加工。单件小批生产则采用刨削、铣削平面和钻、扩、铰孔。又如为保证质量可靠和稳定，保证较高的成品率，在大批大量生产中采用珩磨和超精加工工艺加工较精密零件。

（4）具体生产条件　应充分利用现有设备和工艺手段，不断引进新技术，对老设备进行技术改造，挖掘企业潜力，提高工艺水平。

1.3.3.2 加工方案的确定

确定加工方案时，首先应根据主要表面的精度和表面粗糙度的要求，初步确定为达到这些要求所需要的加工方法。例如，对于孔径不大的IT7级精度孔，最终的加工方法选择精铰孔时，则精铰孔前通常要经过钻孔、扩孔和粗铰孔等加工。

零件上比较精密的尺寸及表面，常常是通过粗加工、半精加工和精加工逐步达到的。对这些加工部位仅仅根据质量的要求选择相应的加工方法是不够的，还应正确确定从毛坯到最终成品零件的加工方案，也就是零件机械加工的工艺路线。

表1-1～表1-3分别列出了外圆、内孔和平面的加工方案，表1-4列出了各种加工方法所能达到的经济精度等级和表面粗糙度等级，供选择加工方法时参考。

表 1-1 外圆表面加工方案

序 号	加 工 方 案	经济精度等级	表面粗糙度 R_a / μm	适 用 范 围
1	粗车	IT11以下	50～12.5	适用于淬火钢以外的各种金属
2	粗车—半精车	IT8～10	6.3～3.2	
3	粗车—半精车—精车	IT7～8	1.6～0.8	
4	粗车—半精车—精车—滚压（或抛光）	IT7～8	0.2～0.025	
5	粗车—半精车—磨削	IT7～8	0.8～0.4	主要用于淬火钢，也可用于未淬火钢，但不宜加工有色金属
6	粗车—半精车—粗磨—精磨	IT6～7	0.4～0.1	
7	粗车—半精车—粗磨—精磨—超精加工（或轮式超精磨）	IT5	0.1～R_z0.1	
8	粗车—半精车—精车—金刚石车	IT6～7	0.4～0.025	主要用于要求较高的有色金属加工
9	粗车—半精车—粗磨—精磨—超精磨或镜面磨	IT5以上	0.025～R_z0.05	极高精度的外圆加工
10	粗车—半精车—粗磨—精磨—研磨	IT5以上	0.1～R_z0.05	

表 1-2 内孔加工方案

序 号	加 工 方 案	经济精度等级	表面粗糙度 R_a/μm	适 用 范 围
1	钻	IT11～12	12.5	加工未淬火钢及铸铁的实心毛坯，也可用于加工有色金属（但表面粗糙度稍大，孔径小于15～20mm）
2	钻—铰	IT9	3.2～1.6	
3	钻—铰—精铰	IT7～8	1.6～0.8	
4	钻—扩	IT10～11	12.5～6.3	加工未淬火钢及铸铁的实心毛坯，也可用于加工有色金属，但孔径大于15～20mm
5	钻—扩—铰	IT8～9	3.2～1.6	
6	钻—扩—粗铰—精铰	IT7	1.6～0.8	
7	钻—扩—机铰—手铰	IT6～7	0.4～0.1	
8	钻—扩—拉	IT7～9	1.6～0.1	大批量生产（孔精度由拉刀精度而定）
9	粗镗（或扩孔）	IT11～12	12.5～6.3	除淬火钢外各种材料，毛坯有铸出孔或锻出孔
10	粗镗（粗扩）—半精镗（精扩）	IT8～9	3.2～1.6	
11	粗镗（扩）—半精镗（精扩）—精镗（铰）	IT7～8	1.6～0.8	
12	粗镗（扩）—半精镗（精扩）—精镗—浮动镗刀精镗	IT6～7	0.8～0.4	
13	粗镗（扩）—半精镗—磨孔	IT7～8	0. 8～0. 2	主要用于淬火钢，也可用于未淬火钢，但不宜用于有色金属
14	粗镗（扩）—半精镗—粗磨—精磨	IT6～7	0.2～0.1	

续表

序　　号	加 工 方 案	经济精度等级	表面粗糙度 R_a/μm	适 用 范 围
15	粗镗—半精镗—精镗—金钢镗	IT6～7	0.4～0.05	主要用于精度要求高的有色金属加工
16	钻—（扩）—粗铰—精铰—珩磨 钻—（扩）—拉—珩磨 粗镗—半精镗—精镗—珩磨	IT6～7	0.2～0.025	精度要求很高的孔
17	以研磨代替上述方案中的珩磨	IT6级以上		

表 1-3　平面加工方案

序　　号	加 工 方 案	经济精度等级	表面粗糙度 R_a/μm	适 用 范 围
1	粗车—半精车	IT9	6.3～3.2	端面
2	粗车—半精车—精车	IT7～IT8	1.6～0.8	
3	粗车—半精车—磨削	IT8～IT9	0.8～0.2	
4	粗刨（或粗铣）—精刨（或精铣）	IT8～IT9	6.3～1.6	一般不淬硬平面（端铣表面粗糙度较细）
5	粗刨（或粗铣）—精刨（或精铣）—刮研	IT6～IT7	0.8～0. 1	精度要求较高的不淬硬平面；批量较大时宜采用宽刃精刨方案
6	以宽刃刨削代替上述方案刮研	IT7	0.8～0.2	
7	粗刨（或粗铣）—精刨（或精铣）—磨削	IT7	0.8～0.2	精度要求高的淬硬平面或不淬硬平面
8	粗刨（或粗铣）—精刨（或精铣）—粗磨—精磨	IT6～IT7	0.4～0.02	
9	粗铣—拉	IT7～IT9	0.8～0.2	大量生产，较小的平面（精度由拉刀精度而定）
10	粗铣—精铣—磨削—研磨	IT6级以上	0.1～R_z0. 05	高精度平面

表 1-4　各种加工方法的经济精度和表面粗糙度（中批生产）

被加工表面	加 工 方 法	经济精度 IT	表面粗糙度 R_a/μm
外圆和端面	粗车	11～13	50～12.5
	半精车	8～11	6.3～3.2
	精车	7～9	3.2～1.6
	粗磨	8～11	3.2～0.8
	精磨	6～8	0.8～0.2
	研磨	5	0.2～0.012
	超精加工	5	0.2～0.012
	精细车（金刚车）	5～6	0.8～0.05
孔	钻孔	11～13	50～6.3
	铸锻孔的粗扩（镗）	11～13	50～12.5
	精扩	9～11	6.3～3.2
	粗铰	8～9	6.3～1.6
	精铰	6～7	3.2～0.8
	半精镗	9～11	6.3～3.2
	精镗（浮动镗）	7～9	3.2～0.8
	精细镗（金刚镗）	6～7	0.8～0.1
	粗磨	9～11	6.3～3.2
	精磨	7～9	1.6～0.4
	研磨	6	0.2～0.012
	珩磨	6～7	0.4～0.1
	拉孔	7～9	1.6～0.8

续表

被加工表面	加 工 方 法	经济精度 IT	表面粗糙度 R_a/μm
平面	粗刨、粗铣	11～13	50～12.5
	半精刨、半精铣	8～11	6.3～3.2
	精刨、精铣	6～8	3.2～0.8
	拉削	7～8	1.6～0.8
	粗磨	8～11	6.3～1.6
	精磨	6～8	0.8～0.2
	研磨	5～6	0.2～0.012

1.3.4 工序与工步的划分

在数控机床上加工零件，工序可以比较集中，在一次装夹中尽可能完成大部分或全部工序。首先应根据零件图纸，考虑被加工零件是否可以在一台数控机床上完成整个零件的加工，如不能，则应决定其中哪一部分在数控机床上加工，哪一部分在其他机床上加工，即对零件的加工工序进行划分。

1.3.4.1 工序划分的原则

数控加工通常按下列原则划分工序。

（1）基面先行原则　用作精基准的表面应优先加工出来，因为定位基准的表面越精确，装夹误差就越小。例如轴类零件加工时，总是先加工中心孔，再以中心孔为精基准加工外圆表面和端面。又如箱体类零件总是先加工定位用的平面和两个定位孔，再以平面和定位孔为精基准加工孔系和其他平面。

（2）先粗后精原则　各个表面的加工顺序按照粗加工→半精加工→精加工→光整加工的顺序依次进行，逐步提高表面的加工精度和减小表面粗糙度。

（3）先主后次原则　零件的主要工作表面、装配基面应先加工，从而能及早发现毛坯中主要表面可能出现的缺陷。次要表面可穿插进行，放在主要加工表面加工到一定程度后、最终精加工之前进行。

（4）先面后孔原则　对箱体、支架类零件，平面轮廓尺寸较大，一般先加工平面，再加工孔和其他尺寸，这样安排加工顺序，一方面用加工过的平面定位，稳定可靠；另一方面在加工过的平面上加工孔，比较容易，并能提高孔的加工精度，特别是钻孔时的轴线不易偏斜。

1.3.4.2 工序划分方法

在数控机床上加工的零件，一般按工序集中原则划分工序。工序划分有以下几种方式。

（1）按所用刀具划分工序　为了减少换刀次数，压缩空行程时间，减少不必要的定位误差，可按刀具集中工序的方法加工零件，即在一次装夹中，尽可能用同一把刀具加工出可能加工的所有部位，然后再换另一把刀加工其他部位。在专用数控机床和加工中心中常用这种方法。

（2）按安装次数划分工序　以一次安装完成的那一部分工艺过程为一道工序。该方法一般适合于加工内容不多的工件，加工完毕就能达到待检状态。如图 1-10 所示的凸轮零件，其两端面、*R*38 外圆以及 ϕ22H7 孔和 ϕ4H7 孔均在普通机床上加工，然后在数控铣床上以加工过的两个孔和一个端面定位安装，在一道工序内铣削凸轮剩余的外表面轮廓。

（3）按粗、精加工划分工序　根据零件的加工精度、刚度和变形等因素来划分工序时，可按粗、精加工分开的原则划分工序，即先粗加工再精加工。此时可用不同的机床或刀具进行加工。通常在一次装夹中，不允许将零件某一部分表面加工完毕后，再加工零件的其他表面。如图 1-11 所示的零件，应先切除整个零件的大部分余量，再将其表面精车一遍，以保证加工精度和表面粗糙度的要求。

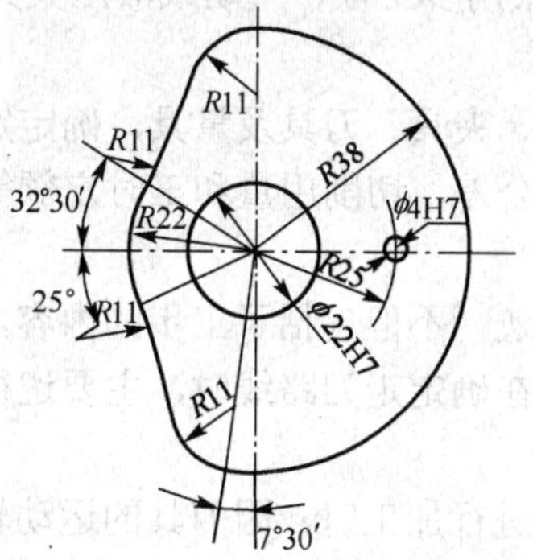

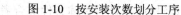

图 1-10　按安装次数划分工序

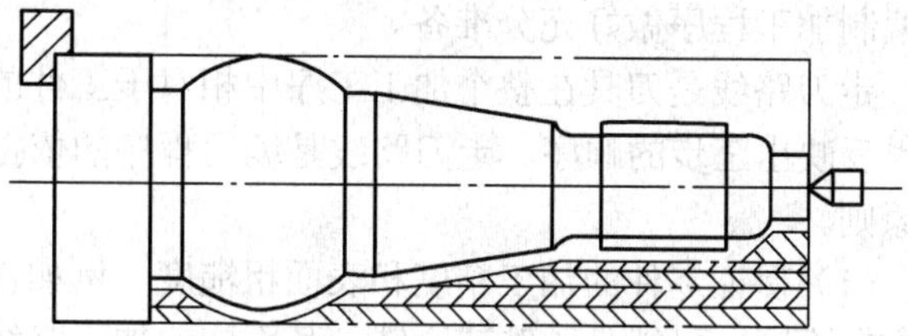

图 1-11　按粗、精加工划分工序

1.3.4.3　工步的划分

工步的划分主要从加工精度和效率两方面考虑。在一个工序内往往需要采用不同的刀具和切削用量，对不同的表面进行加工。为了便于分析和描述较复杂的工序，在工序内又细分为工步。工步划分的原则如下。

① 同一表面按粗加工、半精加工、精加工依次完成，或全部加工表面按先粗加工后精加工分开进行。

② 对于既有铣削面又有镗孔的零件，可先铣面后镗孔。按此方法划分工步，可以提高孔的加工精度。因为铣削时切削力较大，工件易发生变形。先铣面后镗孔，使其有一段时间恢复，可减少由变形引起的对孔加工精度的影响。

③ 按刀具划分工步。某些机床工作台回转时间比换刀时间短，可采用按刀具划分工步，以减少换刀次数，提高加工效率。

总之，工序与工步的划分要根据零件的结构特点、技术要求等情况综合考虑。

1.3.5　零件的定位与夹具的选择

1.3.5.1　零件的定位原则

在数控机床上加工零件时，零件定位的基本原则与普通机床相同，要合理选择定位基准和夹紧方案。为了提高数控机床的效率，在确定定位基准和夹紧方案时应注意下列几点：

① 力求设计基准、工艺基准和编程计算的基准统一；

② 尽量减少装夹次数，尽可能在一次装夹定位后，加工出全部待加工表面；

③ 避免采用占机人工调整式加工方案，以充分发挥数控机床的效能。

1.3.5.2　夹具的选择原则

数控加工的特点对夹具提出了两个基本要求：一是保证夹具的坐标方向与机床的坐标方向相对固定；二是要能协调零件与机床坐标系的尺寸。除此之外，还要考虑以下几点：

① 当零件加工批量不大时，优先选用组合夹具、可调夹具和各式通用夹具，以缩短加工准备时间、节省加工成本；

② 在成批生产时，要考虑采用专用夹具，并力求结构简单；

③ 零件的装卸要快速、方便、可靠，以缩短机床的停顿时间；

④ 为满足数控加工精度，要求夹具定位、夹紧精度高；

⑤ 各零部件应不妨碍机床对零件各表面的加工，即夹具要开敞，其定位、夹紧机构元件不能影响加工中的走刀（如避免产生碰撞等）。

⑥ 为提高数控加工的效率，批量较大的零件加工可以采用多工位、气动或液压夹具。

1.3.6 走刀路线的确定

数控加工工序设计的主要任务是为每一道工序选择机床、夹具、刀具及量具，确定定位夹紧方案、走刀路线、工步安排、加工余量、工序尺寸及其公差、切削用量和工时定额等，为编制加工程序做好充分准备。

走刀路线是刀具在整个加工工序中相对于工件的运动轨迹，不但包括了工步的内容，而且也反映出工步的顺序。走刀路线是编写程序的依据之一。在确定走刀路线时，主要遵循以下原则。

（1）保证零件的加工精度和表面粗糙度　例如在铣床上进行加工时，因刀具的运动轨迹和方向不同，可能是顺铣或逆铣，其不同的加工路线所得到的零件表面的质量就不同。究竟采用哪种铣削方式，应视零件的加工要求、工件材料的特点以及机床刀具等具体条件综合考虑，确定原则与普通机床加工相同。数控机床一般采用滚珠丝杠传动，其运动间隙很小，并且顺铣优点多于逆铣，所以应尽可能采用顺铣。在精铣内外轮廓时，为了改善表面粗糙度，应采用顺铣的走刀路线加工方案。

对于铝镁合金、钛合金和耐热合金等材料，建议也采用顺铣加工，这对于降低表面粗糙度值和提高刀具耐用度都有利。但如果零件毛坯为黑色金属锻件或铸件，表皮硬而且余量较大，这时采用逆铣较为有利。

在加工内外轮廓时，刀具尽量沿着轮廓的延长线方向或切线方向切入和切出，避免在轮廓处停刀或垂直切入切出工件，以免留下刀痕。

加工位置精度要求较高的孔系时，应特别注意安排孔的加工顺序。若安排不当，就可能将坐标轴的反向间隙带入，直接影响位置精度。如镗削加工图 1-12（a）所示零件上六个尺寸相同的孔，有两种走刀路线。按图 1-12（b）所示路线加工时，由于 5、6 孔与 1、2、3、4 孔定位方向相反，X 向反向间隙会使定位误差增加，从而影响 5、6 孔与其他孔的位置精度。按图 1-12（c）所示路线加工时，加工完 4 孔后往上多移动一段距离至 P 点，然后折回来在 5、6 孔处进行定位加工，从而使各孔的加工进给方向一致，避免反向间隙的引入，提高了 5、6 孔与其他孔的位置精度。

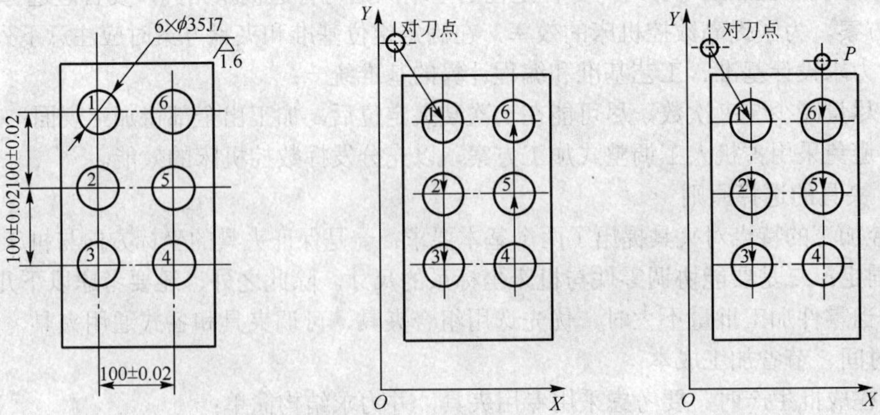

（a）零件图　（b）差的镗孔路线　（c）好的镗孔路线

图 1-12　镗削孔系走刀路线比较

（2）使走刀路线最短，减少刀具空行程时间，提高加工效率　图 1-13 所示为正确选择钻孔加工路线的例子。按照一般习惯，总是先加工均布于同一圆周上的一圈孔后，再加工另一圈孔，如图 1-13（a）所示，这不是最好的走刀路线。对点位控制的数控机床而言，要求定位精度高，定位过程尽可能快。若按图 1-13（b）所示的进给路线加工，可使各孔间距的总和最小，空程最短，从而节省定位时间。

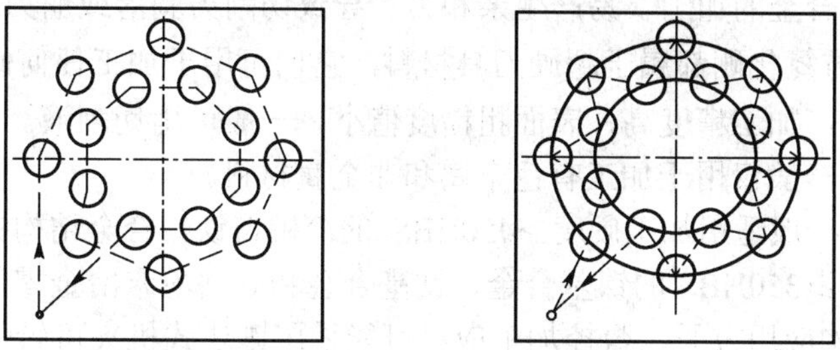

（a）差的走刀路线　　（b）好的走刀路线

图 1-13　最短加工路线选择

（3）最终轮廓一次走刀完成　图 1-14（a）所示为采用行切法加工内轮廓。加工时不留死角，在减少每次进给重叠量的情况下，走刀路线较短，但两次走刀的起点和终点间留有残余高度，影响表面粗糙度。图 1-14（b）是采用环切法加工，表面粗糙度较小，但刀位计算略为复杂，走刀路线也较行切法长。采用图 1-14（c）所示的走刀路线，先用行切法加工，最后再沿轮廓切削一周，使轮廓表面光整。三种方案中，图 1-14（a）方案最差，图 1-14（c）方案最佳。

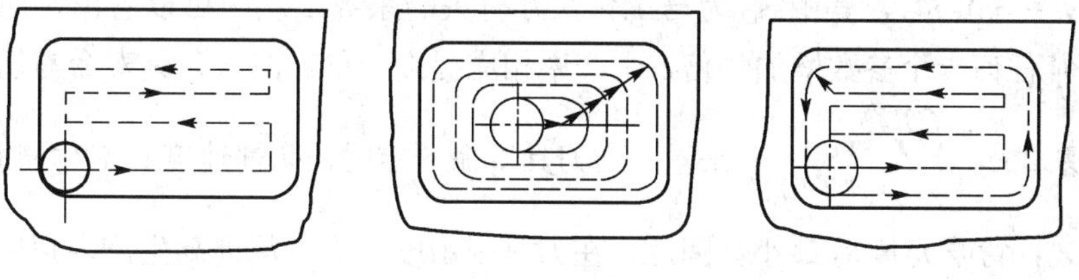

（a）行切法　　（b）环切法　　（c）先行切再环切

图 1-14　封闭内轮廓加工走刀路线

1.3.7　数控加工刀具选择

刀具的选择是数控加工工艺中重要的内容之一，不仅影响机床的加工效率，而且直接影响加工质量。与传统加工方法相比，数控加工对刀具的要求，尤其在刚性和耐用度方面更为严格。应根据机床的加工能力、工件材料的性能、加工工序、切削用量以及其他相关因素正确选用刀具及刀柄。刀具选择总的原则是：既要求精度高、强度大、刚性好、耐用度高，又要求尺寸稳定，安装调整方便。在满足加工要求的前提下，尽量选择较短的刀柄，以提高刀具的刚性。

当代所使用的金属切削刀具材料主要有五类：高速钢、硬质合金、陶瓷、立方氮化硼（CBN）、聚晶金刚石。

① 根据数控加工对刀具的要求，选择刀具材料的一般原则是尽可能选用硬质合金刀具。只要加工情况允许选用硬质合金刀具，就不用高速钢刀具。

② 陶瓷刀具不仅用于加工各种铸铁和不同钢料，也适用于加工有色金属和非金属材料。使用陶瓷刀片，无论什么情况都要用负前角，为了不易崩刃，必要时可将刃口倒钝。陶瓷刀具在下列情况下使用效果欠佳：短零件的加工；冲击大的断续切削和重切削；铍、镁、铝和钛等的单质材料及其合金的加工（易产生亲和力，导致切削刃剥落或崩刃）。

③ 金刚石和立方氮化硼都属于超硬刀具材料，它们可用于加工任何硬度的工件材料，具有很高的切削性能，加工精度高，表面粗糙度值小。一般可用切削液。

聚晶金刚石刀片一般仅用于加工有色金属和非金属材料。

立方氮化硼刀片一般适用加工硬度＞450HBS 的冷硬铸铁、合金结构钢、工具钢、高速钢、轴承钢以及硬度≥350HBS 的镍基合金、钴基合金和高钴粉末冶金零件。

④ 从刀具的结构应用方面，数控加工应尽可能采用镶块式机夹可转位刀片以减少刀具磨损后的更换和预调时间。

⑤ 选用涂层刀具以提高耐磨性和耐用度。

在进行刀具选择时，根据零件的加工具体要求，参照有关刀具手册和零件加工实践经验确定刀具材料、结构形式、规格尺寸等刀具参数。

1.3.8 切削用量的确定

切削用量是切削加工过程中切削速度、进给量和背吃刀量的总称。切削用量的选择，对加工效率、加工成本和加工质量都有重大的影响。切削用量的选择需要考虑机床、刀具、工件材料和工艺等多种因素，理解合理的切削用量的选择原则和方法。

所谓合理的切削用量是指充分利用机床和刀具的性能，并在保证加工质量的前提下，获得高的生产率与低加工成本的切削用量。在切削生产率方面，在不考虑辅助工时情况下，有生产率公式 $p = A_O v_c f a_p$，其中 A_O 为与工件尺寸有关的系数，从中可以看出，切削用量三要素 v_c，f，a_p 任何一个参数增加一倍，生产率相应提高一倍。但从刀具寿命与切削用量三要素之间的关系式 $T = C_T \Big/ v_c^{\frac{1}{m}} f^{\frac{1}{n}} a_p^{\frac{1}{p}}$ 来看，当刀具寿命一定时，切削速度 v_c 对生产率影响最大，进给量 f 次之，背吃刀量 a_p 最小。因此，在刀具耐用度一定，从提高生产率角度考虑，对于切削用量的选择有一个总的原则：首先选择尽量大的背吃刀量，其次选择最大的进给量，最后是切削速度。当然，切削用量的选择还要考虑各种因素，最后才能得出一种比较合理的最终方案。

自动换刀数控机床主轴因装刀所费时间较多，所以选择切削用量要保证刀具加工完一个零件，或保证刀具耐用度不低于一个工作班，最少不低于半个工作班。

以下对切削用量三要素选择方法分别论述。

（1）背吃刀量的选择　背吃刀量的选择根据加工余量确定。切削加工一般分为粗加工、半精加工和精加工几道工序，各工序有不同的选择方法。

粗加工时（表面粗糙度 R_a50～12.5μm），在允许的条件下，尽量一次切除该工序的全部余量。中等功率机床，背吃刀量可达 8～10mm。但对于加工余量大，一次走刀会造成机床功率或刀具强度不够；或加工余量不均匀，引起振动；或刀具受冲击严重出现打刀等几种情况，需要采用多次走刀。如分两次走刀，则第一次背吃刀量尽量取大，一般为加工余量的 2/3～3/4 左右；第二次背吃刀量尽量取小些，第二次背吃刀量可取加工余量的 1/3～1/4 左右。

半精加工时（表面粗糙度 R_a6.3～3.2μm），背吃刀量一般为 0.5～2mm。精加工时（表面粗糙度 R_a1.6～0.8μm），背吃刀量为 0.1～0.4mm。

（2）进给量的选择　粗加工时，进给量主要考虑工艺系统所能承受的最大进给量，如机床进给机构的强度、刀具强度与刚度、工件的装夹刚度等。

精加工和半精加工时，最大进给量主要考虑加工精度和表面粗糙度。另外还要考虑工件材料、刀尖圆弧半径、切削速度等。如当刀尖圆弧半径增大，切削速度提高时，可以选择较大的进给量。

在生产实际中，进给量常根据经验选取。粗加工时，根据工件材料、车刀导杆直径、工件直径和背吃刀量等因素进行选取。精加工与半精加工时，可根据加工表面粗糙度要求，同时考虑切削速度和刀尖圆弧半径因素进行选取。也可以按有关《金属切削加工手册》进行选取。

在数控加工中最大进给量受机床刚度和进给系统的性能限制。选择进给量时，还应注意零件加工中的某些特殊因素。比如在轮廓加工中，选择进给量时，应考虑轮廓拐角处的超程问题。特别是在拐角较大、进给速度较高时，应在接近拐角处适当降低进给速度，在拐角后逐渐升速，以保证加工精度。

加工过程中，由于切削力的作用，机床、工件、刀具系统产生变形，可能使刀具运动滞后，从而在拐角处可能产生"欠程"。因此，拐角处的欠程问题，在编程时应给予足够的重视。此外，还应充分考虑切削的自然断屑问题，通过选择刀具几何形状和对切削用量的调整，使排屑处于最顺畅状态，严格避免长屑缠绕刀具而引起故障。

（3）切削速度的选择　确定了背吃刀量 a_p、进给量 f 和刀具耐用度 T，则可以确定切削速度 v_c 和机床转速 n。可用经验公式计算，也可根据生产实践经验在机床说明书允许的切削速度范围内查表选取，或者参考有关切削用量手册选用。

切削速度 v_c 确定后，计算出机床主轴转速 $n = 1000v_c / \pi D$（r/min）（对有级变速的机床，须按机床说明书选择与所算转速 n 接近的转速），并填入程序单中。

半精加工和精加工时，切削速度 v_c 主要受刀具耐用度和已加工表面质量限制，在选取切削速度 v_c 时，要尽可能避开积屑瘤的速度范围。

切削速度的选取原则是：粗车时，因背吃刀量和进给量都较大，应选较低的切削速度，精加工时，选择较高的切削速度；加工材料强度硬度较高时，选较低的切削速度，反之取较高切削速度；刀具材料的切削性能越好，切削速度越高。

总之，在选择切削用量时，根据零件加工的具体要求，根据经验或者参考有关金属切削用量手册进行合理的确定。

1.3.9　数控加工工艺文件

数控加工工艺文件不仅是进行数控加工和产品验收的依据，也是操作者遵守和执行的规程，同时还为产品零件重复生产积累了必要的工艺资料，完成了技术储备。这些技术文件是对数控加工的具体说明，目的是让操作者更明确加工程序的内容、装夹方式、各个加工部位所选用的刀具及其他技术问题。该文件包括了数控加工编程任务书、数控加工工序卡、机械加工工艺卡、数控刀具卡、数控加工走刀路线图、数控加工程序单等。以下提供了常用文件格式，文件格式可根据企业实际情况自行设计。

1.3.9.1　数控加工编程任务书

编程任务书阐明了工艺人员对数控加工工序的技术要求、工序说明和数控加工前应保证的加工余量，是编程员与工艺人员协调工作和编制数控程序的重要依据之一，见表1-5。

表1-5　数控加工编程任务书

工　艺　处	数控编程任务书	产品零件图号		任务书编号
		零件名称		
		使用数控设备		共　页　　第　页

主要工序说明及技术要求：

					编程收到日		月　日		经手	
编制		审核		编程		审核		批准		

1.3.9.2　数控加工工序卡

数控加工工序卡与普通加工工序卡很相似，所不同的是：工序简图中应注明编程原点与对刀点，要有编程说明及切削参数的选择等，它是操作人员进行数控加工的主要指导性工艺资料。工序卡应按已确定的工步顺序填写，见表1-6。

表1-6　数控加工工序卡

单位	数控加工工序卡片		产品名称或代号			零件名称		零件图号	
工序简图			车　间			使用设备			
			工艺序号			程序编号			
			夹具名称			夹具编号			
工步号	工步内容	加工面	刀具号	刀补量	主轴转速	进给速度	背吃刀量	备注	
编制		审核		批准		年　月　日	共　页		第　页

1.3.9.3　机械加工工艺卡

加工工艺卡是针对一个零件从毛坯到成品的整个加工过程而言的，它不仅包括数控加工的工序内容，也包括其他普通机床的加工工序内容。由于工艺卡尚无统一格式，各生产厂家根据各自具体情况制定。如表1-7所示为一个简单型机械加工工艺卡。

1.3.9.4　数控加工刀具卡（刀具明细表）

数控加工刀具卡主要反映刀具名称、编号、规格、长度等内容。它是组装刀具、调整刀具的依据。详见表1-8。

表 1-7　机械加工工艺卡

单位		机械加工工艺卡片	产品名称	后桥		零件图号	8AC1	
			零件名称	突圆头			第　页	
毛坯种类		锻件	材质			毛坯尺寸	90×120	
序号	工序名称	工步	工序内容	车间	设备/型号	工具		
						夹具/编号	刀具	量具及辅具
1	粗车		......		CA6140			
2	粗车	1	......		多刀半自动车床			
		2	......		CE7620A1			
		3	......		......			
3	热处理		......		......			
4	精车	1	......		......			
		2	......		数控车			
		3	......					
5			......					
6			......					

表 1-8　数控加工刀具卡

产品名称或代号			零 件 名 称		零 件 图 号		
序号	刀具号	刀具规格名称	数量	加工表面			备 注
编　制		审　核		批　准		共　页	第　页

1.3.9.5　数控加工走刀路线图

在数控加工中，常常要注意并防止刀具在运动过程中与夹具或工件发生意外碰撞，为此，必须确定编程中的刀具路线（如：从哪里下刀，在哪里抬刀，哪里是斜下刀等）。为简化走刀路线图，一般采用统一约定的符号来表示。不同的机床可以采用不同的格式，如表 1-9 所示为一种常用格式。

表 1-9　数控加工走刀路线图

数控加工走刀路线图			零件图号	NC01	工序号		工步号		程序号	O100
机床型号	XK5032	程序段号	加工内容	N10～	铣轮廓周边				共1页	第　页

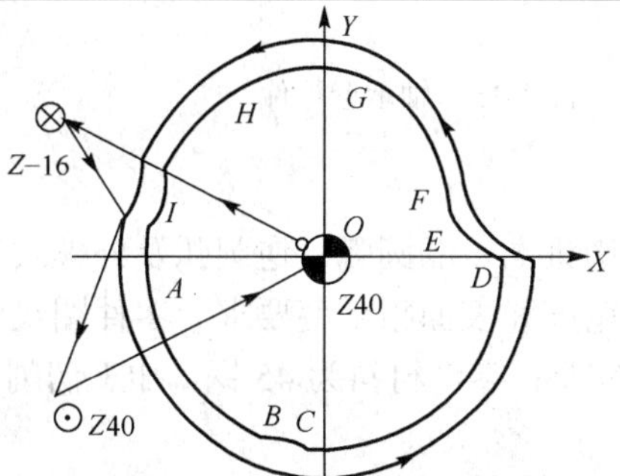

编程	
校对	
审批	

符号						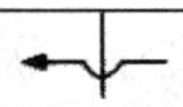			
含义	抬刀	下刀	编程原点	起刀点	走刀方向	走刀线相交	爬斜坡	铰孔	行切

1.3.9.6 数控加工程序单

数控加工程序单是编程员根据工艺分析情况，按照机床特点的指令代码编制的。它是记录数控加工工艺过程、工艺参数的清单，有助于操作员正确理解加工程序内容。格式见表 1-10。

表 1-10 数控加工程序单

零件号		零件名称			编制			审核	
程序号					日期				日期
N	G	X（U）	Z（W）	F	S	T	M	CR	备注

1.3.10 数控加工工艺设计实例

在一般数控车床上加工的套类零件。如图 1-15 为典型轴套类零件，该零件材料为 45 钢，无热处理和硬度要求，试对该零件进行数控车削工艺设计（单件小批量生产）。

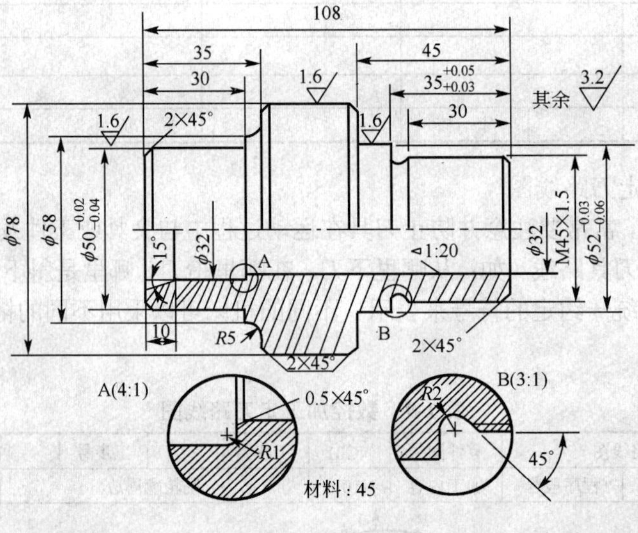

图 1-15 轴承套零件

1.3.10.1 零件图工艺分析

该零件表面由内外圆柱面、内圆锥面、顺圆弧、逆圆弧及外螺纹等表面组成，其中多个直径尺寸与轴向尺寸有较高的尺寸精度和表面粗糙度要求。零件图尺寸标注完整，符合数控加工尺寸标注要求；轮廓描述清楚完整；零件材料为 45 钢，加工切削性能较好，无热处理和硬度要求。

通过上述分析，采用以下几点工艺措施：

① 对图样上带公差的尺寸，因公差值较小，故编程时不必取平均值，而取基本尺寸即可；

② 左右端面均为多个尺寸的设计基准，相应工序加工前，应该先将左右端面车出来；

③ 内孔尺寸较小，镗 1:20 锥孔与镗 ϕ32 孔及 150 锥面时需掉头装夹。

1.3.10.2　选择设备

根据被加工零件的外形和材料等条件，选用 CJK6240 数控车床。

1.3.10.3　确定零件的定位基准和装夹方式

（1）内孔加工

① 定位基准：内孔加工时以外圆定位。

② 装夹方式：用三爪自动定心卡盘夹紧。

（2）外轮廓加工

① 定位基准：确定零件轴线为定位基准。

② 装夹方式：加工外轮廓时，为保证一次安装加工出全部外轮廓，需要设一圆锥心轴装置（见图 1-16 双点画线部分），用三爪卡盘夹持心轴左端，心轴右端留有中心孔并用尾座顶尖顶紧以提高工艺系统的刚性。

1.3.10.4　确定加工顺序及进给路线

加工顺序的确定按由内到外、由粗到精、由近到远的原则确定，在一次装夹中尽可能加工出较多的工件表面。结合本零件的结构特征，可先加工内孔各表面，然后加工外轮廓表面。由于该零件为单件小批量生产，走刀路线设计不必考虑最短进给路线或最短空行程路线，外轮廓表面车削走刀路线可沿零件轮廓顺序进行（见图 1-17）。

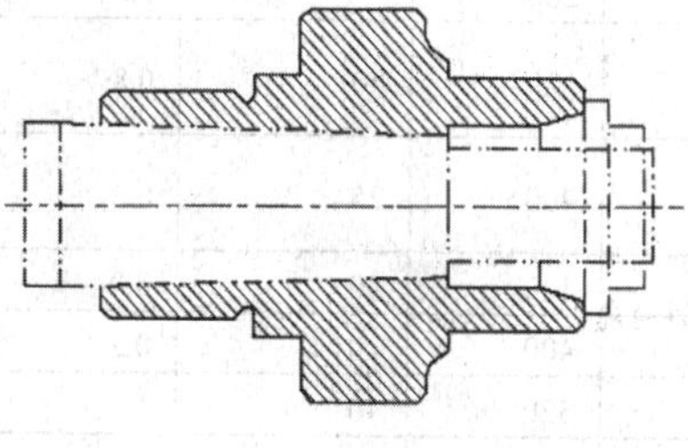

图 1-16　外轮廓车削装夹方案

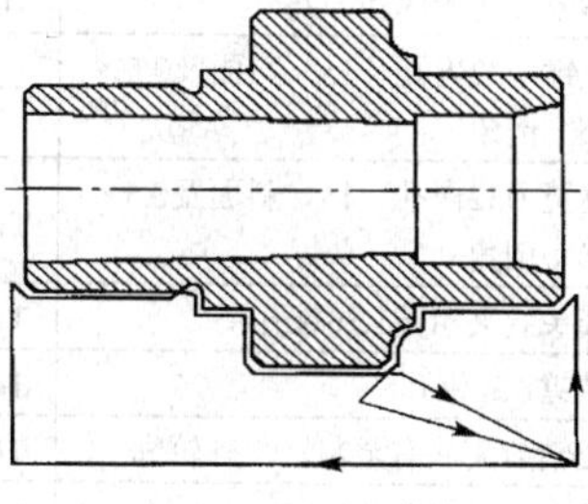

图 1-17　外轮廓加工走刀路线

1.3.10.5　刀具选择

将所选定的刀具参数填入表 1-11 轴承套数控加工刀具卡中，以便于编程和操作管理。注意：车削外轮廓时，为防止副后刀面与工件表面发生干涉，应选择较大的副偏角，必要时可作图检验。本例中副偏角选 55°。

表 1-11　轴承套数控加工刀具卡

产品名称或代号		×××	零件名称	轴承套	零件图号	×××
序号	刀具号	刀具规格名称	数量	加工表面		备注
1	T01	45° 硬质合金端面车刀	1	车端面		
2	T02	ϕ5mm 中心钻	1	钻 ϕ5mm 中心孔		
3	T03	ϕ26mm 钻头	1	钻底孔		
4	T04	镗刀	1	镗内孔各表面		
5	T05	93° 右手偏刀	1	从右至左车外表面		
6	T06	93° 左手偏刀	1	从左至右车外表面		
7	T07	60° 外螺纹车刀	1	车 M45螺纹		
编制 ×××	审核 ×××		批准 ×××	年 月 日	共 页	第 页

1.3.10.6　切削用量选择

根据被加工表面质量要求、刀具材料和工件材料，参考切削用量手册或有关资料选取切削速度与每转进给量，然后利用公式 $v_c = \pi dn/1000$ 和 $v_f = nf$，计算主轴转速与进给速度（计算过程略），计算结果填入表 1-12 工序卡中。

背吃刀量的选择因粗、精加工而有所不同。粗加工时，在工艺系统刚性和机床功率允许的情况下，尽可能取较大的背吃刀量，以减少进给次数；精加工时，为保证零件表面粗糙度要求，背吃刀量一般取 0.1～0.4mm 较为合适。

1.3.10.7　数控加工工序卡拟定

将前面分析的各项内容综合成表 1-12 所示的数控加工工序卡。

表 1-12　轴承套数控加工工序卡

单位名称	×××	产品名称或代号	零件名称	零件图号
		×××	轴承套	×××
工序号	程序编号	夹具名称	使用设备	车间
001	×××	三爪卡盘和自制心轴	CJK6240数控车床	数控中心

工步号	工步内容（尺寸单位 mm）	刀具号	刀具、刀柄规格 /mm	主轴转速 /(r/min)	进给速度 /(mm/min)	背吃刀量 /mm	备注
1	平端面	T01	25×25	320		1	手动
2	钻 ϕ5中心孔	T02	ϕ5	950		2.5	手动
3	钻 ϕ32孔的底孔 ϕ26	T03	ϕ26	200		13	手动
4	粗镗 ϕ32内孔、15°斜面及0.5×45°倒角	T04	20×20	320	40	0.8	自动
5	精镗 ϕ32内孔、15°斜面及0.5×45°倒角	T04	20×20	400	25	0.2	自动
6	掉头装夹粗镗1:20锥孔	T04	20×20	320	40	0.8	自动
7	精镗1:20锥孔	T04	20×20	400	20	0.2	自动
8	心轴装夹从右至左粗车外轮廓	T05	25×25	320	40	1	自动
9	从左至右粗车外轮廓	T06	25×25	320	40	1	自动
10	从右至左精车外轮廓	T05	25×25	400	20	0.1	自动
11	从左至右精车外轮廓	T06	25×25	400	20	0.1	自动
12	卸心轴，改为三爪装夹，粗车 M45螺纹	T07	25×25	320	1.5mm/r	0.4	自动
13	精车 M45螺纹	T07	25×25	320	1.5mm/r	0.1	自动
编制	××× 审核 ×××	批准	×××	年　月　日		共　页	第　页

1.4　数控加工程序的组成与结构

1.4.1　数控程序编制的标准

数控加工程序中所用的各种代码，如坐标尺寸值、坐标系命名、数控准备功能指令、辅助动作指令、主运动和进给速度指令、刀具指令以及程序和程序段格式等方面都已制定了一系列的国际标准，我国也参照相关国际标准制定了相应的国家标准。这样极大地方便了数控系统的研制、数控机床的设计、使用和推广。但是在编程的许多细节上，各国厂家生产的数控机床并不完全相同，因此编程时还应按照具体机床的编程手册中的有关规定来进行，这样所编出的程序才能为机床的数控系统所接受。

数控代码（编码）标准有 EIA （美国电子工业协会）制定的 EIA RS-244 和 ISO （国际

标准化协会）制定的 ISO-RS840 两种标准。国际上大都采用 ISO 代码，由于 EIA 代码发展较早，已有的数控机床中有一些是应用 EIA 代码的，现在我国规定新产品一律采用 ISO 代码。也有一些机床，具有两套译码功能，既可采用 ISO 代码，也可采用 EIA 代码。

数控代码是数控加工程序的基本单元，它由规定的文字、数字和符号组成。我国制定的有关准备功能 G 代码和辅助功能 M 代码的标准，与国际上使用的 ISO 标准基本一致。

目前，绝大多数数控系统采用通用计算机编码，通过现代化的存储介质存储数控加工程序信息，并提供与通用微型计算机完全相同的格式保存、传送数控加工程序。

1.4.2　加工程序的组成结构

1.4.2.1　程序结构

一个完整数控加工程序由程序号、程序内容和程序结束三部分组成。

```
如：O9999;                程序号
N0010 G92 X100 Z50;  ┐
N0020 5300 M03;      │
N0030 G00 X40 Z0;    ├  程序内容
……                   │
N0120 M05;           ┘
N0130 M02;                程序结束
```

（1）程序号　程序号位于程序主体之前，是程序的开始部分，一般独占一行。为了区别存储器中的程序，每个程序都要有程序号。程序号一般由规定的字母“O”、“P”或符号“%”、“：”开头，后面紧跟若干位数字组成，常用的有两位数和四位数两种，前面的“O”可以省略。

（2）程序内容　程序内容部分是整个程序的核心部分，是由若干程序段组成。程序段是其中的一条语句。程序段由程序段号、地址、数字、符号等组成。一个程序段表示零件的一段加工信息，若干个程序段的集合，则完整地描述了一个零件加工的所有信息。

（3）程序结束　程序结束是以程序结束指令 M02 或 M30 来结束整个程序。M02 和 M30 允许与其他程序字合用一个程序段，但最好还是将其单列一段。

1.4.2.2　程序段格式

所谓程序段，就是为了完成某一动作要求所需“程序字”（简称字）的组合。每一个“字”是一个控制机床的具体指令，它是由地址符（英文字母）和字符（数字及符号）组成。例如 G00 表示快速点定位移动指令，M05 表示主轴停转等。

程序段格式是指“字”在程序段中的顺序及书写方式的规定。一般不同的数控系统，其规定的程序段的格式不一定相同。程序段格式有多种，如固定程序段格式、使用分隔符的程序段格式、使用地址符的程序段格式等，现在最常用的是使用地址符的程序段格式，其格式见表 1-13。

表 1-13　程序段格式

1	2	3	4	5	6	7	8	9	10	11
N_	G_	X_ U_	Y_ V_	Z_ W_	I_J_K_ R_	F_	S_	T_	M_	LF_
顺序号	准备功能	坐标尺寸字				进给功能	主轴转速	刀具功能	辅助功能	结束符号

表 1-13 所示的程序段格式是用地址码来指明指令数据的意义，程序段中字的数目是可变的，因此程序段的长度也是可变的，所以这种形式的程序段又称为地址符可变程序段格式。使用地址符的程序段格式的优点是程序段中所包含的信息可读性高，便于人工编辑修改，为数控系统解释执行数控加工程序提供了一种便捷的方式。

例如：N20　S800　T0101　M03；

N30　G01　X25.0　Z80.0　F0.1；

注意:每种数控系统根据系统本身的特点及编程的需要，都有一定的程序格式。对于不同的机床，其程序的格式也不同。因此编程人员必须严格按照机床说明书的规定格式进行编程。

1.4.3　常用的程序字

程序字简称字，字首为一个英文字母，它称为字的地址，随后为若干位十进制数字。字的功能类别由字地址决定。根据功能的不同，程序字可分为顺序号字、准备功能字、辅助功能字、尺寸字、进给功能字、主轴转速和刀具功能字。常用程序字的含义如表 1-14 所示。

表 1-14　常用的程序字

功　能		地　址　符	含　　义
程序号		O	程序号
顺序号字		N	表示程序段的代号
准备功能字		G	指令机床的工作方式
辅助功能字		M	指令机床的开/关等辅助动作
尺寸字		X，Y，Z	指令 *X*，*Y*，*Z* 轴的绝对坐标值
		D，V，W	指令元 *X*，*Y*，*Z* 轴的增量坐标值
		A，B，C	指令 *X*，*Y*，*Z* 轴的旋转坐标值
		I，J，K	指令圆弧中心坐标值
		R	指令圆弧半径值
进给功能字		F	指令刀具每分钟进给速度或每转进给速度
主轴转速功能字		S	指令主轴的转速
刀具功能字		T	指令刀具的刀具号和补偿值
其他字	偏移号	H 或 D	指令刀具补偿值
	重复次数	L	指令固定循环和子程序的执行次数
	参数值	R，Q	指令固定循环中的设定距离
	暂停时间	P，X	指令暂停时间

（1）顺序号字　顺序号字也称程序段序号，用来识别不同的程序段。顺序号字位于程序段之首，它由地址符 N 和随后的 2～4 位数字组成（如 N20）。

程序段在存储器内是以输入的先后顺序排列的，数控系统严格按存储器内程序段的排列顺序一段一段地执行。因此，顺序号只是程序段的名称，与程序的执行顺序无关。

顺序号的使用规则有：一般不用 N0 作顺序号；数字部分应用整数；N 与数字之间、数字与数字之间不能有空格；顺序号的数字不一定要从小到大使用。

顺序号不是程序段的必用字，对于整个程序，可以每个程序段都设顺序号，也可在部分程序段设顺序号，也可不设顺序号；建议以 N10 开始，以间隔 10 递增，以便调试时插入新的程序段。

（2）准备功能字　准备功能字的地址符是 G，所以又称为 G 功能、G 指令或 G 代码。它的作用是建立数控机床工作方式，为数控系统的插补运算、刀补运算、固定循环等做好准备。

G 指令中的数字一般是两位正整数（包括 00）。随着数控系统功能的增加，G00～G99 已不够使用，所以有些数控系统的 G 功能字中的后续数字已采用 3 位数。根据 1501056—1975 国际标准，我国制定了 JB3208—83 部颁标准，其中规定了 G 指令（G00～G99）的含义，共 100 种，见表 1-15 和表 1-16。

表 1-15　G 代码列表（Fanuc 0i Mate Tc 系统）

G代码			组	功　能	G代码			组	功　能
A	B	C			A	B	C		
G00	G00	G00	01	定位（快速）	G58	G58	G58	14	选择工件坐标系5
G01	G01	G01		直线插补（切削进给）	G59	G59	G59		选择工件坐标系6
G02	G02	G02		顺时针圆弧插补	G65	G65	G65	00	宏程序调用
G03	G03	G03		逆时针圆弧插补	G66	G66	G66	12	宏程序模态调用
G04	G04	G04	00	暂停	G67	G67	G67		宏程序模态调用取消
G07.1	G07.1	G07.1		圆柱插补	G70	G70	G72	00	精加工循环
G10	G10	G10		可编程数据输入	G71	G71	G73		车削中刀架移动
G11	G11	G11		可编程数据输入方式取消	G72	G72	G74		端面加工中刀架移动
G12.1	G12.1	G12.1	21	极坐标插补方式	G74	G74	G75		图形重复
G13.1	G13.1	G13.1		极坐标插补取消方式	G74	G74	G76		端面深孔钻
G18	G18	G18	16	*ZpXp* 平面选择	G75	G75	G77		外径/内径钻
G20	G20	G70	06	英寸输入	G76	G76	G78		多头螺纹循环
G21	G20	G71		毫米输入	G80	G80	G80	10	固定循环取消
G22	G22	G22	09	存储行程检测功能有效	G83	G83	G83		平面钻孔循环
G23	G23	G23		存储行程检测功能无效	G84	G84	G84		平面攻丝循环
G27	G27	G27	00	返回参考点检测	G85	G85	G85		正面镗循环
G28	G28	G28		返回参考点	G87	G87	G87		侧钻循环
G30	G30	G30		返回2，3，4参考点	G88	G88	G88		侧攻丝循环
G31	G31	G31		跳转功能	G89	G89	G89		侧镗循环
G32	G33	G33	01	螺纹切削	G90	G77	G20	01	外径/内径车削循环
G40	G40	G40	07	刀尖半径补偿取消	G92	G78	G21		螺纹车削循环
G41	G41	G41		刀尖半径补偿左	G94	G79	G24		端面车循环
G42	G42	G42		刀尖半径补偿右	G96	G96	G96	02	恒表面速度控制
G50	G92	G92	00	坐标系设定或最大主轴转速	G97	G97	G97		恒表面速度控制取消
G50.3	G92.1	G92.1		工件坐标系设定	G98	G94	G94	05	每分进给
G52	G52	G52		局部坐标系设定	G99	G95	G95		每转进给
G53	G53	G53		机床坐标系选择	—	G90	G90	03	绝对值编程
G54	G54	G54	14	选择工件坐标系1	—	G91	G91		增量值编程
G55	G55	G55		选择工件坐标系2	—	G98	G98	11	返回到初始点
G56	G56	G56		选择工件坐标系3	—	G99	G99		返回到 *R* 点
G57	G57	G57		选择工件坐标系4					

不同组的 G 指令，在同一程序段中可指定多个。如果在同一程序段中指定了两个或两个以上同组的模态指令，则只有最后指定的 G 指令有效。如果在程序中指定了 G 指令表中没有列出的 G 指令，则系统显示报警。G 指令通常位于程序段中的尺寸字之前。

目前，国内外各数控机床生产厂家所使用的 G 指令的标准化程度较低，只有 G00~G04，G17~G19，G40~G44 的含义在各系统中基本相同；G90~G92，G94~G97 的含义在多数系统中相同。因此，在编程时要按机床说明书进行。

表 1-16　G 代码列表（Fanuc 0i Mate Mc 系统）

G 代码	组	功　　能	G 代码	组	功　　能
G00	1	定位	G54	14	选择工作坐标系1
G01		直线插补	G54.1		选择选择附加工件坐标系
G02		圆弧插补/螺旋线插补 CW	G55		选择工件坐标系2
G03		圆弧插补/螺旋线插补 CCW	G56		选择工件坐标系3
G04	0	停刀，准确停止	G57		选择工件坐标系4
G05.1		AI 先行控制	G58		选择工件坐标系5
G08		先行控制	G59		选择工件坐标系6
G09		准确停止	G60	00/01	单方向定位
G10		可编程数据输入	G61	15	准确停止方式
G11		可编程数据输入方式取消	G62		自动拐角倍率
G15	17	极坐标指令取消	G63		攻丝方式
G16		极坐标指令	G64		切削方式
G17	2	选择 *XpYp* 平面	G65	0	宏程序调用
G18		选择 *ZpXp* 平面	G66	12	宏程序模态调用
G19		选择 *YpZp* 平面	G67		宏程序模态取消
G20	6	英寸输入	G68	16	坐标旋转/三维坐标转换
G21		毫米输入	G69		坐标旋转取消/三维坐标转换取消
G22	4	存储行程检测功能有效	G73	9	排屑钻孔循环
G23		存储行程检测功能无效	G74		左旋攻丝循环
G27	0	返回参考点检测	G76		精镗循环
G28		返回参考点	G80		固定循环取消/外部操作功能取消
G29		从参考点返回	G81		钻孔循环、锪镗循环或外部操作功能
G30		返回2，3，4参考点	G82		钻孔循环或反镗循环
G31		跳转功能	G83		排屑钻孔循环
G33	1	螺纹切削	G84		攻丝循环
G37	0	自动刀具长度测量	G85		镗孔循环
G39		拐角偏置圆弧插补	G86		镗孔循环
G40	7	刀具半径补偿取消/三维补偿取消	G87		背镗循环
G41		左侧刀具半径补偿/三维补偿	G88		镗孔循环
G42		右侧刀具半径补偿	G89		镗孔循环
G43	8	正向刀具长度补偿	G90	3	绝对值编程
G44		负向刀具长度补偿	G91		增量值编程
G45	0	刀具偏置值增加	G92	0	设定工件坐标系或最大主轴速度箝制
G46		刀具偏置值减少	G92.1		工件坐标系预置
G47		2倍刀具偏置值	G94	5	每分进给
G48		1/2倍刀具偏置值	G95		每转进给
G49	8	刀具长度补偿取消	G96	13	恒表面速度控制
G50	11	比例缩放取消	G97		恒表面速度控制取消
G51		比例缩放有效	G98	10	固定循环返回到初始点
G50.1	22	可编程镜像取消	G99		固定循环返回到 *R* 点
G51.1		可编程镜像有效			
G52	0	局部坐标系设定			
G53		选择机床坐标系			

（3）辅助功能字　辅助功能字也称 M 功能、M 指令或 M 代码。M 指令是控制机床在加工时做一些辅助动作的指令，如主轴的正反转、切削液的开关等。有的数控系统规定一个程序段中只能指定一个 M 指令。如果指定一个以上 M 指令，则最后一个有效。

按我国 JB 3208—83 标准的规定，辅助功能字由地址符为 M 和其后的两位数字组成。从 M00~M99 共 100 种，其常用 M 代码含义见表 1-17。

表 1-17　常用 M 代码

M 功 能 字	含　义	M 功 能 字	含　义
M00	程序停止	M07	2号冷却液开
M01	计划停止	M08	1号冷却液开
M02	程序停止	M09	冷却液关
M03	主轴顺时针旋转	M30	程序停止并返回开始处
M04	主轴逆时针旋转	M98	调用子程序
M05	主轴旋转停止	M99	从子程序返回
M06	换刀		

（4）尺寸字　尺寸字常用来指令机床的刀具运动到达的坐标位置。常用的地址符有如下 3 组。

第 1 组：X、Y，Z 和 U，V，W （用来指令到达点的直线绝对坐标和增量坐标）。

第 2 组：A，B，C （用来指令到达点的角度坐标）。

第 3 组：I，J，K 和 R （用来指令零件圆弧的圆心点坐标和圆弧半径）。

（5）进给功能字、主轴转速功能字、刀具功能字等　在后面的章节中将给出详细叙述。

1.5　数控机床的编程规则

1.5.1　绝对值编程和增量值编程

1.5.1.1　数控车床编程

数控车床编程时，既可以采用绝对值编程，也可以采用相对值编程，还可以采用混合编程。绝对值编程是根据预先设定的编程原点计算出绝对值坐标尺寸进行编程的一种方法。即采用绝对值编程时，首先要指出编程原点的位置，并用地址 *X*，*Z* 进行编程（*X* 为直径值）。如图 1-18 所示，刀具由 *A* 点移动到 *B* 点，用绝对坐标表示 *B* 点的坐标为（*X*30.0，*Z*70.0）。

增量值编程是根据与前一个位置的坐标值增量来表示目标位置的一种编程方法，即程序中的终点坐标是相对于起点坐标而言的。采用增量值编程时，用地址 *U*，*W* 代替 *X*，*Z* 进行编程。*U*，*W* 的正负方向由行程方向确定，行程方向与机床坐标方向相同时为正；反之为负。如图 1-19 所示，刀具由 *A* 点移动到 *B* 点，用增量坐标表示 *B* 点的坐标为（*U*–30.0，*W*–40.0）。

绝对值编程与相对值编程混合起来进行编程的方法叫混合编程。如图 1-19 所示，刀具由 *A* 点移动到 *B* 点，用混合坐标表示 *B* 点的坐标为（*X*30.0，*W*–40.0）。

1.5.1.2　数控铣床和加工中心编程

绝对值编程是根据预先设定的编程原点计算出绝对值坐标尺寸进行编程的一种方法，即采用绝对值编程时，所有编入的坐标值全部以编程零点为基准。绝对值编程用 G90 指令来指定，系统通电时，机床默认状态为 G90。

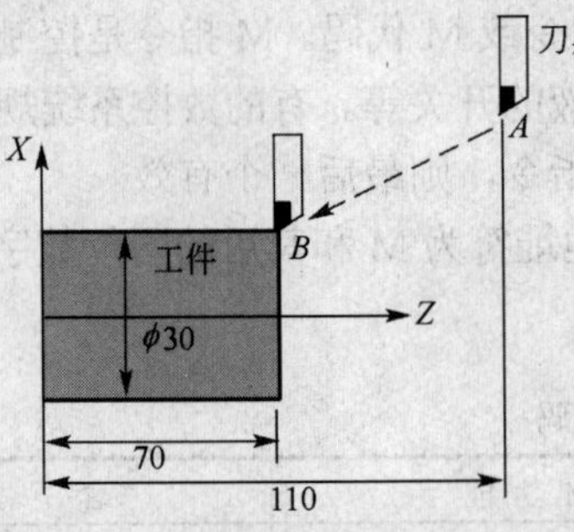

图 1-18　绝对值编程

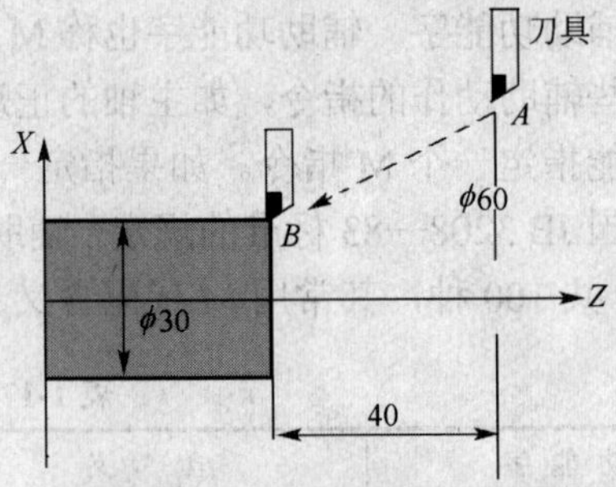

图 1-19　相对值编程

增量值编程是根据与前一个位置的坐标值增量来表示位置的一种编程方法，即采用增量坐标编程时，所有编入的坐标值均以前一个坐标位置作为起始点来计算运动的位置矢量。增量值编程用 G91 指令来指定。

如图 1-20 所示零件，分别用绝对坐标和相对坐标两种方式进行编程，程序段分别如下：

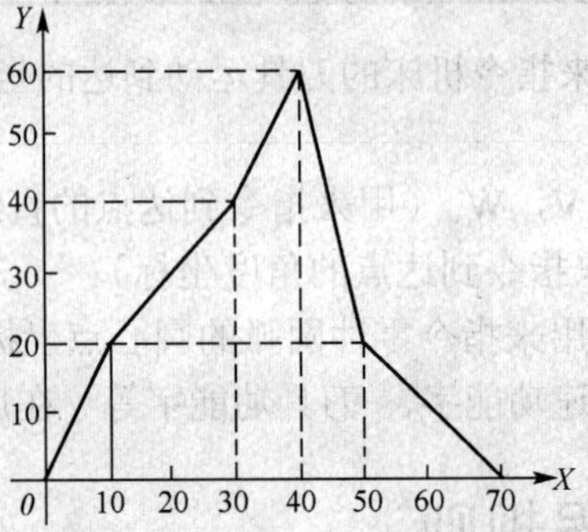

图 1-20　绝对值与相对值编程应用

绝对值编程程序段

N0010　G00　Z5.0　T01　M03　S1000;
N0020　G00　X0　　Y0;
N0030　G90　G01　　Z–1.0　F100;
N0050　G01　X10.0　Y20.0;
N0060　　　X30.0　Y40.0;
N0070　　　X40.0　Y60.0;
N0080　　　X50.0　Y20.0;
N0090　　　X70.0　Y0;
N0100　G00　Z5.0;
N0110　　　X0　　Y0;
N0120　M02;

相对值编程程序段

N0010　G00　Z5.0　T01　M03　S1000;
N0020　G00　X0　Y0;
N0030　G01　Z–1.0　F100;
N0040　G91　X10.0　Y20.0;

```
N0050        X20.0  Y20.0;
N0060        X10.0  Y20.0;
N0070        X10.0  Y–40.0;
N0080        X20.0  Y–20.0;
N0090  G90  G00   Z5.0;
N0100  G00  X0  Y0;
N0110  M02;
```

1.5.2　直径编程和半径编程

数控车床主要适合于加工轴类、盘类等回转体零件，编程时可以采用直径编程方法，也可以采用半径编程方法。由于零件截面基本上为圆形且径向尺寸都是以直径表示，因此采用直径编程更简单、直观。数控车床出厂时均设定为直径编程，如需用半径编程则需要更改系统中的相关参数，使系统处于半径编程状态。当采用绝对值编程时，径向尺寸 *X* 以直径表示；当采用增量值编程时，以径向实际位移量的 2 倍来表示，并附上方向符号（正号可以省略）。如："G00 U5.0" 表示刀具执行完这句程序后刀具 *X* 向的移动量为 2.5mm，移动方向为 *X* 的正向。

另外当 *X* 轴用直径指令时，注意表 1-18 中所列的规定。

表 1-18　直径指令时的注意事项

项　　目	注 意 事 项
Z 轴指令	与直径指定还是半径指定无关
X 轴指令	用直径指定
用地址 U 的增量值指令	用直径指定
坐标系设定（G50）	用直径指定 *X* 轴坐标值
刀具位置补偿量 *X* 值	用参数设定直径值还是半径值
用 G90～G94的 *X* 轴切深（R）	用半径值指令
圆弧插补的半径指令（R，I，K）	用半径指令
X 轴方向进给速度	用半径指令
X 轴位置显示	用直径值显示

说明：

① 在后面的数控车床编程中，凡是没有特别指出是直径指定还是半径指定，均为直径指定。

② 刀具位置偏置值，当切削外径时，用直径指定，位置偏置值的变化量与零件外径的直径变化量相同。例如：当直径指定时，刀具补偿量变化 10mm，则零件外径的直径也变化 10mm。

③ 当刀具位置偏置量用半径指定时，刀具位置补偿量是指刀具的长度。

④ 若有数台机床时，直径编程还是半径编程，要设置成一致，都为直径编程时，程序可以通用。

⑤ 数控铣床编程一般不涉及直径编程概念。

1.5.3　极坐标编程

有的系统可以使用极坐标系。编程时以 *R* 表示极半径，以 *A* 表示极角，极坐标编程只能描述平面上的坐标点。如图 1-21 所示，其坐标点见表 1-19。有的数控系统以 *X* 表示极半径，以 *Y* 表示极角。数控铣床有时采用极坐标编程方式，而数控车床较少使用极坐标编程方式。

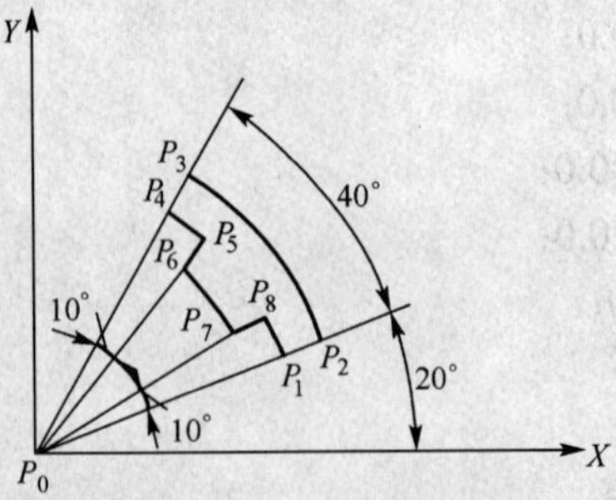

图 1-21　G90、G91 实例（极坐标）

表 1-19　极坐标值

点	极半径 R		极角 A	
	绝对方式 G90	相对方式 G91	绝对方式 G90	相对方式 G91
P_0	0	0	0	0
P_1	35	35	20	20
P_2	40	5	20	0
P_3	40	0	60	40
P_4	35	–5	60	0
P_5	35	0	50	–10
P_6	30	–5	50	0
P_7	30	0	30	–20
P_8	35	5	30	0
P_1	35	0	20	–10
P_0	0	–35	0	–20

1.5.4　小数点编程

一般的 FANUC 数控系统允许使用小数点输入数值，也可以不用。小数点可用于距离、时间和度等单位。

① 对于距离，小数点的位置单位是 mm 或 in；对于时间，小数点的位置单位是 s（秒）。如：

X35.0 即 X（坐标）为 35mm 或 35in；

F1.35 即 F 为 1.35mm/r 或 1.35mm/min（米制）；1.35in/r 或 1.35in/min（英制）；

G04　X2.0 表示暂停 2s。

② 程序中有无小数点的含义根本不同。无小数点时，与参数设定的最小输入增量有关。例如：

G21　X1.0（或 1.）即为 X1mm；

G21　X1 即为 X0.001mm 或 0.01mm（因参数设定而异）；

G20　X1.0（或 1.）即为 X1in；

G20　X1 即为 X0.0001in 或 0.001in（因参数设定而异）。

③ 在程序中，小数点的有无可混合使用。例如：

S1000　Z57；

X10.0　Z4256；

④ 在暂停指令中，小数点输入只允许用于地址 X 和 U，不允许用于地址 P。

⑤ 最小命令增量以下的值因无效将被舍去。例如：

G21　X1.23456 则只接受 X1.234，其余 0.00056 被舍去。

G20　S1.23456 则只接受 X1.2345，其余 0.00006 被舍去。

当然，有的数控系统没有这种规定，不用小数点时单位也是 mm 或 in。例如，X35 即为 X35mm 或 35in。

⑥ 在编程中，可以用小数点输入的地址如：X，Y，Z，I，J，K，R，F，U，V，W，A，B，C。但是某些地址不能用小数点。

⑦ 有两种类型的小数点表示法，即计算器型和常用型。这两种小数点表示法含义不同，如表 1-20 所示。可以通过参数设置选择常用型小数点输入或计算器型小数点输入。

表 1-20　小数点表示法（假定系统的脉冲当量为 0.001mm/脉冲）

程序指令	计算器型小数点输入	常用型
X1000	1000mm	1mm
X1000.	1000mm	1000mm

从表 1-20 可以看出，当控制系统选用常用型小数点输入时，若忽略了小数点，则将指令值变为 1/1000，此时若加工，则必出事故。

1.6　数控编程的数学处理

1.6.1　数学处理的内容

1.6.1.1　数值换算

（1）标注尺寸换算　图样上的尺寸基准与编程所需要的尺寸基准不一致时，应将图样上的尺寸基准、尺寸换算为编程坐标系中的尺寸，再进行下一步数学处理工作。

（2）尺寸链解算　在数控加工中，除了需要准确地得到其编程尺寸外，还需要掌握控制某些重要尺寸的允许变动量，这就需要通过尺寸链解算才能得到，故尺寸链解算是数学处理中的一个重要内容。

1.6.1.2　坐标值计算

编制加工程序时，需要进行的坐标值计算有基点的直接计算、节点的拟合计算及刀具中心轨迹的计算等。

（1）基点的直接计算　构成零件轮廓的不同几何素线的交点或切点称为基点，它可以直接作为其运动轨迹的起点或终点。如图 1-22 所示 A、B、C、D、E、F 点都是该零件轮廓上的基点。基点的直接计算是指根据加工程序段的要求，计算每条运动轨迹（线段）的起点或终点在选定坐标系中的各坐标值和圆弧运动轨迹的圆心坐标值。基点计算的方法比较简单，一般根据零件图样所给已知条件人工完成。

（2）节点的拟合计算　当采用不具备非圆曲线插补功能的数控机床加工非圆曲线轮廓的零件时，在加工程序的编制工作中，常常需要用直线或圆弧去近似代替非圆曲线，称为拟合处理。拟合线段的交点或切点就称为节点。如图 1-23 所示的 B_1 点、B_2 点等点为直线拟合非圆曲线时的节点。节点拟合计算的难度及工作量都较大，故宜通过计算机完成；有时，也可由人工计算完成，但对编程者的数学处理能力要求较高。拟合结束后，还必须通过相应的计算，对每条拟合段的拟合误差进行分析。

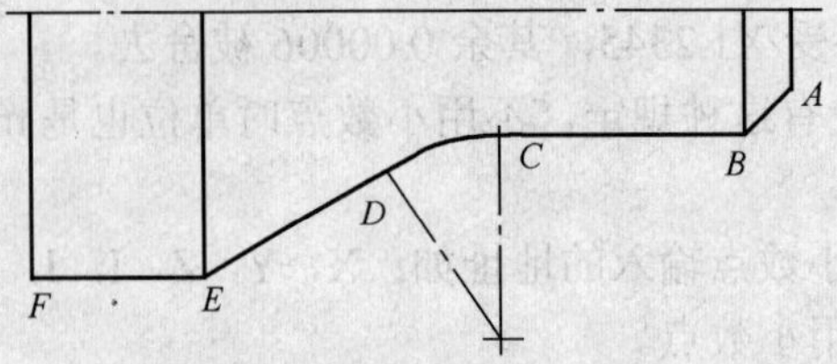

图 1-22 两维轮廓零件的基点计算

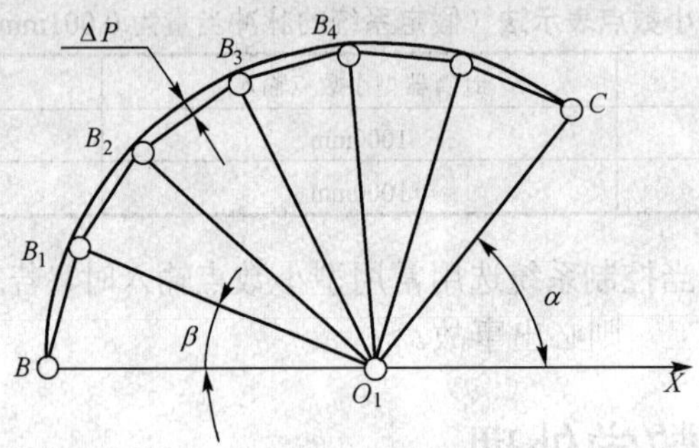

图 1-23 节点计算

1.6.2 基点计算实例

例 1-1 车削如图 1-24 所示的手柄，计算出编程所需数值。

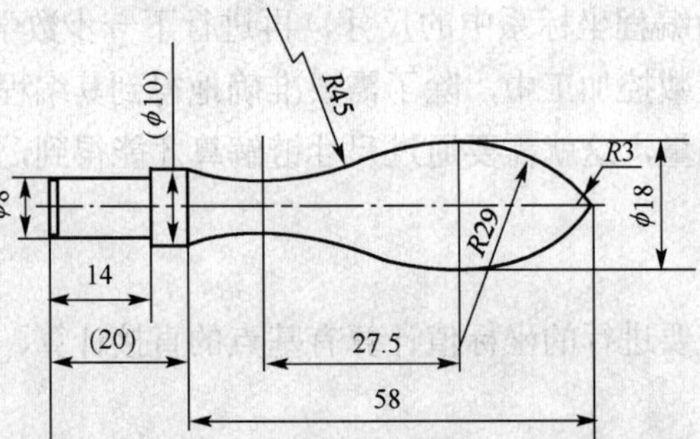

图 1-24 手柄编程实例

解 此零件由半径为 R3mm、R29mm、R45mm 三个圆弧光滑连接而成。对圆弧工件编程时，必须求出以下三个点的坐标值：

圆弧的起始点坐标值；

圆弧的结束点（目标点）坐标值；

圆弧的中心点坐标值。

计算方法如下：

取编程零点为 W_1（见图 1-25）。

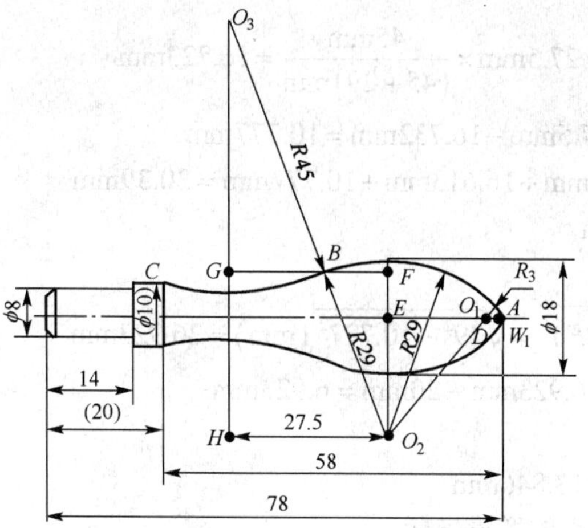

图 1-25　计算圆弧中心的方法

在△ O_1EO_2 中

已知 $O_2E = 29\text{mm} - 9\text{mm} = 20\text{mm}$

$O_1O_2 = 29\text{mm} - 3\text{mm} = 26\text{mm}$

$O_1E = \sqrt{(O_1O_2)^2 - (O_2E)^2} = \sqrt{26^2 - 20^2}(\text{mm}) = 16.613\text{mm}$

（1）先求出 A 点坐标值及 O_1 的 I、K 值　其中 I 代表圆心 O_1 的 X 坐标（直径编程），K 代表圆心 O_1 的 Z 坐标。

因△ ADO_1 ∽△ O_1EO_2，则有

$$\frac{AD}{O_2E} = \frac{O_1A}{O_1O_2}$$

$$AD = O_2E \times \frac{O_1A}{O_1O_2} = 20\text{mm} \times \frac{3}{26} = 2.308\text{mm}$$

$$\frac{O_1D}{O_1E} = \frac{O_1A}{O_1O_2}$$

$$O_1D = O_1E \times \frac{O_1A}{O_1O_2} = 16.613\text{mm} \times \frac{3}{26} = 1.917\text{mm}$$

得 A 的坐标值：

$X_A = 2 \times 2.308\text{mm} = 4.616\text{mm}$（直径编程）

$DW_1 = O_1W_1 - O_1D = 3\text{mm} - 1.917\text{mm} = 1.803\text{mm}$

则 $Z_A = 1.803\text{mm}$

求圆心 O_1 相对于圆弧起点 W_1 的增量坐标，得

$I_{O_1} = 0\text{mm}$

$K_{O_1} = -3\text{mm}$

由上可知，A 的坐标值 $(4.616, 1.803)$，O_1 的 I、K 值为 0 和 3。

（2）求 B 点坐标值及 O_2 点的 I、K 值

因△ O_2HO_3 ∽△ BGO_3，则有

$$\frac{BG}{O_2H}=\frac{O_3B}{O_3O_2}$$

$$BG=O_2H\times\frac{O_3B}{O_3O_2}=27.5\text{mm}\times\frac{45\text{mm}}{(45+29)\text{mm}}=16.723\text{mm}$$

$$BF=O_2H-BG=27.5\text{mm}-16.732\text{mm}=10.777\text{mm}$$

$$W_1O_1+O_1E+BF=3\text{mm}+16.613\text{mm}+10.777\text{mm}=30.39\text{mm}$$

则　$Z_B=-30.39\text{mm}$

在△O_2FB中

$$O_2F=\sqrt{(O_2B)^2-(BF)^2}=\sqrt{29^2-10.777^2}(\text{mm})=26.923\text{mm}$$

$$EF=O_2F-O_2E=26.923\text{mm}-20\text{mm}=6.923\text{mm}$$

因是直径编程，有

$$X_B=2\times6.923\text{mm}=13.846\text{mm}$$

求圆心O_2相对于A点的增量坐标

$$I_{O_2}=-(AD+O_2E)=-(2.308+20)\text{mm}=-22.308\text{mm}$$

$$K_{O_2}=-(O_1D+O_1E)=-(1.917+16.613)\text{mm}=-18.53\text{mm}$$

由此可知，B的坐标值$(13.846,-30.39)$，O_2的I、K值为-22.308和-18.53。

（3）求C点的坐标值及O_3点的I、K值　从图1-25可知

$$X_C=10\text{mm}$$

$$Z_C=-(78-20)\text{mm}=-58\text{mm}$$

$$GO_3=\sqrt{(O_3B)^2-(GB)^2}=\sqrt{45^2-16.723^2}(\text{mm})=41.777\text{mm}$$

O_3点相对于B点的坐标增量

$$I_{O_3}=41.777\text{mm}$$

$$K_{O_3}=-16.72\text{mm}$$

由上可知，C点的坐标值$(10.0,-58.0)$，O_3的I、K值为41.777和-16.72。

例1-2　求图1-26中求C点坐标。

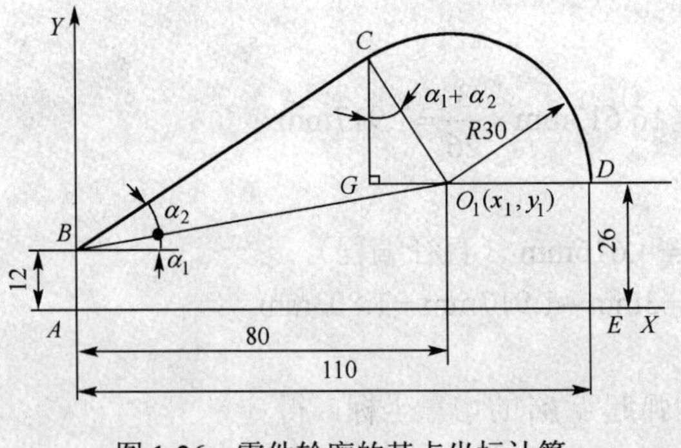

图1-26　零件轮廓的基点坐标计算

解　过C点作X轴的垂线与过O_1点作Y轴的垂线相交于G点。

（1）解析法　根据图1-26中各坐标位置关系可知

$$\begin{cases}\Delta x=x_1-x_B=80-0=80\\ \Delta y=y_1-y_B=26-12=14\end{cases}$$

$$\begin{cases} \alpha_1 = \arctan\left(\dfrac{\Delta y}{\Delta x}\right) = 9.92625^\circ \\ \alpha_2 = \arcsin\left(\dfrac{R}{\sqrt{\Delta x + \Delta y}}\right) = 21.67778^\circ \end{cases}$$

用 k 表示 $\overline{BC}$ 直线的斜率

则 $k = \tan(\alpha_1 + \alpha_2) = 0.6153$

该直线对 Y 轴的截距 $b = 12$，圆心为 O_1 的圆方程与直线 $\overline{BC}$ 的方程联立求解

$$\begin{cases} (x-80)^2 + (y-26)^2 = 30^2 \\ y = 0.6153x + 12 \end{cases}$$

$A = 1 + k^2 = 1.3786$

$B = 2\left[k(b - y_1) - x_1\right] = 2\left[0.615 \times (12 - 26) - 80\right] = -177.23$

$x_C = \dfrac{-B}{2A} = \dfrac{-(-177.23)}{2 \times 1.3786} = 64.279$

$y_C = kx_C + b = 0.6153 \times 64.279 + 12 = 51.551$

（2）三角法　由图 1-26 可知，当已知 α_1 和 α_2 后，可利用三角函数关系得

$80 - x_C = \sin(\alpha_1 + \alpha_2)R$

$y_C - 26 = \cos(\alpha_1 + \alpha_2)R$

$x_C = 80 - \sin(\alpha_1 + \alpha_2) \times 30 = 64.27$

$y_C = \cos(\alpha_1 + \alpha_2) \times 30 + 26 = 51.55$

由此可见，直接利用图形间的几何三角关系求解基点坐标，计算过程相对于联立方程求解会简单一些。但用这种方法求解时，必须考虑组成轮廓的直线、圆的方向性，只有这样，在多数情况下解才是唯一的。例如在图 1-27 中，为求得两圆的公切线，按作图法应该有四条，这就需要对图形中的直线和圆赋予方向性，这样解才是唯一的。

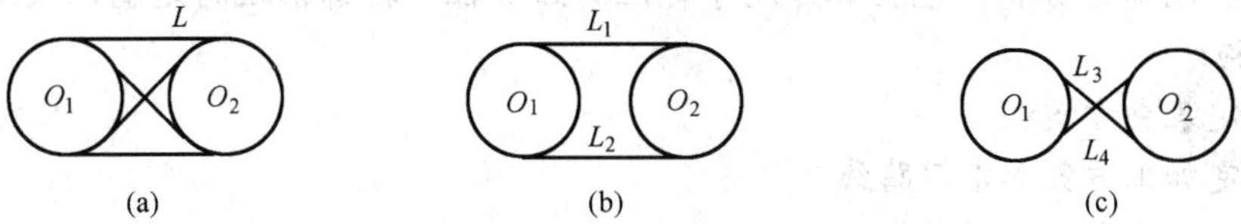

图 1-27　两圆的公切线

思考与练习题

1. 简述数控机床加工工件的基本过程。
2. 数控加工工艺主要包括的内容有哪些？
3. 简述数控加工程序的编制方法及其特点。
4. 数控编程的内容和步骤是怎样的？
5. 在数控机床坐标系中，机床坐标轴方向和方位是怎样确定的？
6. 数控车床主要加工哪些种类的零件？
7. 数控铣床主要加工哪些种类的零件？
8. 加工中心主要加工哪些种类的零件？
9. 怎样确定走刀路线？

10. 数控加工工艺文件包括哪些内容？
11. 数控加工程序由哪几个部分组成？程序段的格式是怎样的？
12. 简述数控机床的编程规则。
13. 数控编程中的数学处理的内容是什么？什么叫基点？什么叫节点？
14. 加工如图 1-28 所示具有三个台阶的型腔零件。试编制型腔的数控铣削加工工艺（其余表面已经加工）。
15. 如图 1-29 所示，分别按“定位迅速”和“定位准确”的原则，确定 XY 平面内的孔加工进给路线。

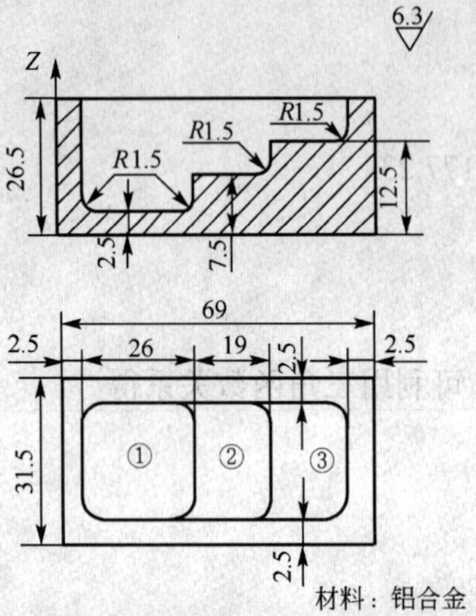

图 1-28　铣削零件

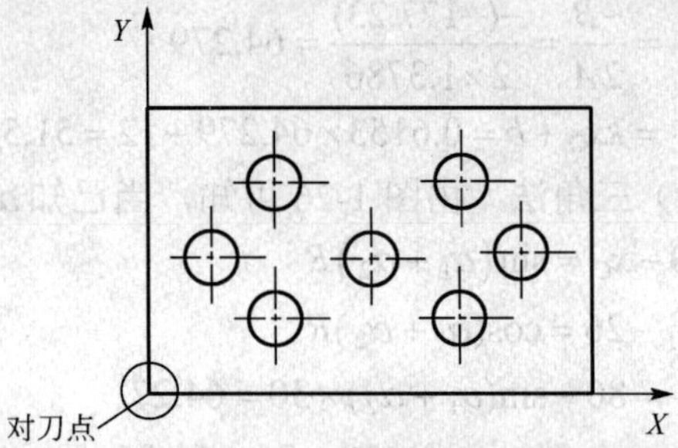

图 1-29　钻孔零件

16. 如图 1-30 所示零件，材料为 45 钢，小批量生产，试分析其数控车削加工工艺过程。要求：
(1) 零件图工艺分析，包括零件尺寸标注的正确性、轮廓描述的完整性及必要的工艺措施；
(2) 确定装夹方案；
(3) 确定加工方案和走刀路线；
(4) 选择刀具和切削用量。

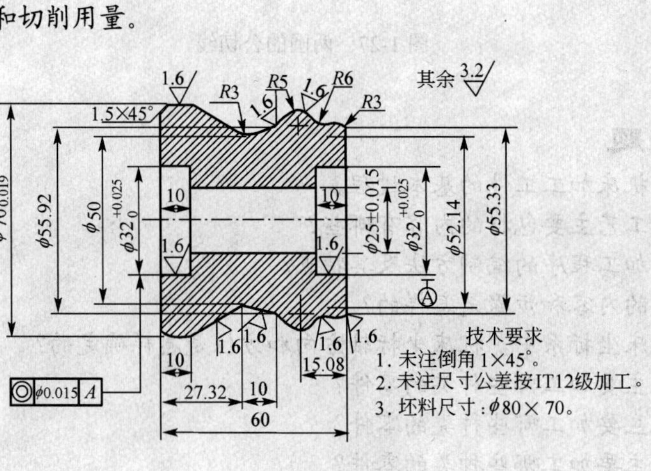

图 1-30　车削零件

第 2 章　FANUC 系统数控车床编程

2.1　数控车床坐标系

2.1.1　数控车床的坐标系设置

一般说来，简单数控车床的机床坐标系有两个坐标轴，即 X 轴和 Z 轴。两根坐标轴相互垂直，分别表示切削刀具不同方向的运动。其中 Z 轴表示切削刀具的纵向运动，它与车床主轴轴线相平行，且规定从卡盘中心指向尾座顶尖中心的方向为 Z 轴的正方向；X 轴表示切削刀具的横向运动，它位于水平面内且与主轴轴线相垂直，且规定刀具远离主轴旋转中心的方向为 X 轴的正方向。数控车床按刀架位置的不同分为前置刀架数控车床和后置刀架数控车床，当刀架与操作者位于工件同一侧时为前置刀架，当刀架与操作者分别位于工件两侧时为后置刀架，如图 2-1 所示。传统的普通车床基本上都属于前置刀架车床，所有的斜床身车床都属于后置刀架车床。由于刀架位置的不同，车床坐标系也有所差异，如图 2-2 所示。

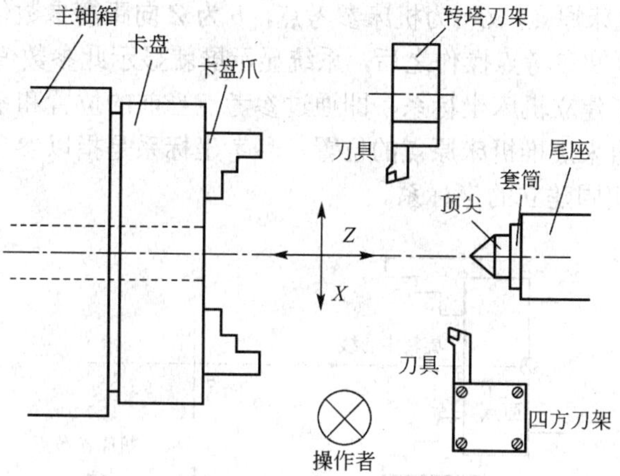

图 2-1　数控车床坐标系设置

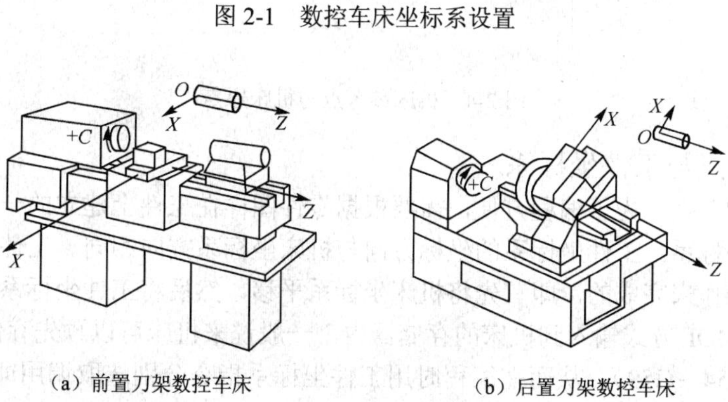

（a）前置刀架数控车床　　（b）后置刀架数控车床

图 2-2　数控车床坐标系

2.1.2　机床原点与机床坐标系

机床原点又称为机床零点或机械原点，是由机床制造商在机床上设置的一个固定点。该点是机床制造和调整的基础，也是设置工件坐标系的基础，一般情况下不允许用户进行更改。通常情况下，一些车床的机床原点设在主轴旋转中心线与卡盘后端面的交点处[见图 2-3（a）]，还有一些车床的机床原点设在刀架正向位移的极限位置处[见图 2-3（b）]。以机床原点为原点建立的坐标系称为机床坐标。

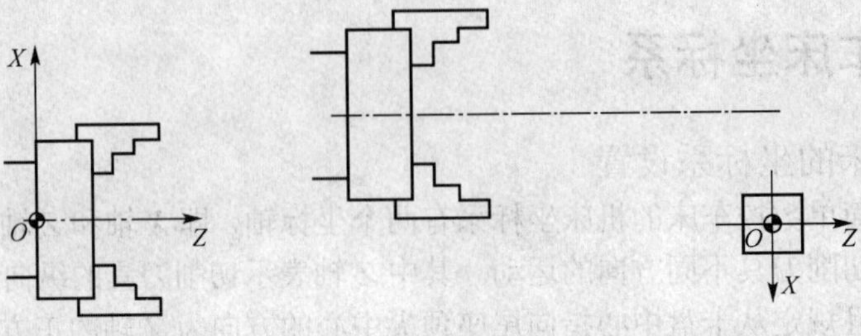

（a）机床原点位于卡盘中心　　（b）机床原点位于刀架正向运动极限点

图 2-3　机床原点位置

2.1.3　机床参考点与参考坐标系

机床参考点是机床上相对于机床原点的一个固定点，通常位于刀架正向位移的极限点位置，并由机械挡块或行程开关来控制。机床参考点与机床原点之间的距离由系统参数设定，如图 2-4 所示，O 为机床原点，O' 为机床参考点，b 为 Z 向距离参数值，ϕa 为 X 向距离参数值。当机床开机执行回参考点操作之后，系统显示屏就显示此参数值，即ϕa 和 b。开机回参考点的目的就是为了建立机床坐标系，即通过参考点当前的位置和系统参数中设定的参考点与机床原点的距离值来反推机床原点的位置。参考坐标系是指以参考点为原点，坐标方向与机床坐标系方向而相同建立的坐标系。

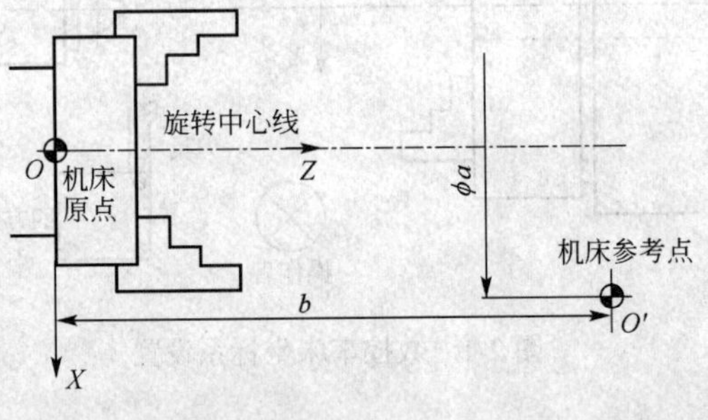

图 2-4　机床参考点与机床原点

2.1.4　工件原点与工件坐标系

对于不同的工件，为了编程方便，需要根据零件图样在工件上建立的一个坐标系，该坐标系称为工件坐标系。工件坐标系的坐标方向与机床坐标系方向相同。工件坐标系的建立通常是通过对刀操作来完成的，即首先将机床坐标系平移，然后将工件坐标系相对于机床坐标系的偏置量用 MDI 方式输入到机床的存储器内，一般说来机床可以预先存储 6 个工件坐标系的偏置量（G54～G59），从而在编程时用工件坐标系指令分别选取调用即可。

工件坐标系的原点就是工件原点。工件原点一般按如下原则选取：

① 工件原点应选在工件图样的设计基准上，以便减少编程计算工作量；

② 能使工件方便地装夹、测量和检验；

③ 尽量选在尺寸精度比较高、表面质量比较好的表面上，以便提高工件的加工精度和同一批零件的一致性。

在实际应用中，为了对刀和编程方便，数控车床的工件原点一般设在主轴中心线上，多定在工件的左端面或右端面上，如图 2-5 所示。

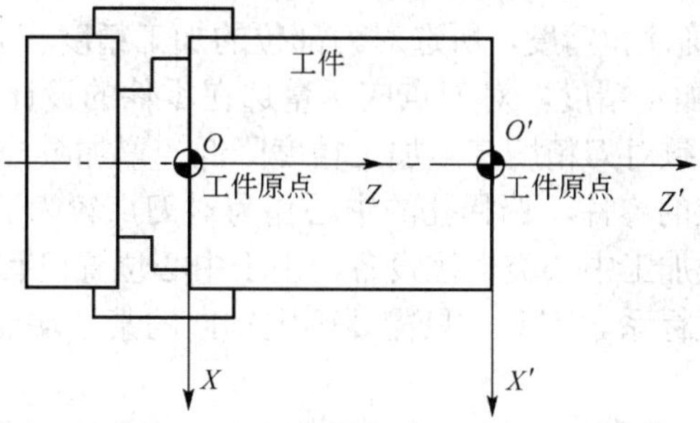

图 2-5　工件坐标系及工件原点

另外为了编程方便，常常在图纸上选择一个适当位置作为程序原点，也叫编程原点或程序零点，而以编程原点为原点建立的坐标系称为编程坐标系。对于简单零件，工件原点就是程序零点，这时的编程坐标系就是工件坐标系。对于形状复杂的零件，需要编制几个程序或使用子程序，这时为了编程方便和减少许多坐标值的计算，编程零点就不一定设在工件零点上，而设在便于程序编制的位置。

2.1.5　刀位点、对刀点与换刀点

2.1.5.1　刀位点

在进行数控编程时，由于每把刀具的半径、长度等尺寸都是不同的，因此当刀具装在机床上后，为控制刀具在系统中的基本位置，将整个刀具浓缩视为一个点来表示，即“刀位点”。“刀位点”是刀具的定位基准点，是在刀具上用于表现刀具位置的参照点。一般来说，圆柱铣刀的刀位点是刀具中心线与刀具底面的交点；球头铣刀的刀位点是球头的球心点或球头顶点；车刀的刀位点是刀尖或刀尖圆弧中心；钻头的刀位点是钻头顶点（见图 2-6）。

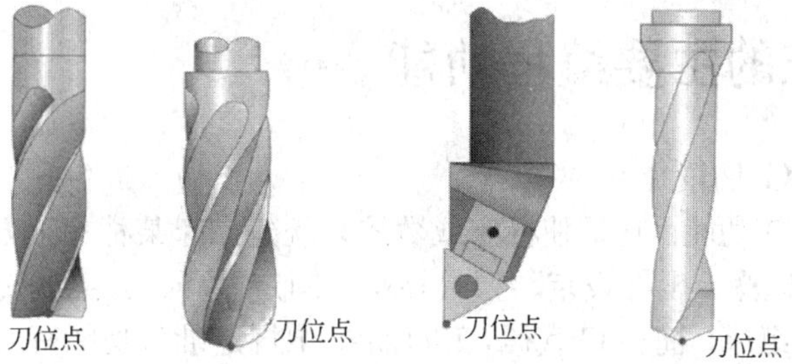

图 2-6　数控刀具刀位点

2.1.5.2　对刀点

在数控加工中，刀具相对于工件运动的起点，即刀具切削加工的起始点称为“对刀点”，也称为“起刀点”。对刀是指操作员在启动数控程序之前，通过一定的测量手段，使刀位点与

对刀点重合的操作。对于操作者来说，合理确定对刀点非常重要，因为直接影响零件的加工精度和程序控制的准确性。一般说来，对刀点可以选择零件上的某个点（如零件的定位孔中心），也可以选择零件外的某一点（如夹具或机床上的某一点），但必须与零件的定位基准有一定的坐标关系。具体选择原则如下：

① 所选的对刀点应使程序编制简单而且对刀误差小；

② 对刀点应选择在机床上容易找正，加工中便于检查的位置；

③ 选择接触面大、容易监测、加工过程稳定的部位作为对刀点；

④ 为提高对刀的准确性和精度，所选对刀部位的加工精度应高于其他位置的加工精度；

⑤ 为了提高零件的加工精度，对刀点应尽量选在零件的设计基准或工艺基准上，这样可以避免由于尺寸换算导致对刀精度甚至加工精度降低，增加数控程序或零件数控加工的难度的问题。例如以孔定位的零件，选择孔的中心作为对刀点较为适宜。

对于数控车床或车铣加工中心类数控设备，由于中心位置已有数控设备确定，确定轴向位置即可确定整个加工坐标系。因此，只需要确定轴向的某个端面作为对刀点即可。

2.1.5.3 换刀点

换刀点是指在工件加工过程中，自动换刀装置（如车床自动回转刀架）转位时所在的位置。该点可以是固定点（如加工中心），也可以是任意一点（如数控车床），由编程员设定。换刀点的设定原则是以刀架转位换刀时不碰撞工件和机床其他部件为准，同时使换刀路线最短。一般情况下，为防止换刀时碰伤零件、刀具或夹具，换刀点常常设置在被加工零件的轮廓之外，并留有一定的安全余量。数控车床的换刀点如图 2-7 所示。

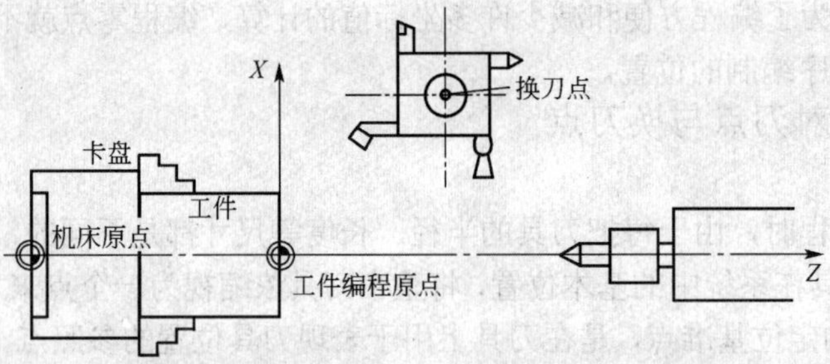

图 2-7 数控车床的换刀点

2.2 数控系统的主要编程功能

2.2.1 准备功能（G 功能）

准备功能又称为 G 功能，它是使机床或数控系统建立起某种加工方式的指令，包括坐标轴的基本移动、平面选择、坐标设定、刀具补偿、固定循环、公英制转换等。准备功能指令用地址 G 加两位数字组成，简称 G 代码，ISO 标准中规定准备功能有 G00 至 G99 共 100 种，常见的 G 代码见表 2-1。

G 代码分为模态代码和非模态代码两种。模态代码又称为续效代码，是指该 G 代码在一个程序段中一经指定就一直有效，直到后续的程序段中出现同组的 G 代码时才失效。非模态代码又称为非续效代码，是指只有在写有该代码的程序段中有效，下一程序段需要时必须重写。表 2-1 中“▲”表示非模态代码，“*”表示开机默认代码。

表 2-1　准备功能 G 代码

G 代码	组	功　能	G 代码	组	功　能
*G00	01	定位(快速移动)	G56	14	选择工件坐标系 3
G01		直线切削	G57		选择工件坐标系 4
G02		圆弧插补(CW，顺时针)	G58		选择工件坐标系 5
G03		圆弧插补(CCW，逆时针)	G59		选择工件坐标系 6
▲G04	00	暂停	G70	00	精加工循环
G18	16	ZX 平面选择	G71		内外圆粗车循环
G20	08	英制输入	G72		台阶粗车循环
G21		公制输入	G73		成形重复循环
▲G27	00	参考点返回检查	G74		Z 向端面钻孔循环
▲G28		参考点返回	G75		X 向外圆/内孔切槽循环
▲G30		回到第二参考点	G76		螺纹切削复合循环
G32	01	螺纹切削	G90	01	内外圆固定切削循环
*G40	07	刀尖半径补偿取消	G92		螺纹固定切削循环
G41		刀尖半径左补偿	G94		端面固定切削循环
G42		刀尖半径右补偿	G96	02	恒线速度控制
G50	00	坐标系设定/恒线速度最高转速设定	*G97		恒线速度控制取消
*G54	14	选择工件坐标系 1	G98	05	每分钟进给
G55		选择工件坐标系 2	*G99		每转进给

2.2.2　刀具功能（T 功能）

刀具功能也称为 T 功能或 T 指令，在自动换刀的数控机床中，该指令用来选择所需的刀具，同时也用来选择刀具偏置和补偿。T 功能由地址符 T 加四位数字组成，前两位表示刀具号（见图 2-8），后两位表示补偿号（见图 2-9）。如：T0303 表示选择 3 号刀具和 3 号刀具长度补偿值及刀尖圆弧半径补偿值；T0300 表示选择 3 号刀具，取消刀具补偿。

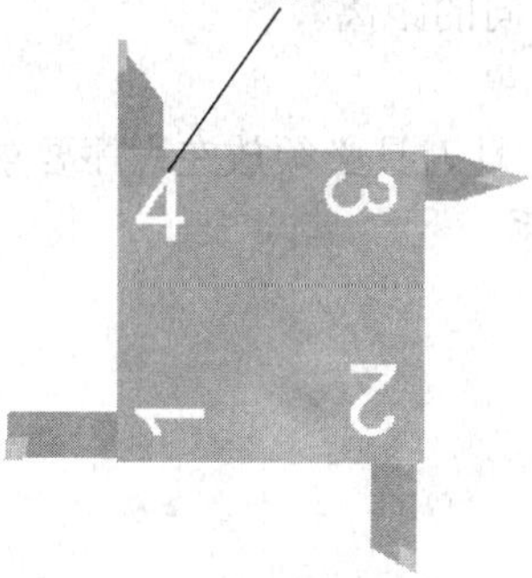

图 2-8　刀具号

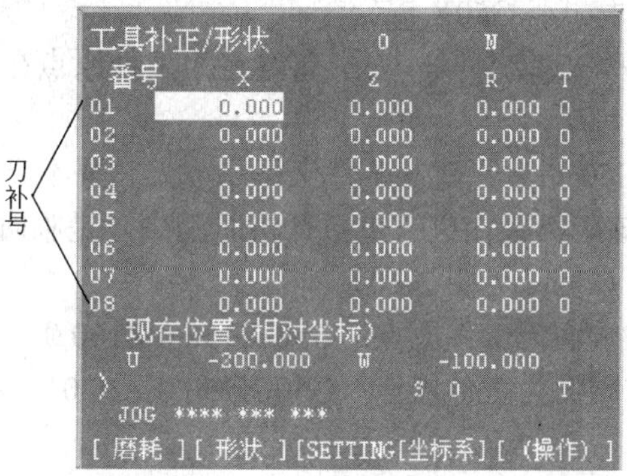

图 2-9　刀具补偿号

2.2.3　主轴速度功能（S 功能）

主轴速度功能也称为 S 功能或 S 指令，用来指定主轴的速度。S 功能由地址码 S 加数字组成，数字表示主轴转速的大小，速度单位可以为 m/min 或 r/min，分别由 G96 和 G97 指令来设置。如 G97 S1000 表示主轴转速为 1000r/min，G96 S120 表示主轴转速为 120m/min。

主轴的实际转速常用机床操作面板上的“主轴转速倍率”开关调整。编程时总是假定此倍率开关指在 100%的位置。S 后面的数字有时代表实际转速值，有时表示某种转速的代码。

2.2.4　进给功能（F 功能）

进给功能也称为 F 功能或 F 指令，用来指定刀具相对于工件运动的速度或螺纹导程。F 指令由地址码 F 加数字组成，数字表示进给速度的大小，进给速度的单位可以为 mm/min 或 mm/r，分别由 G98 和 G99 指令来设置。如 G98 F200 表示进给速度为 200mm/min。

2.2.5　辅助功能（M 功能）

辅助功能又称为 M 功能，是用来控制机床或系统开关功能的一种命令。辅助功能包括程序的停止或暂停、主轴的正反转或停转、冷却液的开关、换刀等。M 功能由地址码 M 加两位数字组成。常见的辅助功能指令见表 2-2。

表 2-2　辅助功能 M 指令

代　码	功能类别	功　能	代　码	功能类别	功　能
M00	表示程序停止或暂停的功能指令	程序暂停	M10	液压卡盘张开与卡紧的功能指令	液压卡盘张开
M01		程序选择停止	M11		液压卡盘卡紧
M02		程序结束，光标不复位	M40	主轴挡位选择的功能指令	主轴空挡
M30		程序结束，光标复位	M41		主轴 1 挡
M03	表示主轴转向或停止的功能指令	主轴正转	M42		主轴 2 挡
M04		主轴反转	M43		主轴 3 挡
M05		主轴停转	M44		主轴 4 挡
M08	启动与关闭冷却液的功能指令	打开冷却液	M98	子程序功能指令	子程序调用
M09		关闭冷却液	M99		子程序结束

2.3　数控车编程指令

2.3.1　设定工件坐标系

2.3.1.1　设定工件坐标系指令 G50

（1）格式　G50X__Z__;

式中　X__Z__——刀尖起始点距工件原点在 X、Z 方向的距离。

（2）说明

① G50 指令只建立工件坐标系，刀具并不产生运动，且刀具必须放在程序要求的位置；

② 该坐标系在机床重新开机时消失，是临时的坐标系。

（3）举例（见图 2-10）

选左端面为工件原点：G50 X150.0 Z100.0

选右端面为工件原点：G50 X150.0 Z20.0

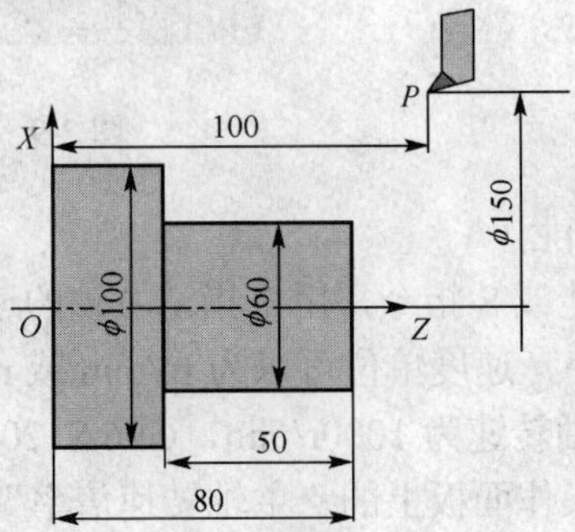

图 2-10　G50 指令建立工件坐标系

2.3.1.2　设定工件坐标系指令 G54～G59

（1）格式　G54（G55～G59）

通过使用 G54～G59 指令，最多可设置 6 个工件坐标系（1～6）。

（2）说明

① 使用 G54～G59 指令建立工件坐标系时，必须先用 MDI 方式输入各坐标系的坐标原点在机床坐标系中的坐标值。且机床上存放的是当前工件坐标系与机床坐标系之间的差值，与刀具所停位置无关，如图 2-11 所示。

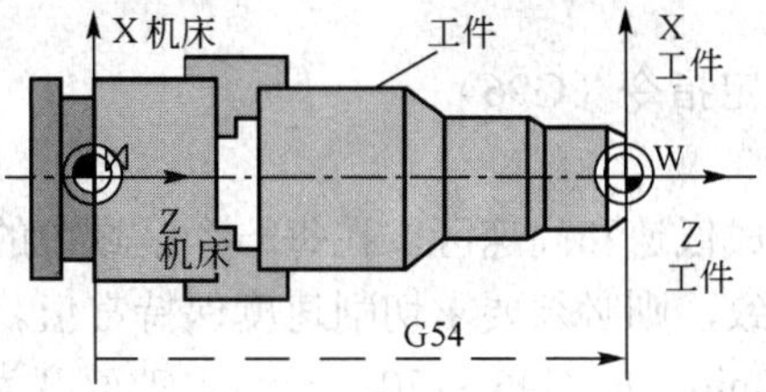

图 2-11　G54～G59 指令建立工件坐标系

② 坐标系存储在机床中，故重新开机仍存在，但需先返回参考点。在接通电源和完成了原点返回后，系统自动选择工件坐标系 1（G54）。

③ 工件坐标系一旦选定，就确定了工件坐标系在机床坐标系中的位置，后续程序中均以此坐标系为基准。

④ 该组指令为模态指令，可相互注销。

2.3.2　切削用量的单位设置

2.3.2.1　单位设置指令 G20/G21

（1）格式　G20（英制尺寸，单位为英寸）

　　　　　G21（公制尺寸，单位为毫米）

（2）说明

① G21、G20 分别用来指令程序中所输入的数值是公制单位或英制单位，数控机床出厂时，一般将公制输入 G21 设定为默认状态。用公制输入数值时，可不再用 G21 指定。但用英制输入时，必须在工件坐标系设定前用 G20 进行指定。

② G20 和 G21 为模态指令，二者可相互注销。公制和英制的换算关系为：1 英寸（in）= 25.4 毫米（mm），1 毫米（mm）=0.394 英寸（in）。

③ G20 或 G21 指令一旦指定，即使断电也保持有效，直至被互相取代。

2.3.2.2　进给量单位设置指令 G98/G99

切削进给速度 *F* 的单位用 G98 指令设置时，则表示刀具每分钟移动的距离，单位为毫米/分钟（mm/min）（见图 2-12）。用 G99 指令设置时，则表示机床每转一转刀具移动的距离，单位为毫米/转（mm/r）（见图 2-13）。

2.3.2.3　主轴设置指令 G96、G97、G50

（1）直接设定主轴转速指令（G97）

格式：（G97）S__；

说明：G97 指令用于直接给主轴设定转速，转速 *S* 的单位为 r/min。如 G97 S800，表示主轴转速为 800r/min。

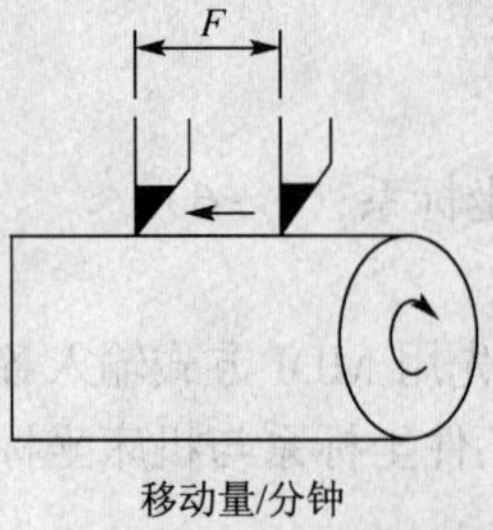

图 2-12　G98 指令（单位：mm/min）

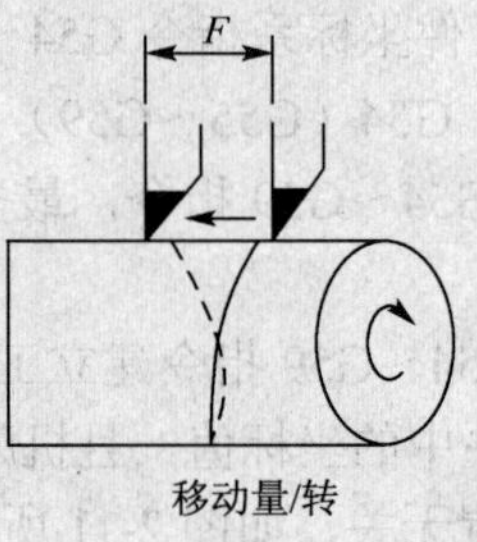

图 2-13　G99 指令（单位：mm/r）

（2）设定主轴线速度恒定指令（G96）

格式：（G96）S__；

说明：数控车床主轴分成低速和高速区，在每一个区域内的速度可以自由改变。若零件要求锥面或端面的粗糙度一致，则必须要求切削速度保持常值。G96 指令用来给主轴设定恒线速度切削，*S* 的单位为 m/min。如 G96 S120，表示主轴速度为 120m/min。

（3）设定主轴最高转速指令（G50）

格式：（G50）S__；

说明：*S* 为主轴最高转速，单位为 r/min。当使用 G96 指令进行恒线速度切削时，由于工件直径的变化会导致主轴转速变化。为避免主轴转速过高，使用 G50 指令给机床主轴设置最高转速，当主轴转速超过 G50 指定的速度，则被限制在最高速度而不再升高。G50 指令常和 G96 指令配合使用。

2.3.3　简单插补指令

2.3.3.1　快速定位指令 G00

（1）格式　G00 X(U)__Z(W)__；

式中　X、Z——目标点位置的绝对坐标值；

U、W——目标点位置的增量坐标值。

G00 指令把刀具从当前位置移动到指令指定的位置(在绝对坐标方式下)，或者移动到某个距离处(在增量坐标方式下)，如图 2-14 所示，刀具由 P_1 点快速运动到 P_2 点。

（2）说明　刀具以每轴的快速移动速度进行定位，刀具路径通常不是直线，而是折线。该指令通常用来快速接近工件或退刀，使用时要特别注意避免刀具与工件发生碰撞。

（3）举例　如图 2-15 所示，刀具由 *A* 点运动至 *B* 点，程序段指令为：

G00 X40.0 Z56.0 ；（绝对坐标编程）

G00 U–60.0 W–30.5；（增量坐标编程）

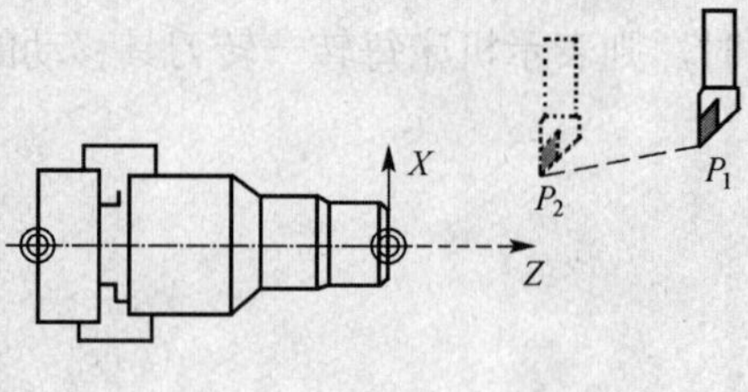

图 2-14　G00 移动指令

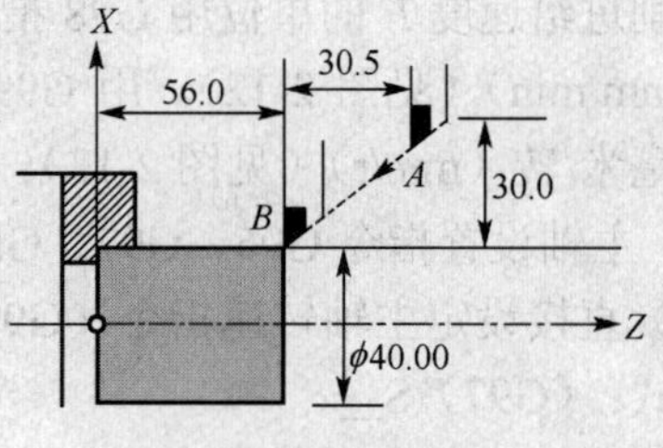

图 2-15　G00 指令举例

2.3.3.2　直线插补指令 G01

（1）格式　G01X(U)__Z(W)__F__；

式中　X、Z——直线终点的绝对坐标值；

U、W——直线终点相对于直线起点的增量坐标值；

F——刀具直线插补的进给速度。

G01 插补指令使刀具以直线方式和指令给定的移动速率，从当前位置移动到指令指定的位置。如图 2-16 所示，刀具以 50mm/min 的进给速度由 *A* 点沿直线切削至 *B* 点。

（2）举例　如图 2-17 所示，刀具由起点 *A* 以 0.2mm/r 进给速度沿直线切削至终点 *B*，程序段指令格式为：

绝对坐标程序 G01 X40.0 Z20.1 F0.2；

增量坐标程序 G01 U20.0 W–25.9 F0.2；

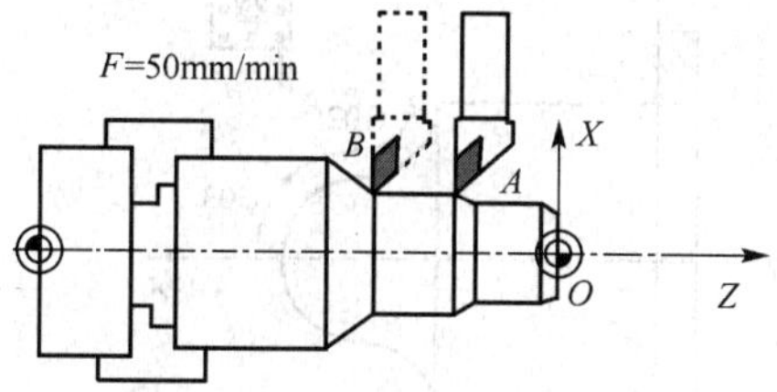

图 2-16　G01 插补指令

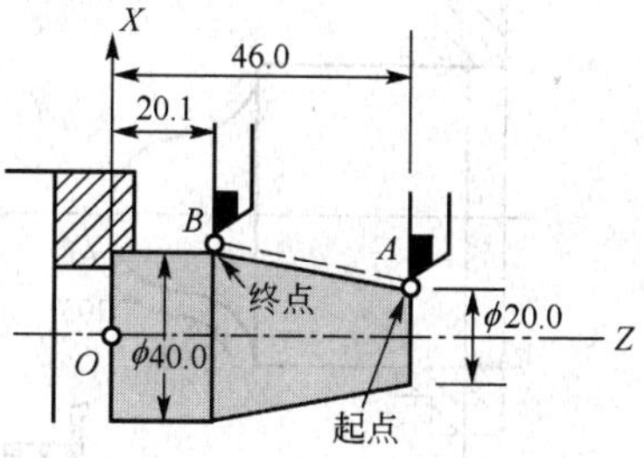

图 2-17　G01 指令举例

2.3.3.3　圆弧插补指令 G02/G03

（1）格式　G02(G03)X(U)__Z(W)__I__K__F__；

G02(G03)X(U)__Z(W)__R__F__；

式中　G02——表示顺时针圆弧插补；

G03——表示逆时针圆弧插补；

X、Z——圆弧终点的绝对坐标值；

U、W——圆弧终点相对于圆弧起点的坐标增量值；

I——圆弧圆心相对于圆弧起点在 *X* 方向的坐标增量值；

K——圆弧圆心相对于圆弧起点在 *Z* 方向的坐标增量值；

R——圆弧半径。

G02/G03 插补指令使刀具以圆弧方式和指令给定的进给速率进行插补，指令中各字符的具体含义如图 2-18 所示。

（2）圆弧方向的判断　在判断圆弧顺逆方向时，首先根据右手定则判断第三轴（即 *Y* 轴）的方向，然后沿着 *Y* 轴的正方向向负方向看，逆时针圆弧用 G03 指令，顺时针圆弧用 G02 指令，如图 2-19 所示。由于数控车床刀架位置的不同导致 *X* 坐标轴的方向不同，因此 *Y* 轴的方向不同，进而影响圆弧顺逆方向的判断，具体情况如下：

对于前置刀架数控车床（如图 2-20 所示），顺圆为 G03(CW)，逆圆为 G02(CCW)；

对于后置刀架数控车床（如图 2-21 所示），顺圆为 G02(CW)，逆圆为 G03(CCW)。

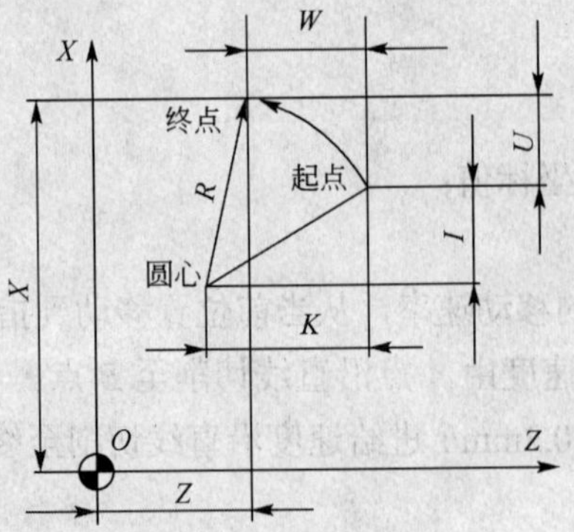

图 2-18　G02/G03 圆弧插补指令

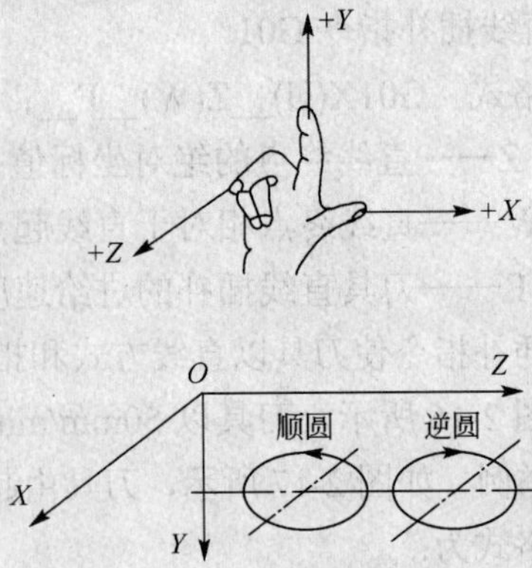

图 2-19　圆弧顺逆方向的判断

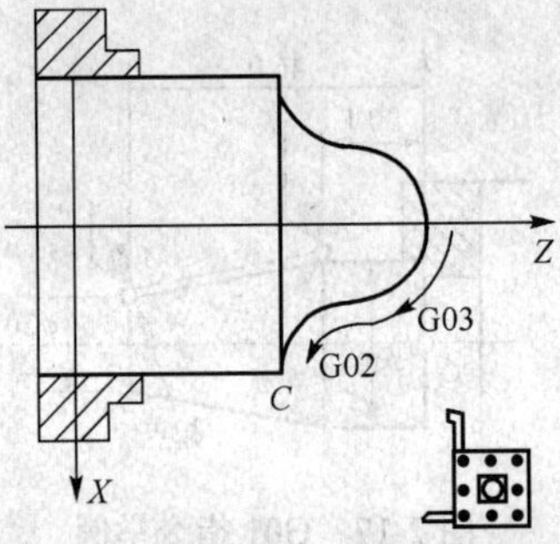

图 2-20　前置刀架数控车床圆弧顺逆方向

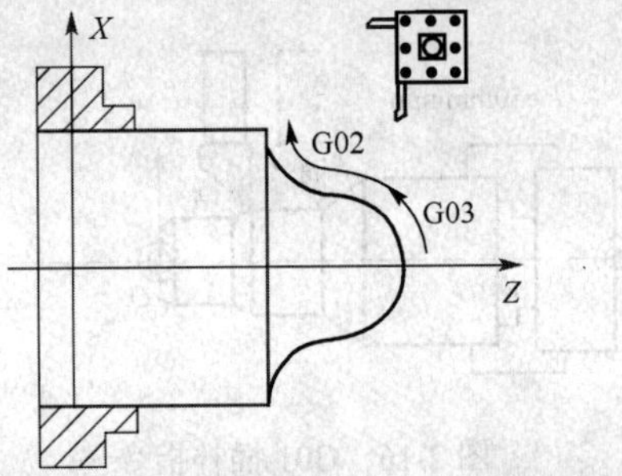

图 2-21　后置刀架数控车床圆弧顺逆方向

（3）圆弧半径 *R* 的判断　圆弧半径 *R* 有正负之分，当圆心角大于 180°时，*R* 取负值；当圆心角小于 180°时，*R* 取正值，如图 2-22 所示。对于圆弧 1，圆心角小于 180°，*R* 取正值。对于圆弧 2，圆心角大于 180°时，*R* 取正值。

圆弧 1：G02 X60.0 Z–40.0 R75.0 F100；

圆弧 2：G02 X60.0 Z–40.0 R–75.0 F100；

（4）举例　加工如图 2-23 所示圆弧，程序指令如下：

圆心坐标编程

G02 X50.0 Z30.0 I25.0 K0.0 F0.3；（绝对坐标）

G02 U20.0 W–20.0 I25.0 K0.0 F0.3；（相对坐标）；

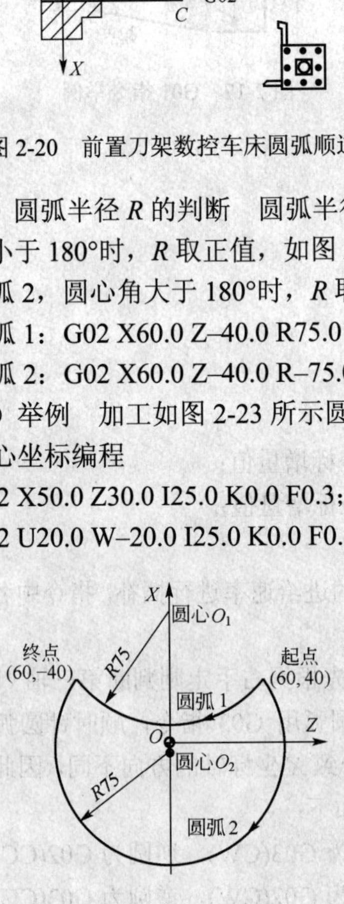

图 2-22　圆弧半径正负值的判断

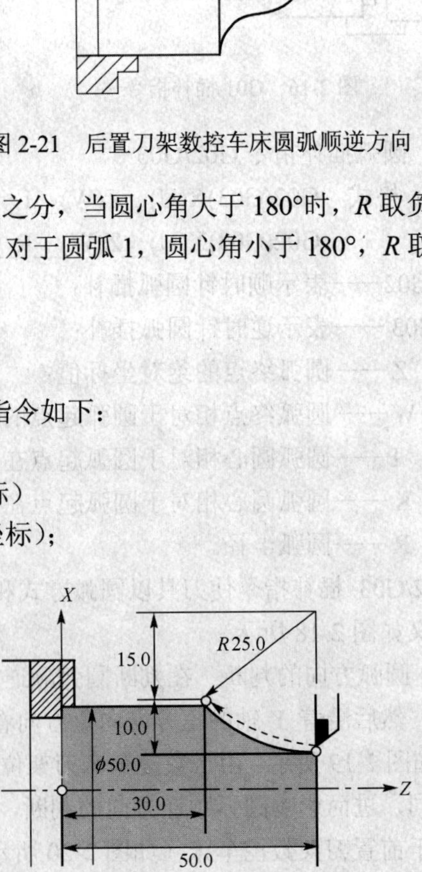

图 2-23　G02/G03 圆弧插补指令举例

半径编程

G02 X50.0 Z30.0 R25.0 F0.3；（绝对坐标）

G02 U20.0 W–20.0 R25.0 F0.3；（相对坐标）

2.3.3.4　螺纹切削指令 G32

（1）格式　G32 X(U)__Z(W)__F(E)__;

式中　X、Z——螺纹切削终点的绝对坐标值；

U、W——螺纹切削终点相对于起点的增量坐标值；

F——公制螺纹导程（螺距）；

E——英制螺纹导程。

G32 指令可以切削圆柱螺纹、圆锥螺纹、涡形螺纹。起点和终点的 *X* 坐标值相同时，进行直螺纹切削，反之进行锥螺纹切削。*X* 省略时为圆柱螺纹切削，*Z* 省略时为端面螺纹切削；*X* 和 *Z* 均不省略时为锥螺纹切削。

（2）注意事项

① 主轴转速：不应过高，尤其是切削大导程螺纹，过高的转速使进给速度太快而引起不正常，一些资料推荐的最高转速为：主轴转速（转/分）≤1200/导程－80。

② 切入切出的空刀量：由于数控机床伺服系统的滞后，在主轴旋转加、减速过程中，会在螺纹切削的起点和终点产生不正确的导程。因此在进刀和退刀时要留一定的距离，即螺纹的起点和终点位置应当比制定的螺纹长度要长。如图 2-24 所示，δ_1 为空刀进入量，δ_2 为空刀退出量。一般情况下，δ_1 取 2～5mm，对于大螺距和高精度的螺纹取大值；δ_2 一般取 δ_1 的 1/4 左右。

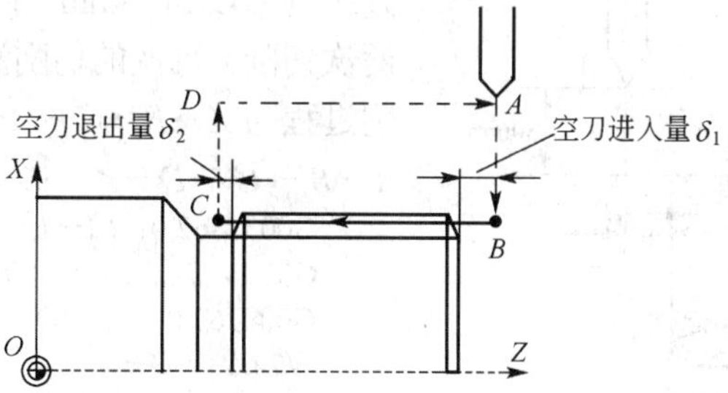

图 2-24　螺纹车削加工

表 2-3　公制螺纹的牙深及切削次数

公制螺纹								
螺距/mm		1	1.5	2	2.5	3	3.5	4
牙深（半径值）		0.649	0.974	1.299	1.624	1.949	2.273	2.598
切削次数及吃刀量（直径值）	第一刀	0.7	0.8	0.9	1.0	1.2	1.5	1.5
	第二刀	0.4	0.6	0.6	0.7	0.7	0.7	0.8
	第三刀	0.2	0.4	0.6	0.6	0.6	0.6	0.6
	第四刀		0.16	0.4	0.4	0.4	0.6	0.6
	第五刀			0.1	0.4	0.4	0.4	0.4
	第六刀				0.15	0.4	0.4	0.4
	第七刀					0.2	0.2	0.4
	第八刀						0.15	0.3
	第九刀							0.2

③ 在切削外螺纹时，刀具起始定位点在 *X* 方向必须大于螺纹外径；切削内螺纹时，刀具起始定位点在 *X* 方向必须小于螺纹内径。切削锥螺纹时按大端直径计算：外锥螺纹，起刀点大于外径大端直径；内锥螺纹，起刀点小于最小的内径直径，否则会出现扎刀现象。

④ 车削螺纹时不能使用恒切削速度功能，因为恒切削速度车削时，随着工件直径的减少，转速会增加，从而会导致导程产生变动而发生乱牙现象。

⑤ 车削螺纹的途中，不能按暂停键，以免发生乱牙现象。

⑥ 切削螺纹时，常分几次走刀完成。常见公制、英制螺纹的牙深及推荐的切削次数分别见表 2-3 和表 2-4。

表 2-4 英制螺纹的牙深及切削次数

英制螺纹								
牙/in		24	18	16	14	12	10	8
牙深（半径值）		0.678	0.904	1.016	1.162	1.355	1.626	2.033
切削次数及吃刀量（直径值）	第一刀	0.8	0.8	0.8	0.8	0.9	1.0	1.2
	第二刀	0.4	0.6	0.6	0.6	0.6	0.7	0.7
	第三刀	0.16	0.3	0.5	0.5	0.6	0.6	0.6
	第四刀		0.11	0.14	0.3	0.4	0.4	0.5
	第五刀				0.13	0.21	0.4	0.5
	第六刀						0.16	0.4
	第七刀							0.17

（3）举例

例 2-1 如图 2-25 所示，螺纹的螺距为 4mm，升速进刀段 δ_1=3mm，降速退刀段 δ_2=1.5mm，分两次切削，每次的切削深度为 1mm。第一刀的切削过程为 *A*→*B*→*C*→*D*→*A*，第二刀的切削过程为 *A*→*B'*→*C'*→*D*→*A*，加工程序如下：

```
G00 U–62.0；(A→B)
G32 W–74.5 F4.0；（B→C）
G00 U62.0；（C→D）
W74.5；（D→A）
U–64.0；（A→B'）
G32 W–74.5 F4.0；（B'→C'）
G00 U62.0；（C'→D）
W74.5；（D→A）
```

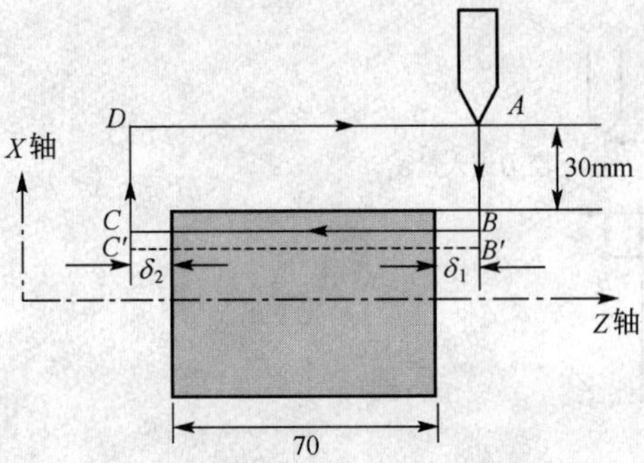

图 2-25 直螺纹切削举例

例 2-2 如图 2-26 所示，螺纹的螺距为 3.5mm，升速进刀段 δ_1=2mm，降速退刀段 δ_2=1mm，分两次切削，每次的切削深度为 1mm。第一刀的切削过程为 *A*→*B*→*C*→*D*→*A*，第二刀的切削过程为 *A*→*B'*→*C'*→*D*→*A*，加工程序如下：

```
G00 X12.0 Z72.0；(A→B)
G32 X41.0 Z29.0 F3.5；（B→C）
G00 X50.0；（C→D）
Z72.0；（D→A）
X10.0；（A→B'）
G32 X39.0 Z29.0；（B'→C'）
G00 X50.0；（C'→D）
Z72.0；（D→A）
```

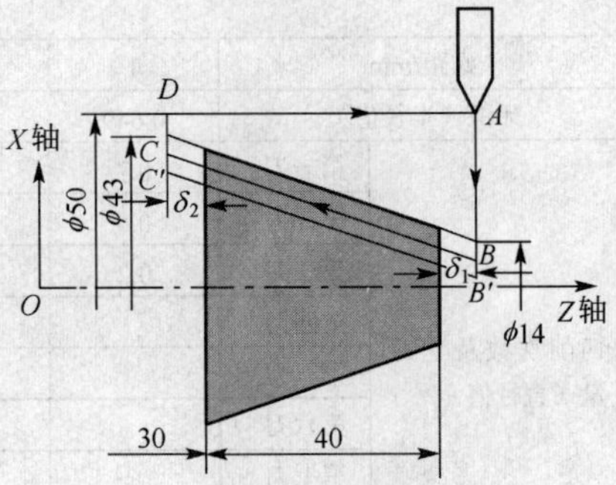

图 2-26 锥螺纹切削举例

2.3.4　暂停指令 G04

（1）格式　G04X__；

G04P__；

式中　X——暂停时间，数值为小数形式，单位为秒（s）；

P——暂停时间，数值为整数形式，单位为毫秒（ms）。

利用暂停指令，可以推迟下个程序段的执行，推迟时间为指令指定的时间。

（2）G04 指令的应用

① 钻孔或镗孔加工到达孔底部时，设置刀具暂停时间，以保证孔底的钻孔或镗孔质量；

② 钻孔加工中途退刀后，设置刀具暂停时间，以保证孔中的切屑充分排出；

③ 切槽加工到达槽底时，设置刀具暂停时间，以保证槽底的加工质量。

（3）举例　如图 2-27 所示，在后置刀架式数控车床上切槽，为了使槽底光滑，要求刀具切到槽底停留 2s，然后 *X* 向退刀距离为 10mm，试用 G01、G04 等指令编写切槽程序。

切削程序：

G90 G01 X30.0 Z–29.0;
（刀具切削至槽底）
G04 X2.0;（或 G04 P2000;）
（刀具在槽底停留 2s）
G00 X50.0;（*X* 向退刀）

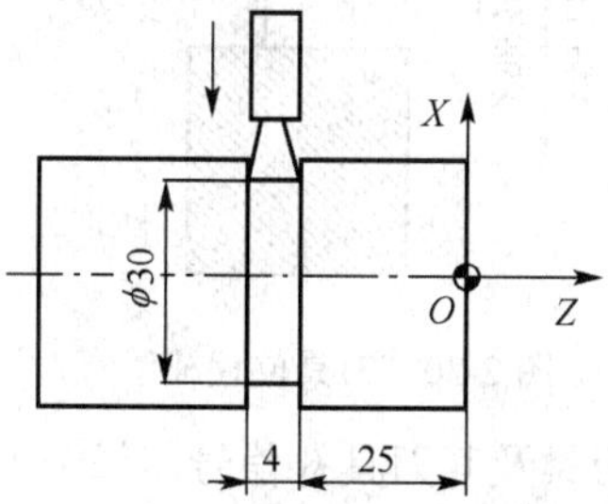

图 2-27　切槽零件图

2.3.5　返回参考点指令 G27/G28

（1）格式　G28X__Z__；

式中　X、Z——中间点的坐标值。

G28 指令使刀具经由中间点沿指定轴自动移动到参考点，如图 2-28 所示。在参考点返回完成后，指示返回完成的灯点亮。

（2）注意事项　由于在执行返回参考点操作时，各轴以快速移动速度执行到参考点的定位。因此，为了安全，执行 G28 指令前应当取消刀尖半径补偿和刀具偏置。

（3）举例　如图 2-29 所示，刀具由 *A* 点经 *B* 点返回到参考点，指令为：G28 X190.0 Z50.0;

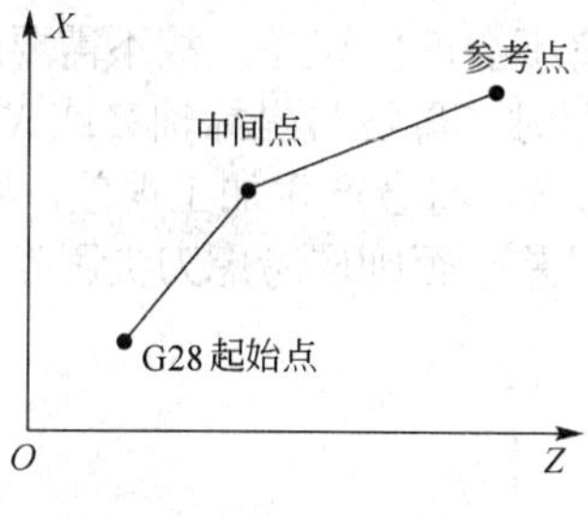

图 2-28　返回参考点

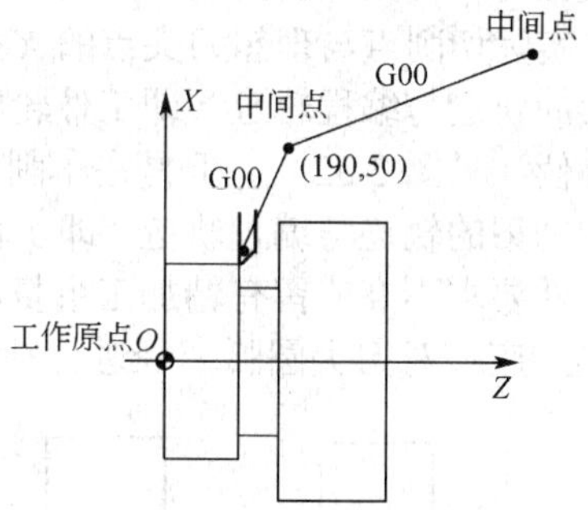

图 2-29　G28 指令举例

2.3.6　刀具补偿指令 G40/G41/G42

刀具补偿理论及其实现，目前在各类数控系统中都已经是比较成熟的技术。数控车床通常连续实行各种切削加工，由于刀架在换刀时前一刀具的刀尖位置和新换刀具的刀尖位置之间产生差异，另外刀具在切削过程中的磨损以及刀尖圆弧半径的存在，都使得刀具的运动轨迹不等同于工件外形轮廓，即切削不出符合图样要求形状的零件。因此为了确保工件轮廓性质，同时简化编程，加工过程中应采用刀具补偿功能。所谓刀具补偿功能就是补偿实际加工时所使用的刀具与编程时使用的理想刀具或对刀时用的基准刀具之间的差值。在数控车床加工中合理运用刀具补偿会在很大程度上提高编程效率,同时也能提高工件的加工精度。

2.3.6.1　刀具补偿类型

数控车床加工中刀具补偿有刀具位置补偿和刀具半径补偿两种。

（1）刀具位置补偿　刀具位置补偿包括刀具几何补偿和刀具磨损补偿（见图 2-30）。在加工过程中若使用多把刀具，通常取刀架中心位置作为编程原点，几何补偿是补偿刀具形状和刀具安装位置与编程时理想刀具或基准刀具的偏移。磨损补偿是用于补偿刀具使用磨损后刀具尺寸与原始尺寸的误差。

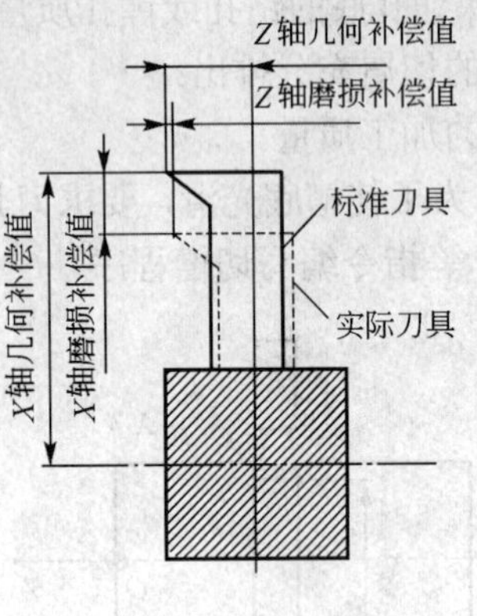

图 2-30　刀具位置补偿

刀具位置补偿功能是由程序段中的 T 代码来实现。T 代码后的 4 位数字中，前两位是刀具号，后两位是刀具补偿号。刀具补偿号实际上是刀具补偿寄存器的地址号，该寄存器中放有刀具的几何偏置量和磨损量。当补偿号为 00 时，表示取消刀具补偿。

当刀具磨损后或工件尺寸有误差时，只要修改每把刀具相应寄存器中的数值即可。例如某工件加工后外圆直径比要求尺寸大或小了 0.03mm，则可以用 U–0.03 或 U0.03 修改相应寄存器中的数值即可。当长度方向尺寸有误差时，修改方法相同。由此可见，刀具偏移可以根据实际需要分别或同时对刀具轴向和径向的偏移量进行修正。修正的方法是在程序中事先给定各刀具及其刀具补偿号，每个刀具补偿号中的 X 向刀具补偿值和 Z 向刀具补偿值，由操作者按实际需要输入数控装置。每当程序调用这一刀具补偿号时，该刀具补偿值就生效，使刀尖从偏离位置恢复到编程轨迹上，从而实现刀具补偿量的修正。

（2）刀尖圆弧半径补偿　在数控车削加工中，为了提高刀尖的强度，降低加工表面的粗糙度，一般将刀尖处处理成半径为 0.4～1.6mm 圆弧过渡刃，如图 2-31 所示。但是在数控加工编程过程中，一般按假想刀尖 A 进行编程，而在实际车削中起作用的切削刀刃是圆弧与工件轮廓表面的切点。

在车端面时，刀尖圆弧的实际切削点与理想刀尖点的 Z 坐标值相同；车外圆柱表面和内圆柱孔时，实际切削点与理想刀尖点的 X 坐标值相同。因此车端面和内外圆柱表面时，刀具实际切削刃的轨迹与编程轨迹（即工件轮廓）一致，将不会产生误差，故不需要对刀尖圆弧半径进行补偿（见图 2-32）。但是在车削锥面和圆弧面时（母线与坐标轴 Z 或 X 不平行），刀具实际切削刃的轨迹与编程轨迹（即工件轮廓）不重合，将会产生加工误差，如图 2-33 所示。如果工件要求不高或留有精加工余量，可忽略此误差；否则应考虑刀尖圆弧半径对工件质量的影响，应该对刀尖圆弧半径进行补偿。

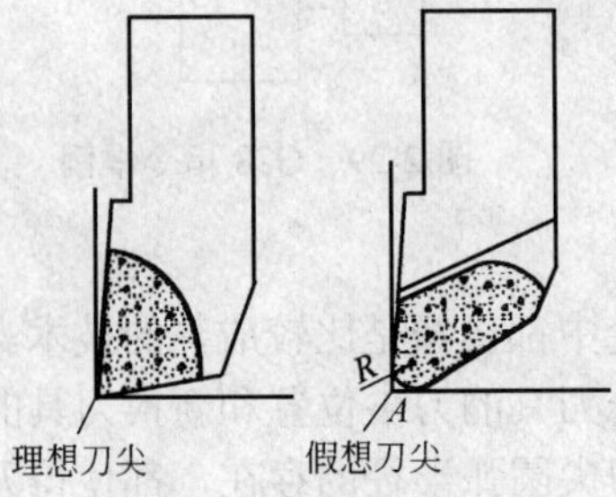

图 2-31　刀尖圆弧半径

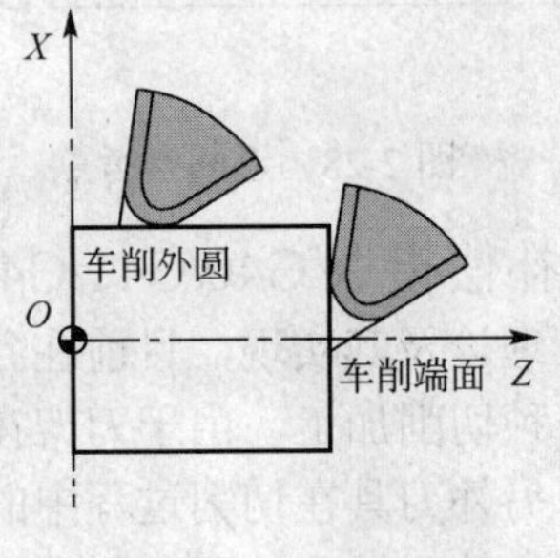

图 2-32　车端面或外圆

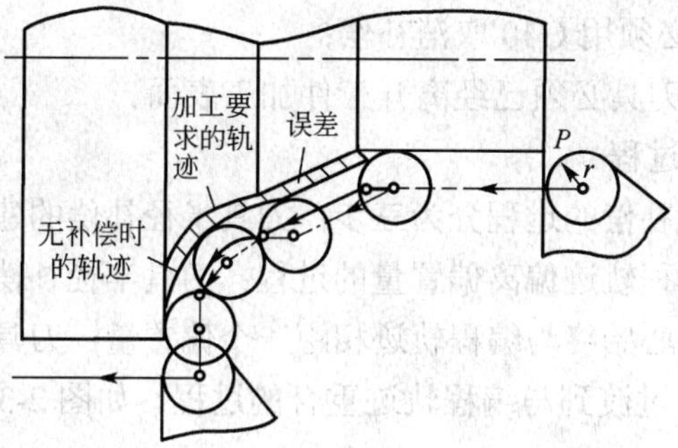

图 2-33　车削锥面或圆弧时加工误差

2.3.6.2　刀具补偿指令

刀具补偿功能由 G40、G41、G42 指令实现。

（1）格式　G40 G01（G00）X__ Z__；

G41 G01（G00）X__ Z__D__；

G42 G01（G00）X__ Z__D__；

式中　G40——取消刀具偏置及刀尖圆弧半径补偿；

G41——建立刀具偏置及刀尖圆弧半径左补偿；

G42——建立刀具偏置及刀尖圆弧半径右补偿；

X、Z——建立或取消刀具补偿程序段中，刀具移动的终点坐标；

D——存储刀具补偿值的寄存器号。

（2）补偿方向的判断　沿着刀具切削运动的方向看，刀具在工件的左侧为左补偿，用 G41 表示。刀具在工件的右侧为右补偿，用 G42 表示。由于刀架的位置不同会导致车床坐标系不同，因此补偿方向也有所不同，判断方法如图 2-34 所示。

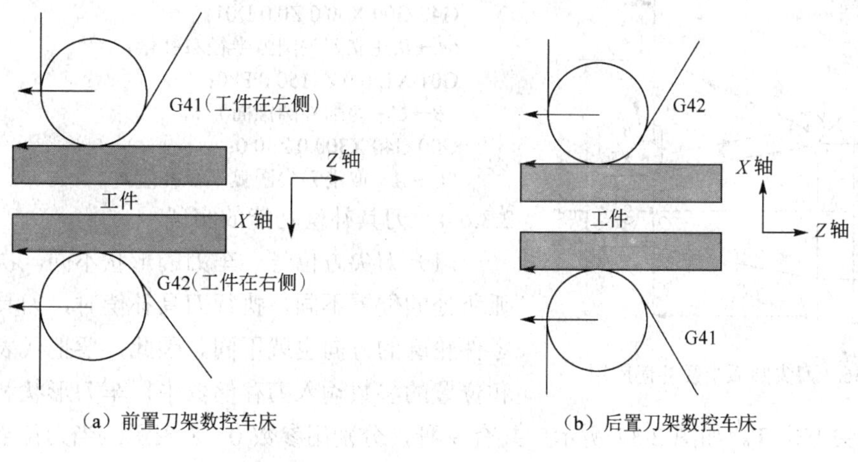

图 2-34　刀尖圆弧半径补偿方向

（3）注意事项

① G40/G41/G42 指令只能和 G00/G01 结合编程，不允许同 G02/G03 等其他指令结合编程；

② 在编入 G40/G41/G42 的 G00 与 G01 前后两个程序段中 X、Z 至少有一值变化；

③ 在调用新刀具前必须用 G40 取消补偿；

④ 在使用 G40 前，刀具必须已经离开工件加工表面。

2.3.6.3　刀具补偿的建立过程

一般说来，刀具半径补偿的过程分为三步：刀具半径补偿的建立，即建立刀具中心从与编程轨迹重合过渡到与编程轨迹偏离偏置量的过程；刀具半径补偿进行，执行有 G41、G42 指令的程序段后，刀具中心始终与编程轨迹相距一个偏置量；刀具半径补偿的取消，刀具离开工件，刀具中心轨迹要过渡到与编程轨迹重合的过程。如图 2-35 所示。

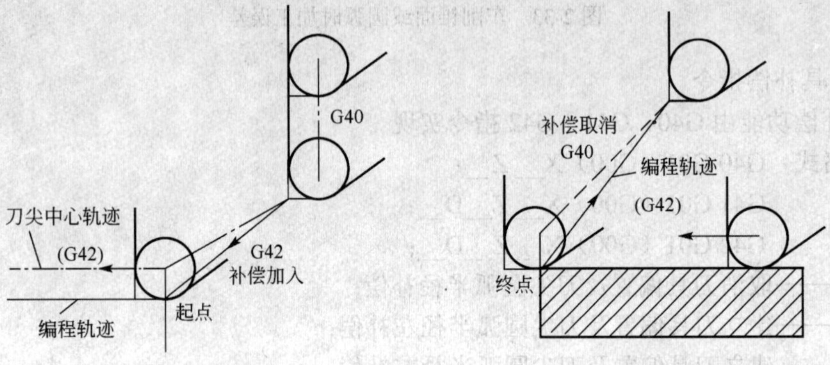

（a）刀具补偿的建立　　（b）刀具补偿的取消

图 2-35　刀具补偿建立与取消过程

如在后置刀架数控车床上加工图 2-36 所示工件，刀具在 $A \to B$ 段建立半径补偿，$B \to C$ 段进行切削加工，$C \to A$ 段取消刀具半径补偿。

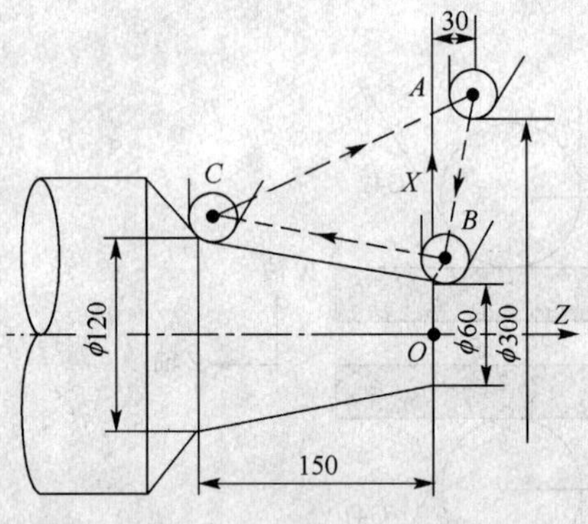

图 2-36　刀尖圆弧半径补偿应用

切削程序：

G42 G00 X60.0 Z0.0 D01;

($A \to B$,建立刀尖圆弧半径右补偿)

G01 X120.0 Z–150.0 F80;

（$B \to C$，切削外圆锥面）

G00 G40 X300.0 Z30.0;

（$C \to A$，取消刀尖圆弧半径补偿）

2.3.6.4　刀具补偿功能的实现

（1）刀尖方位号　车刀的形状不同，决定刀尖圆弧所处的位置不同，执行刀具补偿时，刀具自动偏离零件轮廓的方向也就不同。因此，要把代表车刀形状和位置的参数输入刀存储器中，车刀形状和位置的方向称为刀尖方位 T。如图 2-37 所示，共有 9 种，分别用参数 0～8 表示。当刀位点取刀尖圆弧半径中心点时，取刀位号 0，也可理解为无刀尖圆弧半径补偿。刀架位置不同，各种刀具的理想刀尖位置号不同，前置刀架车床刀尖方位号如图 2-37（a）所示，后置刀架车床刀尖方位号如图 2-37（b）所示。

（2）补偿参数的输入　在刀具偏置表中，将刀具几何偏置值输入到 X、Z 地址中，将刀具的刀尖圆弧半径输入到 R 地址中，刀尖方位号输入到 T 地址中，如图 2-38 所示。

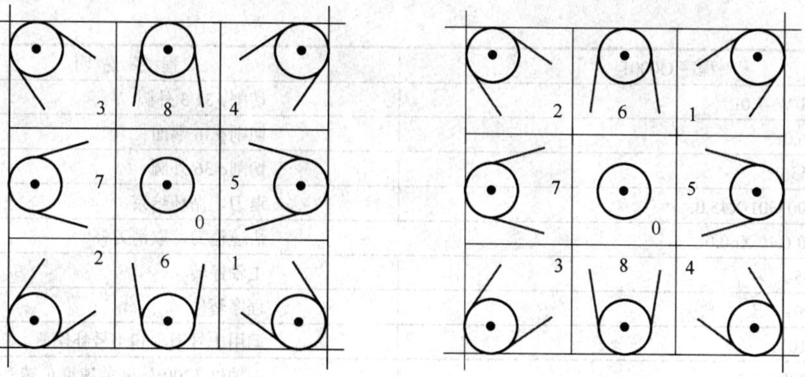

（a）前置刀架车床　　（b）后置刀架车床

图 2-37　刀尖方位号

2.3.6.5　刀具补偿功能举例

例 2-3　用刀具补偿功能编制图 2-39 所示零件的加工程序，加工程序见表 2-5。

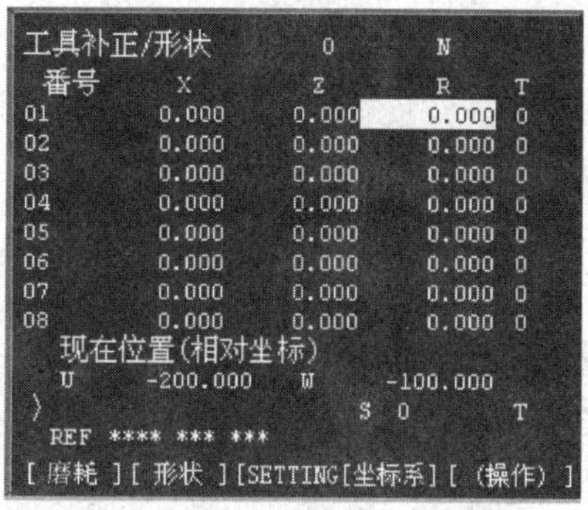

图 2-38　刀具参数输入界面

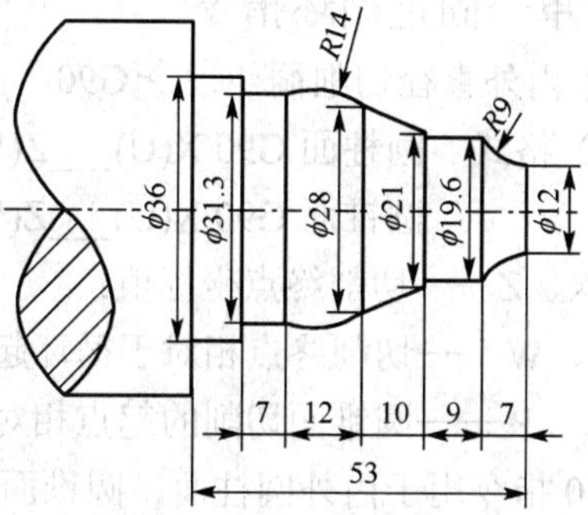

图 2-39　刀具半径补偿功能应用

表 2-5　例 2-3 加工程序

程序 O0001	程 序 说 明
T0101；	调用 1 号刀具和 1 号补偿值
M04 S1000；	主轴以 1000r/min 的速度反转
G00 X45.0 Z10.0；	接近工件
G01 Z0.0 F0.5；	平端面
X–1.0；	
G00 X40.0 Z5.0；	运动至循环起点
G73 U15.0 W0.0 R10.0；	车削循环
G73 P100 Q200 U0.5 W0.0 F0.3；	
N100 G42 G01 X12.0；	建立刀尖圆弧半径右补偿
Z0.0；	切削至 *Z*0
G02 X19.6 Z–7.0 R9.0；	切削 *R*9 圆弧
G01 W–9.0；	切削 ϕ19.6 外圆
X21.0；	切削 ϕ21 端面
X28.0 W–10.0；	切削锥面
G03 X31.3 W–12.0 R14.0；	切削 *R*14 圆弧

续表

程序 O0001	程序说明
G01 W–7.0；	切削ϕ31.3 外圆
X36.0；	切削ϕ36 端面
Z–53.0；	切削ϕ36 外圆
N200 G01 X45.0；	退刀，循环结束
G00 G40 X60.0；	快速退刀，取消刀补
M05；	主轴停转
M00；	程序暂停
T0101；	调用 1 号刀具和 1 号补偿值
S1200 M03；	主轴以 1200r/min 的速度正转
G00 X45.0 Z5.0；	运动至循环起点
G70 P100 Q200 F0.1；	精车循环
G00 X50.0 Z80.0；	退刀
M05；	主轴停转
M30；	程序结束

2.3.7 单一固定循环指令

2.3.7.1 内外直径切削循环指令 G90

（1）格式　圆柱面 G90 X(U)___Z(W)___F___ ；

圆锥面 G90 X(U)___Z(W)___ R___ F___ ；

式中　X、Z——切削终点坐标值；

U、W——切削终点相对于循环起点坐标增量值；

R——圆锥面切削的起点相对于终点的半径差。

G90 指令用于内外圆柱面、圆锥面的切削循环，走刀路线如图 2-40 所示。

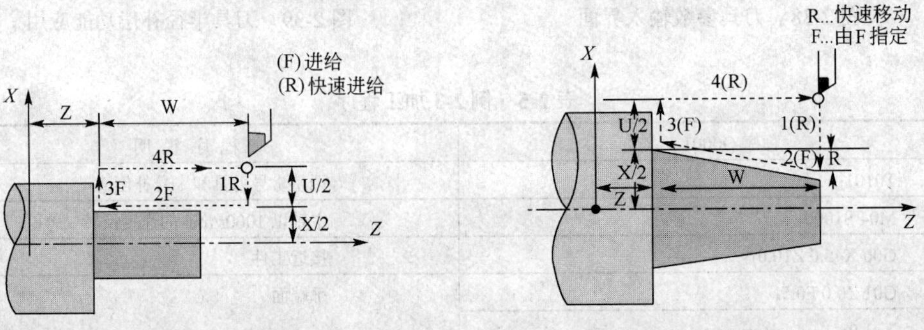

（a）圆柱面　　（b）圆锥面

图 2-40　G90 指令走刀路线

（2）说明　切削圆锥面时必须指定 *R* 值，*R* 值为切削的起点相对于终点的半径差，如果切削起点的 *X* 向坐标小于终点的 *X* 向坐标，则 *R* 值为负，反之为正，如图 2-41 所示。

（3）举例

例 2-4　用 G90 指令编制图 2-42 所示零件的加工程序。

切削程序：

T0101；（调用 1 号刀具，1 号刀补）

M03 S1000；（主轴正转，转速 1000r/min）

G00 X105.0 Z5.0；（ 快速接近工件）

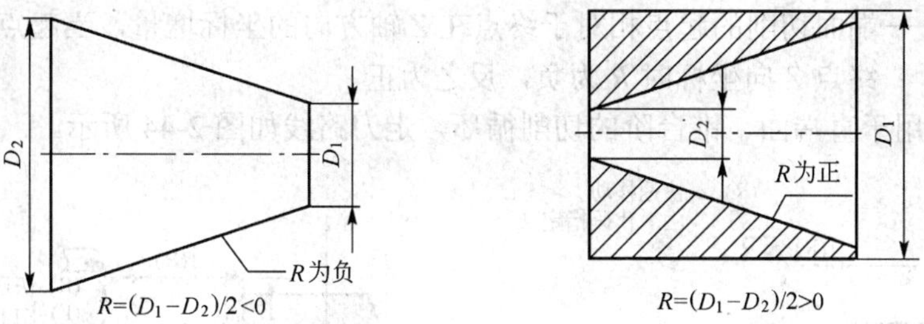

图 2-41　G90 指令 R 值正负的判断

G90 X90.0 Z–80.0 F0.3；（粗车直径切削循环）
X85.0；（第二刀切 5mm）
X80.0；（第三刀切 5mm）
X75.0；（第四刀切 5mm）
X70.0；（切削到规定尺寸）
G00 X150.0 Z100.0；（退刀到安全位置）
M05；（主轴停转）
M30；（程序结束）

例 2-5　用 G90 指令编制图 2-43 所示零件的加工程序。

切削程序：

T0101；（调用 1 号刀具，1 号刀补）
M03 S1000；（主轴正转，转速 1000r/min）
G00 X105.0 Z5.0；(快速接近工件)
G90 X96.0 Z–80.0 R–10.0 F0.3；（锥面切削循环）
X93.0；（第二刀切 5mm）
X90.0；（切削到规定尺寸）
G00 X100.0 Z100.0；（退刀到安全位置）
M05；（主轴停转）
M30；（程序结束）

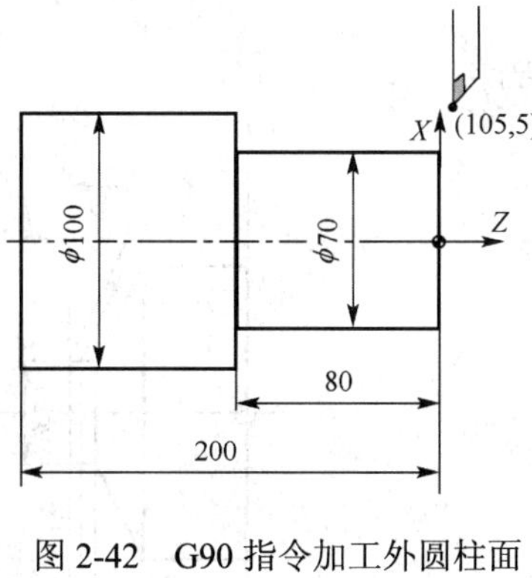

图 2-42　G90 指令加工外圆柱面

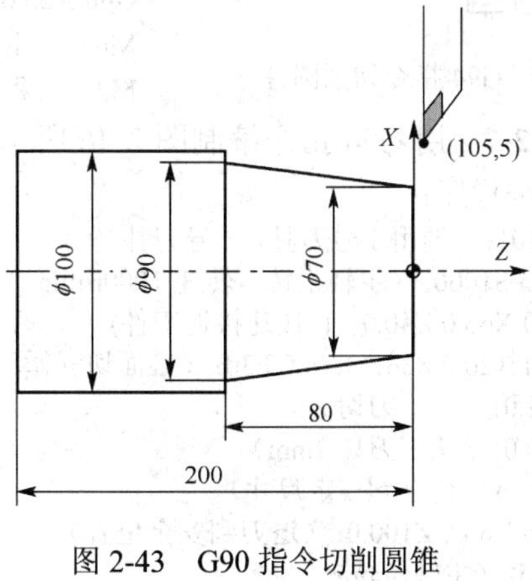

图 2-43　G90 指令切削圆锥

2.3.7.2　锥台阶切削循环指令 G94

（1）格式　直端面 G94 X(U)___Z(W)___F___；

锥端面 G94 X(U)___Z(W)___ R___ F___；

式中　X、Z——切削终点坐标值；

U、W——切削终点相对于循环起点的坐标；

R——端面切削的起点相对于终点在 Z 轴方向的坐标增量，当起点 Z 向坐标小于终点 Z 向坐标时 R 为负，反之为正。

G94 指令用于直端面、锥台阶的切削循环，走刀路线如图 2-44 所示。

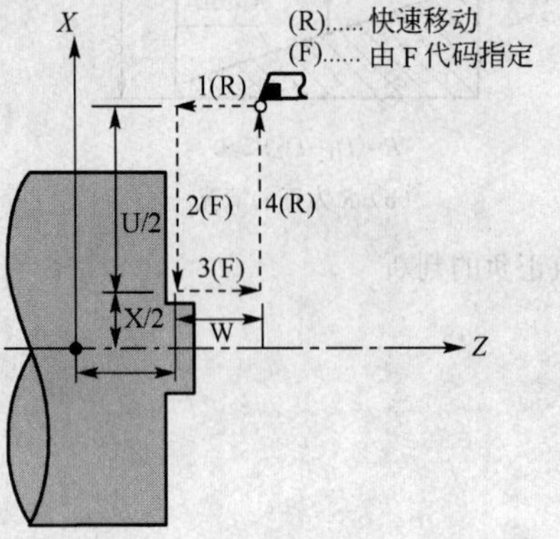

（a）直端面

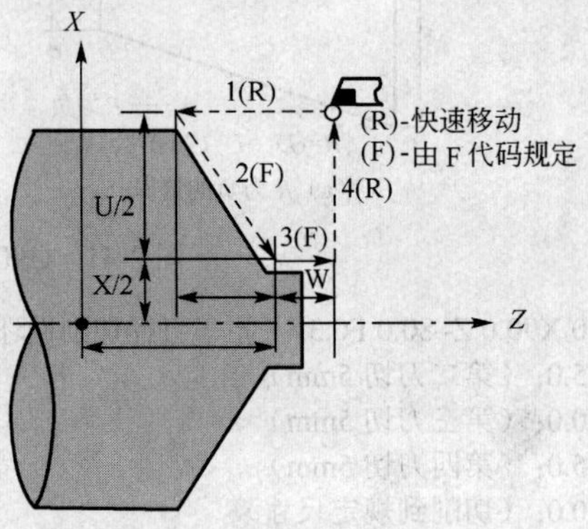

（b）锥端面

图 2-44　G94 指令走刀路线

（2）举例

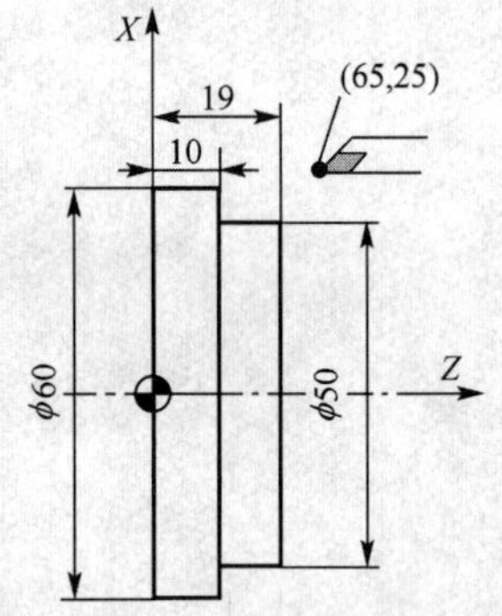

图 2-45　G94 指令切削圆柱

例 2-6　用 G94 指令编制图 2-45 所示零件的加工程序。

切削程序：

T0101；（调用 1 号刀具，1 号刀补）
M03 S1000；（主轴正转，转速 1000r/min）
G00 X65.0 Z25.0；(快速接近工件)
G94 X50.0 Z16.0 F30；（端面切削循环）
Z13.0；（第二刀切 3mm）
Z10.0；（切削到规定尺寸）
G00 X65.0 Z100.0；（退刀到安全位置）
M05；（主轴停转）
M30；（程序结束）

例 2-7　用 G94 指令编制图 2-46 所示零件的加工程序。

切削程序：

T0101；（调用 1 号刀具，1 号刀补）
M03 S1000；（主轴正转，转速 1000r/min）
G00 X65.0 Z40.0；(快速接近工件)
G94 X20.0 Z34.0 R–4.0 F30；（锥面切削循环）
Z32.0；（第二刀切 2mm）
Z30.0；（第三刀切 2mm）
Z29.0；（切削到规定尺寸）
G00 X65.0 Z100.0；（退刀到安全位置）
M05；（主轴停转）
M30；（程序结束）

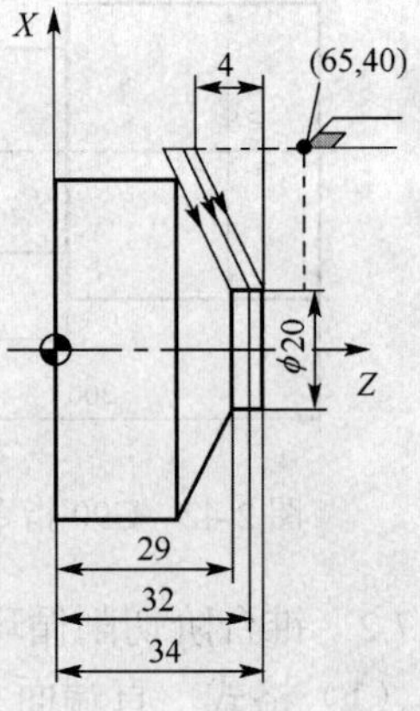

图 2-46　G94 指令切削圆锥

2.3.7.3　螺纹切削循环指令 G92

(1) 格式　圆柱螺纹 G92 X(U)___Z(W)___F___；

圆锥螺纹 G92 X(U)___Z(W)___R___F___；

式中　X、Z——螺纹终点坐标值；

U、W——螺纹终点相对于起点的坐标；

R——螺纹起点与螺纹终点的半径之差；

F——螺纹导程。

G92 指令用于圆柱螺纹、圆锥螺纹的切削循环，走刀路线如图 2-47 所示。

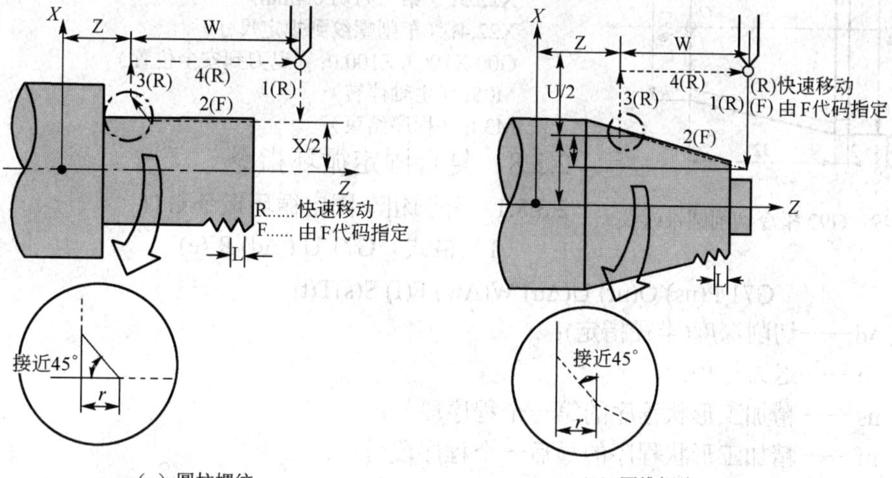

（a）圆柱螺纹　　（b）圆锥螺纹

图 2-47　G92 指令走刀路线

（2）说明

① 在使用 G92 指令前，只需把刀具定位到一个合适的起点位置（*X* 方向处于退刀位置），执行 G92 时系统会自动把刀具定位到所需的切深位置，而 G32 则不行，起点位置的 *X* 方向必须处于切入位置。

② 切削圆锥螺纹时，当 *X* 向切削起点坐标小于终点坐标，*R* 为负，反之为正。

（3）举例

例 2-8　用 G92 指令编制图 2-48 所示圆柱螺纹的加工程序。(螺纹导程为 1.5mm，δ_1=2mm，δ_2=1mm，每次吃刀量(直径值)分别为 0.8mm、0.6 mm、0.4mm、0.16mm)

切削程序：

```
T0101;（调用 1 号刀具，1 号刀补）
M03 S500;（主轴正转，转速 500r/min）
G00 X35.0 Z102.0;（ 快速接近工件)
G92 X29.2 W–83.0 F1.5;（螺纹切削循环）
X28.6;（第二刀切 0.6mm）
X28.2;（第三刀切 0.4mm）
X28.04;（第四刀切 0.16mm 到规定尺寸）
G00 X50.0 Z200.0;（退刀到安全位置）
M05;（主轴停转）
M30;（程序结束）
```

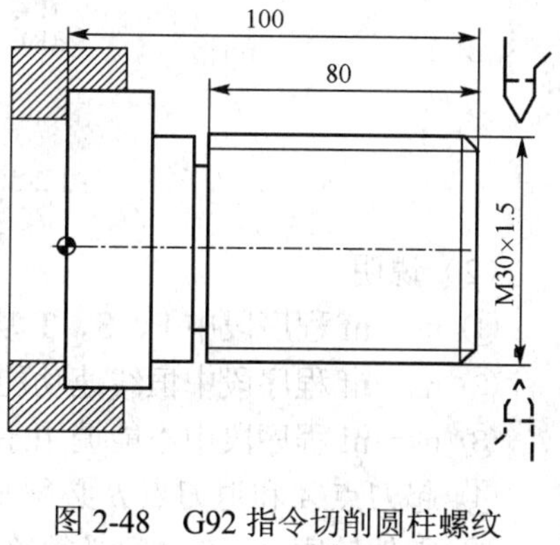

图 2-48　G92 指令切削圆柱螺纹

例 2-9　用 G92 指令编制图 2-49 所示圆锥螺纹的加工程序。(螺纹导程为 2mm，δ_1=3mm，δ_2=2mm，每次吃刀量(直径值)分别为 0.9mm、0.6 mm、0.6 mm 、0.4mm、0.1mm)

切削程序：

```
T0101;（调用 1 号刀具，1 号刀补）
M03 S500;（主轴正转，转速 500r/min）
```

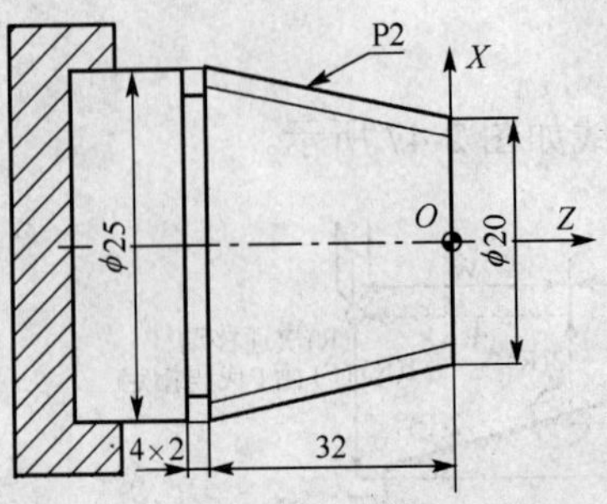

图 2-49　G92 指令切削圆锥螺纹

G00 X30.0 Z3.0；(快速接近工件)
G92 X24.1 Z–34.0 R–2.5 F2.0；(螺纹切削循环)
X23.5；(第二刀切 0.6mm)
X22.9；(第三刀切 0.6mm)
X22.5；(第三刀切 0.4mm)
X22.4；(车削螺纹到规定尺寸)
G00 X100.0 Z100.0；(退刀到安全位置)
M05；(主轴停转)
M30；(程序结束)

2.3.8　复合固定循环指令

2.3.8.1　外圆粗车固定循环指令 G71

(1) 格式　G71 U (Δd) R (e)

G71 P(ns) Q(nf) U(Δu) W(Δw) F(f) S(s)T(t)

式中　Δd——切削深度(半径指定)；

e——退刀行程；

ns——精加工形状程序的第一个程序段号；

nf——精加工形状程序的最后一个程序段号；

Δu——*X* 方向精加工余量；

Δw——*Z* 方向精加工余量。

G71 指令的粗车是以多次 *Z* 轴方向走刀来切除工件余量，为精车提供一个良好的条件，适用于毛坯是圆钢的工件，走刀路线如图 2-50 所示。

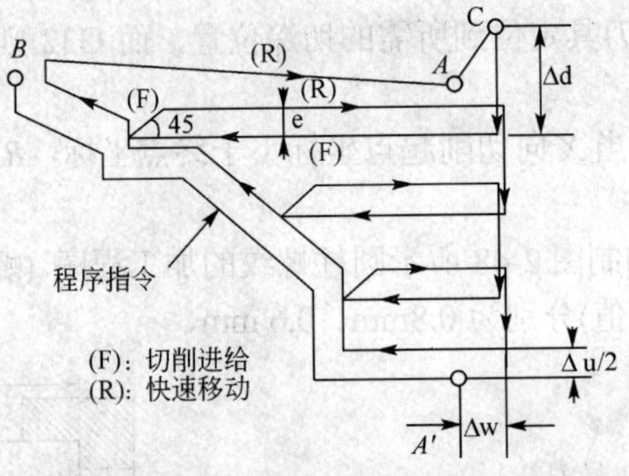

图 2-50　G71 粗车循环指令走刀路线

(2) 说明

① ns～nf 程序段中 F、S、T 功能在(G71)循环时无效，而在 G70 循环时有效；

② ns～nf 程序段中恒线速功能无效；

③ ns～nf 程序段中不能调用子程序；

④ 起刀点 *A* 和退刀点 *B* 必须平行；

⑤ 零件轮廓 *A*～*B* 之间必须符合 *X* 轴、*Z* 轴方向同时单向增大或单向减少；

⑥ ns 程序段中可含有 G00、G01 指令，不允许含有 *Z* 轴运动指令。

(3) 举例

例 2-10　用 G71 指令加工如图 2-51 所示零件，要求循环起始点在 *A*（46，3），切削深度为 1.5mm（半径量），退刀量为 1mm，*X* 方向的精加工余量为 0.4mm，*Z* 方向的精加工余量为 0.1mm，其中点画线部分为工件毛坯。加工程序见表 2-6。

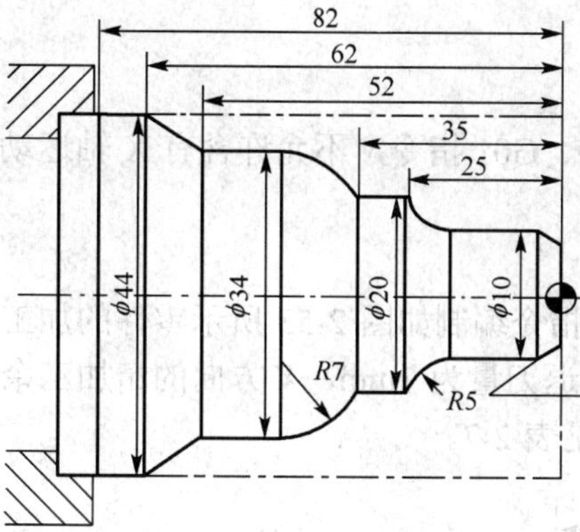

图 2-51　G71 指令加工外轮廓

表 2-6　例 2-10 加工程序

程　　序	程 序 说 明
G97 G99 G54;	程序初始设置
T0101;	调用 1 号刀具
M03 S800;	主轴正转，转速 800r/min
M08;	打开冷却液
G00 X46.0 Z3.0;	刀具到达循环起始点
G71 U1.5 R1.0 ;	粗车循环
G71 P100 Q200 U0.4 W0.1F0.2;	
N100 G01 X4.0 Z1.0 F0.1;	粗加工轮廓起始行，到倒角延长线
X10.0 Z–2.0;	加工 2×45°倒角
Z–20.0;	加工ϕ 10 外圆
G02 X20.0 Z–25.0 R5.0;	加工 *R*5 圆弧
G01 Z–35.0;	加工ϕ 20 外圆
G03 X34.0 Z–42.0 R7.0;	加工 *R*7 圆弧
G01 Z–52.0;	加工ϕ 34 外圆
X44.0 Z–62.0;	加工外圆锥
Z–82.0;	加工ϕ 44 外圆
N200 X50.0;	退出已加工面
G00 X100.0 Z100.0;	退刀
M09;	关闭冷却液
M05;	主轴停转

2.3.8.2　外圆粗车固定循环指令 G72

（1）格式　G72 W(Δd) R(e);

G72 P(ns) Q(nf) U(Δu) W(Δw) F(f) S(s) T(t);

式中　Δd——切削深度(半径指定);

e——退刀行程;

ns——精加工形状程序的第一个程序段号;

nf——精加工形状程序的最后一个程序段号;

Δu——*X* 方向精加工余量;

Δw——*Z* 方向精加工余量。

G72 粗车循环指令是以多次 *X* 轴方向走刀来切除工件余量，适用于毛坯是圆钢、各台阶面直径差较大的工件。除了走刀路线是平行于 *X* 轴，其他与 G71 相同。走刀路线如图 2-52

所示。

（2）说明

① ns 程序段中可含有 G00、G01 指令，不允许含有 X 轴运动指令；

② 其他同 G71 指令。

（3）举例

例 2-11 用 G72 端面循环指令编制如图 2-53 所示零件的加工程序，要求循环起始点在 *A*(165，2)，切削深度为 4mm，退刀量为 1mm，*X* 方向的精加工余量为 0.5mm，*Z* 方向的精加工余量为 0.5mm。加工程序见表 2-7。

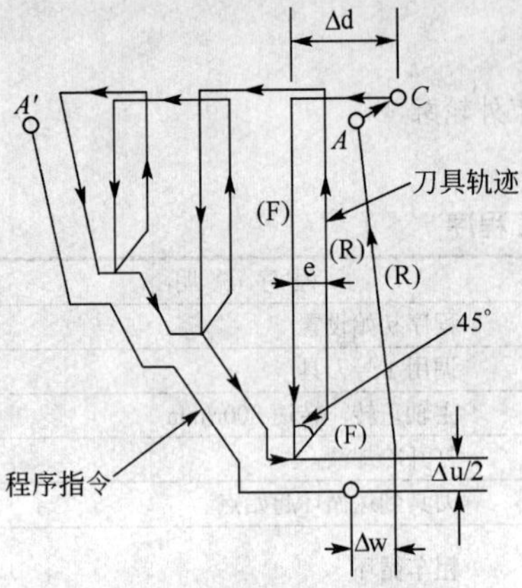

图 2-52 G72 粗车循环指令走刀路线

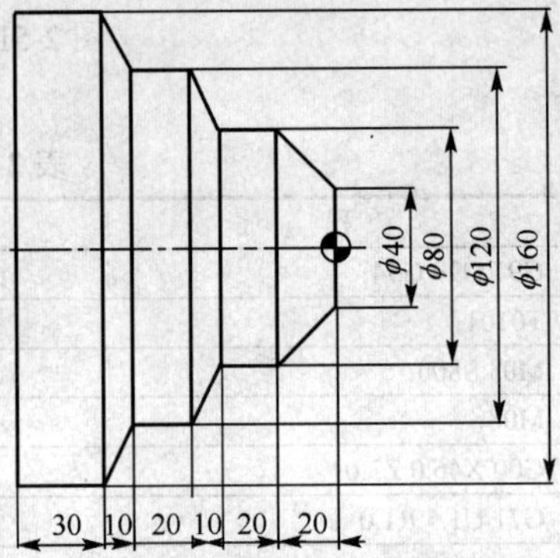

图 2-53 G72 指令举例

表 2-7 例 2-11 加工程序

程 序	程序说明
G97 G99 G54;	程序初始设置
T0101;	调用 1 号刀具
M03 S600;	主轴正转，转速 600r/min
M08;	打开冷却液
G00 X165.0 Z2.0;	刀具到达循环起始点
G72 W4.0 R1.0 ;	粗车循环
G72 P60 Q130 U0.5 W0.5 F0.2;	
N60 G00 Z–110.0;	
G01 X160. 0F0.15 ;	加工ϕ160 外圆
Z–80.0;	
X120.0 Z–70.0 ;	加工锥面
Z–50.0;	加工ϕ120 外圆
X 80.0 Z–40.0;	加工锥面
Z–20.0 ;	加工ϕ80 外圆
N130 X40.0 Z0.0;	加工外圆锥
G00 X200.0 Z200.0;	退刀
M09;	关闭冷却液
M05;	主轴停转
M30;	程序结束

2.3.8.3 成形加工复式循环 G73

（1）格式 G73 U(Δi) W(Δk) R(Δd) ;

G73 P(ns) Q(nf) U(Δu) W(Δw) F(f) S(s) T(t);

式中　Δi——X 方向退刀量的距离和方向(半径值指定)；

Δk——Z 方向退刀量的距离和方向，该值是模态该值；

Δd——分层次数，此值与粗切重复次数相同，该值是模态的；

ns——循环中的第一个程序段号；

nf——循环中的最后一个程序段号；

Δu——径向（X）的精车余量；

Δw——轴向（Z）的精车余量；

F、S、T——粗加工循环中的进给速度、主轴转速与刀具功能。

G73 指令用于重复切削一个逐渐变换的固定形式，主要用于已经铸造或锻造成形的工件的粗加工，走刀路线如图 2-54 所示。

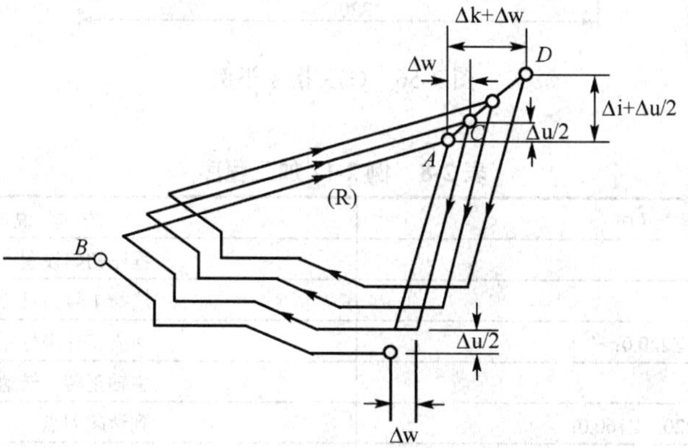

图 2-54　G73 粗车循环指令走刀路线

（2）说明

① ns～nf 程序段中的 F、S、T 功能在 G73 循环时无效，而在 G70 循环时有效。

② 加工余量的计算：$\dfrac{\text{毛坯}\phi-\text{工件最小}\phi}{2}-1$；（减 1 是为了少走一空刀）。

③ Δu、Δw 精车余量的正负判断如图 2-55 所示。

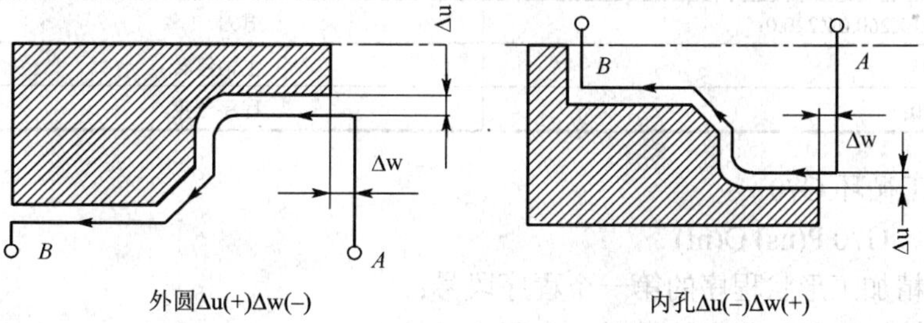

图 2-55　Δu、Δw 精车余量的正负判断

（3）举例

例 2-12　用 G73 循环指令编制图 2-56 所示零件的加工程序。设粗加工分三刀进行，第一刀后余量（X 和 Z 向）均为单边 14mm，三刀过后，留给精加工的余量 X 方向（直径上）为 4.0mm，Z 向为 2.0mm；粗加工进给量为 0.3mm/r，主轴转数为 500r/min；精加工进给量为 0.15mm/r，主轴转数为 800r/min；加工程序见表 2-8。

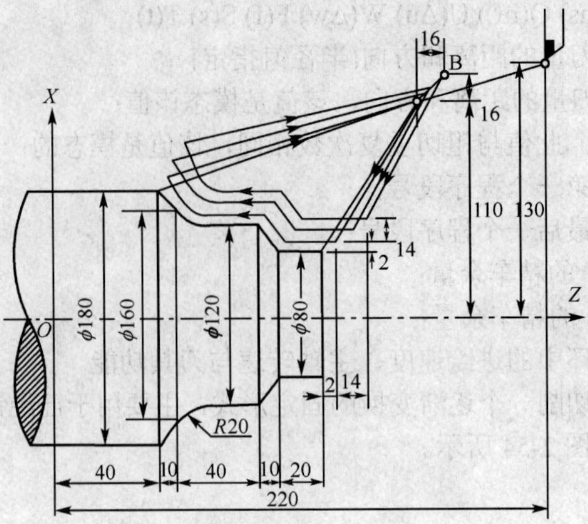

图 2-56　G73 指令举例

表 2-8　例 2-12 加工程序

程　序	程序说明
G97 G99;	程序初始设置
T0101;	选择 1 号刀具
G50 X260.0 Z220.0;	建立工件坐标系
M03 S800;	主轴正转，转速 800r/min
N20 G00 X220.0 Z160.0;	到达起刀点
G73 U14.0 W14.0 R3.0; G73 P20 Q45 U4.0 W2.0 F0.3;	粗车循环
G00 X80.0 W–40.0;	到达切削起始点
G01 W–20.0 F0.15;	加工 φ80 外圆
X120.0 W–10.0;	加工锥面
W–20.0;	加工 φ120 外圆
G02 X160.0 W–20.0 R20.0;	加工 R20 圆弧
N40 G01 X180.0 W–10.0;	加工锥面
G00 X260.0 Z220.0;	退刀
M05;	主轴停转
M30;	程序结束

2.3.8.4　精加工循环 G70

（1）格式　G70 P(ns) Q(nf)

式中　ns——精加工形状程序的第一个程序段号；

nf——精加工形状程序的最后一个程序段号。

G70 主要用于 G71、G72 或 G73 粗车削后工件的精车加工。

（2）说明

① 在 G71、G72、G73 程序段中规定的 F、S、T 功能无效，但在执行 G70 时程序段序号“ns”和“nf”之间指定的 F、S、T 功能有效；

② 当 G70 循环加工结束时，刀具返回到起点并读下一个程序段；

③ G70 到 G73 中 ns 到 nf 间的程序段不能调用子程序。

（3）举例

例 2-13　用 G71 和 G70 指令加工图 2-57 所示工件，加工程序见表 2-9。

例 2-14　用 G71 和 G70 指令加工图 2-58 所示工件，加工程序见表 2-10。

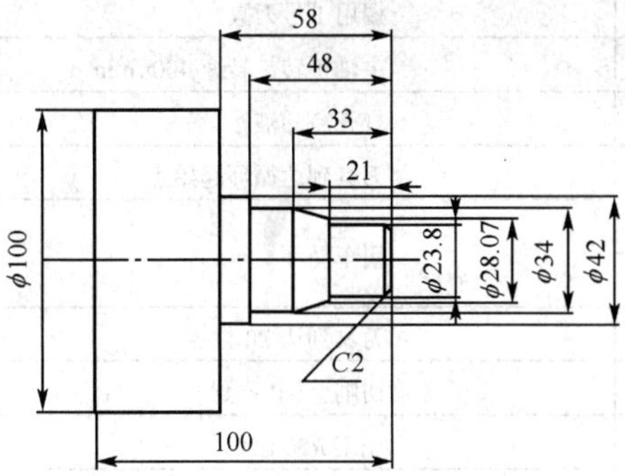

图 2-57　例 2-13 零件图

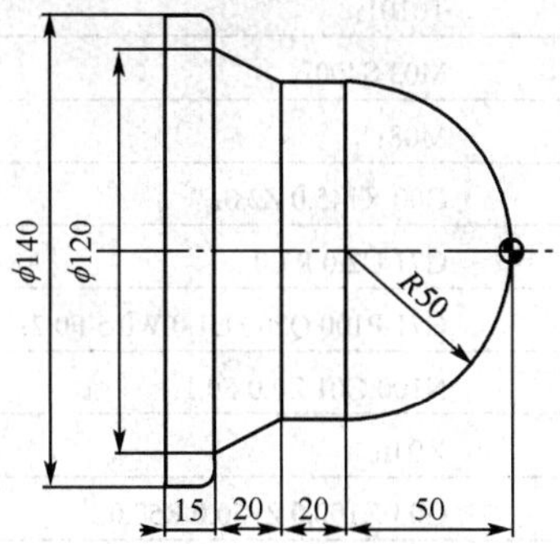

图 2-58　例 2-14 零件图

表 2-9　例 2-13 加工程序

程　序	程序说明
G97 G99 G54;	程序初始设置
T0101;	调用 1 号刀具
M03 S600;	主轴正转，转速 600r/min
M08;	打开冷却液
G00 X105.0 Z2.0;	刀具到达循环起始点
G71 U2.0 R1.0 ;	粗车循环
G71 P100 Q200 U1.0 W1.0F0.2;	
N100 G01 X15.8 F0.1;	粗加工轮廓起始行，到倒角延长线
X23.8 Z–2.0;	加工 C2 倒角
Z–21.0;	加工 φ23.8 外圆
X28.07;	加工端面
X34.0 Z–33.0;	加工锥面
Z–48.0;	加工 φ34 外圆
X42.0;	加工端面
Z–58.0;	加工 φ42 外圆
X100.0;	加工端面
N200 Z–100.0;	加工 φ100 外圆
G00 X150.0 Z100.0;	退刀
M05;	主轴停转
T0202;	换 2 号刀具
M03 S1000;	主轴正转，转速 1000r/min
G00 X105.0 Z2.0;	刀具到达循环起始点
G70 P100 Q200;	精车循环
G00 X150.0 Z100.0;	退刀
M09;	关闭冷却液
M05;	主轴停转
M30;	程序结束

表 2-10　例 2-14 加工程序

程　序	程序说明
G97 G99 G54；	程序初始设置
T0101；	调用 1 号刀具
M03 S400；	主轴正转，转速 400r/min
M08；	打开冷却液
G00 X145.0 Z2.0；	刀具到达循环起始点
G71 U2.0 R1.0 ； G71 P100 Q200 U1.0 W0.5 F0.2；	粗车循环
N100 G01 Z0.0 F0.1；	刀具到达 *Z*0 位置
X0.0；	切削至 *X*0 位置
G03 X100.0 Z–50.0 R50.0；	加工 *R*50 圆弧
G01 W–20.0；	加工 *ϕ*100 外圆
X120.0 W–20.0；	加工锥面
X140.0；	加工端面
N200 W–15.0；	加工 *ϕ*140 外圆
G00 X150.0 Z100.0；	退刀
M05；	主轴停转
T0202；	换 2 号刀具
M03 S800；	主轴正转，转速 800r/min
G00 X145.0 Z2.0；	刀具到达循环起始点
G70 P100 Q200；	精车循环
G00 X150.0 Z100.0；	退刀
M09；	关闭冷却液
M05；	主轴停转
M30；	程序结束

例 2-15　用 G73 和 G70 指令加工图 2-59 所示工件，加工程序见表 2-11。

例 2-16　用 G73 和 G70 指令加工图 2-60 所示工件，加工程序见表 2-12。

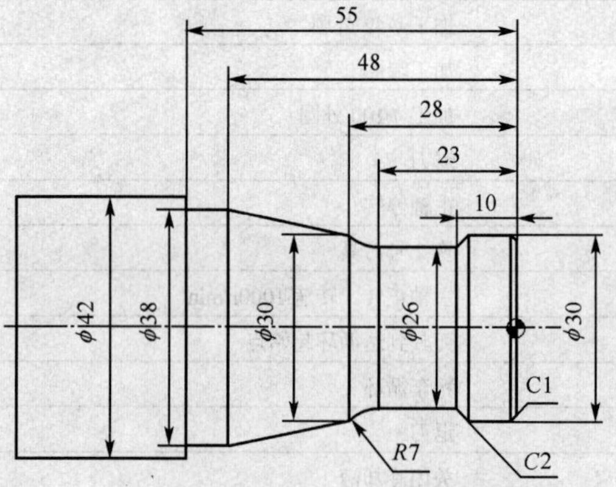

图 2-59　例 2-15 零件图

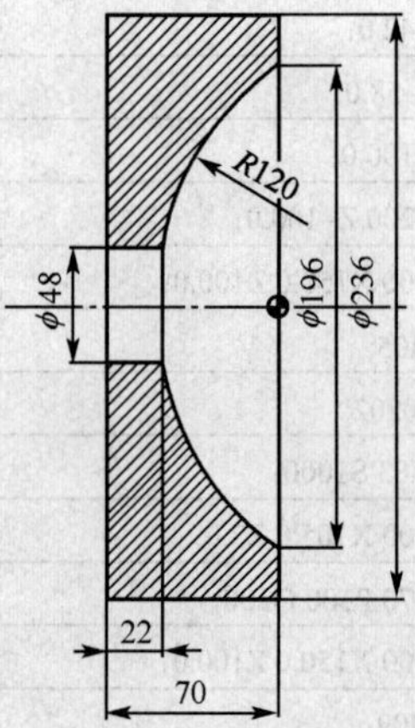

图 2-60　例 2-16 零件图

表 2-11　例 2-15 加工程序

程　序	程 序 说 明
G97 G99 G54；	程序初始设置
T0101；	调用 1 号刀具
M03 S800；	主轴正转，转速 800r/min
M08；	打开冷却液
G00 X48.0 Z5.0；	到达循环起始点
G73 U7.0 W1.0 R7.0 ；	粗车循环
G73 P100 Q200 U0.6 W0.3 F0.1；	
N100 G01 X24.0 F0.05；	接近工件
Z2.0；	到达 $C1$ 倒角延长线上
X30.0 Z–1.0；	加工 $C1$ 倒角
Z–8.0；	加工 $\phi30$ 外圆
X26.0 Z–10.0；	加工 $C2$ 倒角
Z-23.0；	加工 $\phi26$ 外圆
G02 X30.0 Z–28.0 R7.0；	加工 $R7$ 圆弧
G01 X38.0 Z–48.0；	加工锥面
Z–55.0；	加工 $\phi38$ 外圆
N200 X42.0；	加工端面
G00 X100.0 Z100.0；	退刀
M05；	主轴停转
T0202；	换 2 号刀具
M03 S1200；	主轴正转，转速 1200r/min
G00 X48.0 Z5.0；	刀具到达循环起始点
G70 P100 Q200；	精车循环
G00 X100.0 Z100.0；	退刀
M09；	关闭冷却液
M05；	主轴停转
M30；	程序结束

表 2-12　例 2-16 加工程序

程　序	程 序 说 明
G97 G99 G54；	程序初始设置
T0101；	调用 1 号刀具
M03 S800；	主轴正转，转速 800r/min
M08；	打开冷却液
G00 X40.0 Z1.0；	到达循环起始点
G73 U–10.0 W10.0 R5.0 ；	粗车循环
G73 P100 Q200 U–1.0 W0.5 F0.2；	
N100 G00 X47.0 Z–49.0；	接近工件
G01 X48.0 F0.1	到达切削起点
G02 X196.0 Z–1.0 R120.0	加工 $R120$ 圆弧
G01 X237.0	加工端面
G70 P100 Q200	精车循环
G00 X40.0 Z50.0	退刀
M05；	主轴停转
M30；	程序结束

2.3.9 辅助功能编程指令

常见的辅助功能指令参见表 2-2，下面仅就部分指令给以详细介绍。

2.3.9.1 程序停止功能指令 M00/M01/M02/M30

（1）程序停止指令（M00） 在包含 M00 指令的程序段执行之后，机床的所有动作均被切断，机床处于暂停状态，但所有存在的模态信息保持不变。此时若按下循环启动按钮后，程序继续执行；若按下复位按键，则程序回到开始位置。该指令用于加工过程中测量刀具和工件的尺寸、工件调头、手动变速等操作。需要注意的是：M00 必须单独设置一个程序段。

例：N10 G00 X100.0 Z300.0；

N20 M00；

N30 X50.0 Z110.0；

当执行到 N20 程序段后，机床进入暂停状态，重新启动后将从 N30 程序段开始继续执行。如进行尺寸检查、加工过程中排屑或插入必要的手动动作时，可执行 M00 指令。

（2）程序选择停止指令（M01） 与 M00 指令类似，在包含 M01 的程序段执行以后，机床自动运行停止。不同的是 M01 指令执行与机床操作面板上选择停止开关的状态有关，当选择停止开关打到“ON”状态时，M01 代码才有效；当选择停止开关打到“OFF“状态时，M01 代码无效。M01 指令常用于工件关键尺寸的停机抽样检查。需要注意的是：M01 需要单独设置一个程序段。

例：N10 G00 X100.0 Z300.0；

N20 M01；

N30 X50.0 Z110.0；

当选择停止开关打到“ON”状态，机床在执行 N20 程序段后自动进入暂停状态，重新启动后将从 N30 程序段开始继续执行。当选择停止开关打到“OFF”状态，机床在执行 N20 程序段后，数控系统对 M01 指令不予理睬，程序继续执行 N30 程序段。

（3）程序结束指令（M02，M30） M02 和 M30 指令都表示主程序的结束。执行该指令时，机床自动运行停止，并且 CNC 单元复位。二者的区别在于：在指定程序结束的程序段执行之后，M30 指令使光标返回到程序的开头，而 M02 不能使光标返回到程序的开头。

2.3.9.2 主轴挡位选择的功能指令

主轴挡位选择功能指令的具体功能见表 2-13。

表 2-13 主轴挡位选择功能指令

指令	挡	速度	具体说明
M40	主轴空挡	空挡	
M41	主轴 1 挡	低速	（1）以上功能并非每种机床都有，无级变速装置则无此功能；
M42	主轴 2 挡	↓	（2）主轴回转中有负荷的情况下，不得任意改变转速，须待主轴停止后在变速；
M43	主轴 3 挡		（3）可利用电磁离合器改变齿轮组来变速，此时，在各挡转速的 80%以下变速为宜
M44	主轴 4 挡	高速	

2.3.10 数控编程指令综合应用

例 2-17 如图 2-61 所示零件，材料为 45 钢，要求用 FANUC 系统的各种编程指令编制其数控加工程序。通过分析零件图可以看出，该零件属于回转体零件，主要由外圆柱面、外圆锥面、外圆弧面、螺纹退刀槽、外螺纹等几种表面组成。加工过程采用 4 把刀具进行切削加工，T01 为 93°外圆车刀，T02 为 35°外圆车刀，T03 为切槽刀，T04 为螺纹车刀。刀具的材料均选用硬质合金，具体参数见表 2-14 所示的刀具卡。

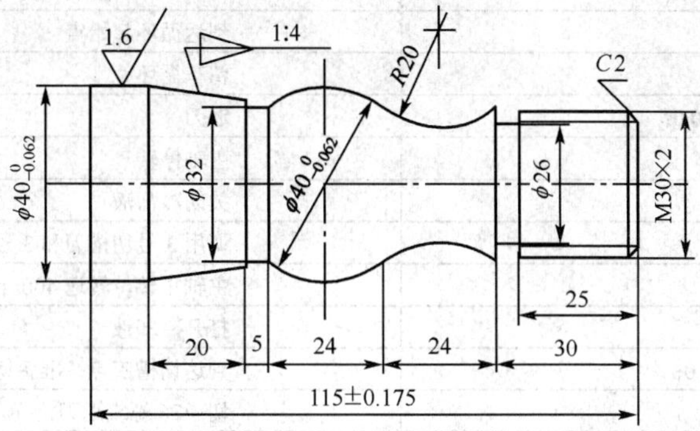

图 2-61　零件图

表 2-14　刀具卡

刀具号	刀具名称	刀具规格/mm	加工表面	刀尖半径 R/mm	刀尖方位 T
T01	93° 外圆车刀	25×20	加工外轮廓	0.4	3
T02	外圆尖刀	25×20	加工外圆弧	0.4	8
T03	切槽刀	25×20	加工退刀槽	刀宽 5mm	
T04	60° 螺纹车刀	25×20	车螺纹	0.2	8

根据对零件进行工艺性分析，确定其加工路线如下：用 T01 刀具加工左端ϕ40→用 T01 刀具加工右端轮廓→用 T03 刀具切槽→用 T01 刀具加工锥面→用 T02 刀具加工圆弧→用 T04 刀具加工螺纹。由于左端只有ϕ40 的加工，程序比较简单。本文只列出右端加工程序，见表 2-15。

表 2-15　例 2-17 加工程序

程　　序	程 序 说 明
G97 G99;	程序初始设置
T0101;	调用 1 号外圆刀和 1 号工件坐标系
M03 S800;	主轴正转，转速 800r/min
M08;	打开冷却液
G00 X45.0 Z2.0;	到达循环起始点
G71 U1.5 R2.0 ;	粗车循环
G71 P100 Q200 U0.5 W0.2 F0.2;	
N100 G01 X21.8 Z2.0 F0.1;	到达 C2 倒角延长线上
X29.8 Z–2.0;	切削 C2 倒角
Z–30.0;	加工螺纹外圆
X40.0;	加工 ϕ40 外圆端部
N200 Z–103.0;	加工外圆 ϕ40 至左端
G00 X50.0 Z50.0;	退刀
M05;	主轴停转
M03 S1200;	主轴正转，转速 1200r/min

续表

程　序	程 序 说 明
G00 X45.0 Z2.0;	到达循环起始点
G70 P100 Q200;	精车循环
G00 X100.0 Z100.0;	退刀
M05;	主轴停转
M09;	关闭冷却液
T0303;	调用 3 号切槽刀和 3 号工件坐标系
S400 M03;	主轴正转，转速 400r/min
M08;	打开冷却液
G00 X45.0 Z–30.0;	到达切槽起点，准备切 ϕ26 槽
G01 X26.0;	切 ϕ26 螺纹退刀槽
G04 X1.0;	在槽底暂停 1s
G01 X45.0;	退刀
G00 Z–83.0;	到达切槽起点，准备切 ϕ32 槽
G01 X32.0;	切 ϕ32 槽
G04 X1.0;	在槽底暂停 1s
G01 X45.0;	退刀
G00 X100 Z100;	退刀
M05;	主轴停转
M09;	关闭冷却液
T0101;	调用 1 号外圆刀和 1 号工件坐标系
S800 M03;	主轴正转，转速 800r/min
G00 X42.0 Z–80.0;	到达循环起始点
G71 U1.5 R2.0 ;	粗车循环
G71 P300 Q400 U0.5 W0.2 F0.2;	
N300 G01 X34.5 Z–81.0F0.1;	到达锥面延长线位置
N400X40.0 Z–103.0;	切削锥面
G00 X50.0;	退刀
M05;	主轴停转
S1200 M03;	主轴正转，转速 1200r/min
G00 X42.0 Z–80.0;	到达循环起始点
G70 P300 Q400;	精车循环
G00 X100.0;	退刀
Z100.0;	
M05;	主轴停转
T0202;	调用 2 号尖刀和 2 号工件坐标系
S600 M03;	主轴正转，转速 600r/min
G00 X42.0 Z–28.0;	到达循环起始点
M08;	打开冷却液
G71 U1.5 R2.0 ;	粗车循环
G71 P500 Q600 U0.5 W0.2 F0.2;	
N500G01 Z–30.0F0.1;	到达切削起点
X30.0;	
G02 X32.0 Z–54.0 R20.0;	切削 *R*20 圆弧
G03 X32.0 Z–78.0 R20.0;	切削 ϕ40 外圆
N600 G01X42.0;	退刀
G00 X42.0 Z–28.0;	

续表

程　序	程序说明
M05;	主轴停转
S1000M03;	主轴正转，转速 1000r/min
G70 P500 Q600;	精车循环
G00 X100 Z100;	退刀
M05;	主轴停转
T0404;	调用 4 号螺纹刀和 4 号工件坐标系
S500M03;	主轴正转，转速 500r/min
G00 X31.0 Z2.0;	到达螺纹切削起始点
M08;	打开冷却液
G92 X29.1 Z–27.0 F2.0;	螺纹切削循环，第一刀切 0.9mm
X28.5;	第二刀切 0.6mm
X27.9;	第三刀切 0.6mm
X27.5;	第四刀切 0.4mm
X27.4;	第五刀切 0.1mm
G00X100.0 Z100.0;	退刀
M05;	主轴停转
M09;	关闭冷却液
M30;	程序结束

思考与练习题

1. 数控车床的的坐标系是怎么定义的？何为机床坐标系？何为工件坐标系？二者之间有什么关系？
2. 数控系统的功能主要有哪些？试说明准备功能中模态指令与非模态指令的区别。
3. 试述 FANUC 系统数控车床的编程规则。
4. 什么是数控车床的刀具补偿功能？分别如何使用？
5. 简述 M00 指令与 M01 指令的区别。
6. 用 G00、G01、G02、G03 等指令编制图 2-62 所示零件的数控加工程序。
7. 用 G00、G01 等指令编制图 2-63 所示零件的数控加工程序。

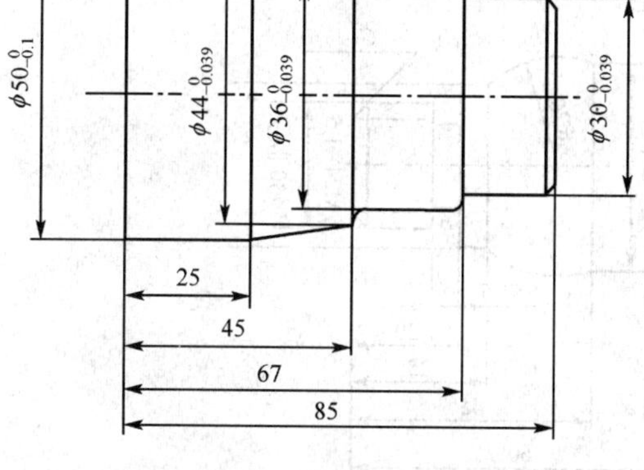

图 2-62　外轮廓加工

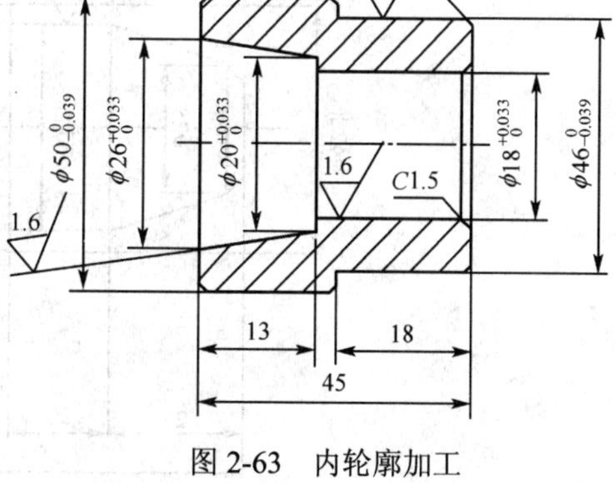

图 2-63　内轮廓加工

8. 用 G01、G04 等指令编制图 2-64 所示零件的内外环形槽加工程序。

9. 用 G32 等指令编制图 2-65 所示零件的内外螺纹加工程序。

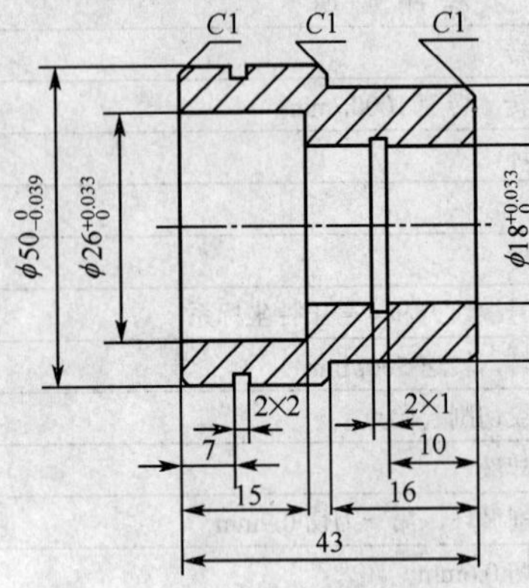

图 2-64 内外槽加工

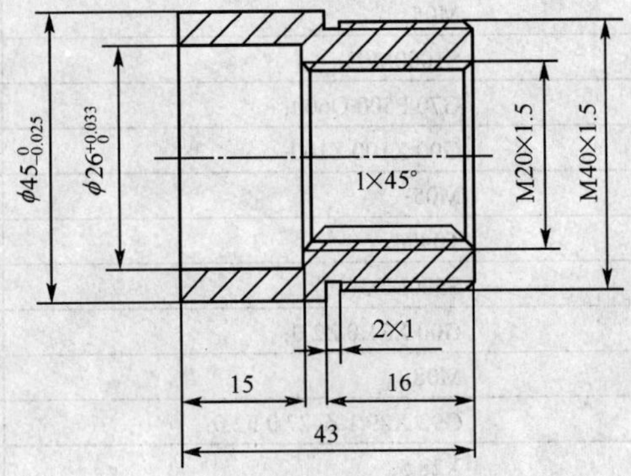

图 2-65 内外螺纹加工

10. 用 G71、G70 等指令编制图 2-66 所示零件的加工程序。

11. 用 G71、G70 等指令编制图 2-67 所示零件的加工程序。

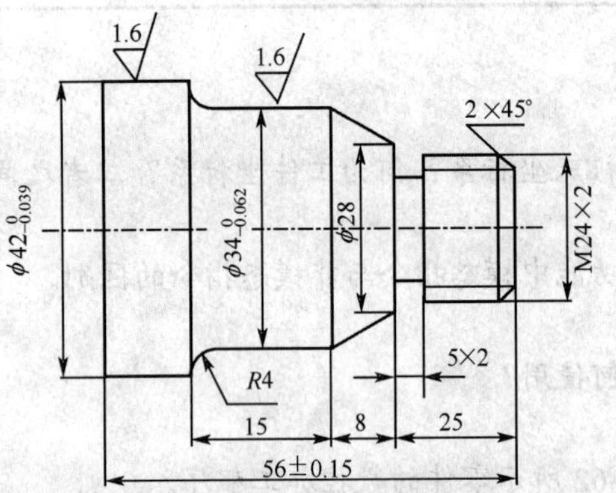

图 2-66 零件综合轮廓的加工

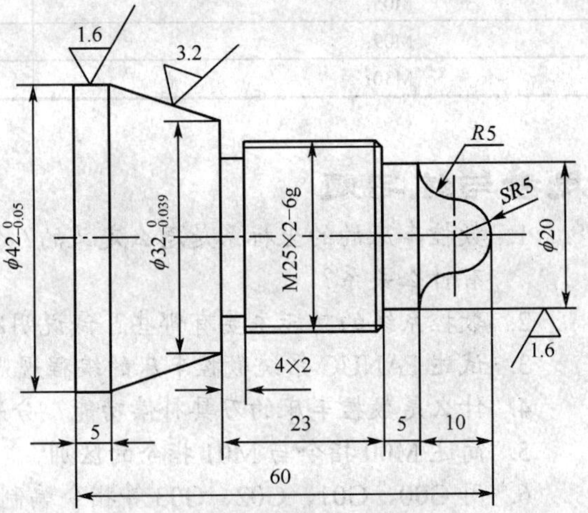

图 2-67 零件综合轮廓的加工

12. 用 G73、G70 等指令编制图 2-68 所示零件的加工程序。

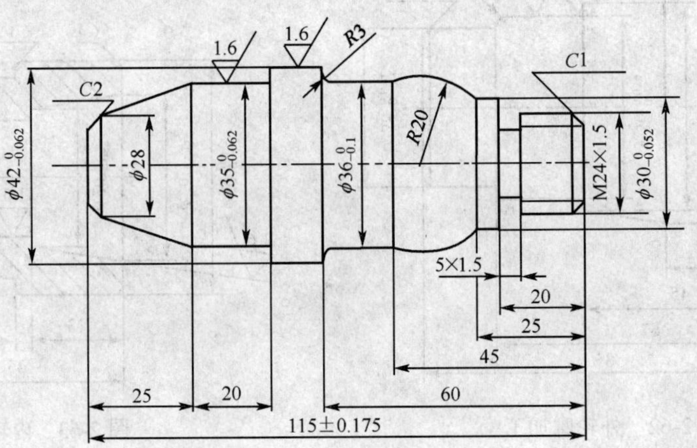

图 2-68 零件综合轮廓的加工

第 3 章　SIEMENS 系统数控车床编程

3.1　SIEMENS 系统数控车床编程概述

SIEMENS 系统数控车编程技术与 FANUC 系统的编程技术有很多相同的地方，本章仅就二者的不同之处给予简单介绍。常见的准备功能 G 指令见表 3-1，辅助功能 M 指令见表 3-2。

表 3-1　SIEMENS 802D 车床数控系统 G 指令

地　址	组　别	功能及说明	指 令 格 式
G0	1	快速点定位	G0 X__Z__
G1▲		直线插补	G1 X__Z__F__
G2		顺时针方向圆弧插补	G2/G3 X__Z__CR=__F__ G2/G3 X__Z__I__K__F__ G2/G3 X__Z__AR=__F__
G3		逆时针方向圆弧插补	
CIP		通过中间点的圆弧插补	CIP X__Z__I1=__K1=__F__
CT		带切线过渡的圆弧插补	CT X__Z__F__
G33		恒螺距的螺纹切削	G33 Z__K__（圆柱螺纹） G33 Z__X__K__ （锥螺纹，锥角小于 45°） G33 Z__X__I__ （锥螺纹，锥角大于 45°） G33 X__I__（端面螺纹）
G34		螺纹切削，螺距不断增加	G34 Z__K__F__
G35		螺纹切削，螺距不断减小	G35 Z__K__F__ （螺距减小的圆柱螺纹） G35 X__I__F__ （螺距减小的端面螺纹） G35 Z__X__K__F__ （螺距减小锥螺纹）
G4★	2	暂停指令	G04 F__ G04 S__
G74★		返回参考点	G74 X1=0 Z1=0
G75★		返回固定点	G75 X1=0 Z1=0
G25★	3	主轴转速下限	G25 S__
G26★		主轴转速上限	G26 S__
G17	6	选择 *XY* 平面	G17
G18▲		选择 *ZX* 平面	G18
G19		选择 *YZ* 平面	G19

续表

地　址	组　别	功能及说明	指 令 格 式
G40▲	7	取消刀尖半径补偿	G40
G41		刀尖半径左补偿	G41 G1 X__Z__
G42		刀尖半径右补偿	G42 G1 X__Z__
G500▲	8	取消零点偏置	G500
G54～G59		设定零点偏置	G54 或 G55 等
G53★	9	取消零点偏置	G53
G153★		取消零点偏置	G153
G70	13	英制尺寸数据输入	G70
G700		英制尺寸数据输入，也用于进给率 *F*	G700
G71▲		公制尺寸数据输入	G71
G710		公制输入，也用于进给率	G710
G90▲	14	绝对尺寸数据输入	G90 G01 X__Z__F__
AC			G90 G01 X__Z=AC（__）F__
G91		增量尺寸数据输入	G91 G01 X__Z__F__
IC			G90 G01 X__Z=IC（__）F__
G94	15	每分钟进给	G94（单位：mm/min）
G95▲		每转进给	G95（单位：mm/r）
G96		恒线速度切削	G96 S__ LIMS=__ F__ (F 单位：mm/r，S 单位：m/min)
G97		取消恒线速度切削	G97 S__ (S 单位：r/min)
DIAMOF	29	半径量方式	DIAMOF
DIAMON▲		直径量方式	DIAMON
CYCLE81	孔加工固定循环	钻孔循环	CYCLE81(RTP，RFP，SDIS，DP，DPR)
CYCLE82		钻孔循环	CYCLE82(RTP，RFP，SDIS，DP，DPR，DTB)
CYCLE83		深度钻孔循环	CYCLE83(RTP，RFP，SDIS，DP，DPR，FDEP，FDPR，DAM，DTB，DTS，FRF，VARI)
CYCLE84		刚性攻螺纹循环	CYCLE84(RTP，RFP，SDIS，DP，DPR，DTB，SDAC，MPIT，PIT，POSS，SST，SST1)
CYCLE840		带补偿夹具攻螺纹循环	CYCLE840(RTP，RFP，SDIS，DP，DPR，DTB，SDR，SDAC，ENC，MPIT，PIT)
CYCLE85		镗孔（铰孔）循环	CYCLE85(RTP，RFP，SDIS，DP，DPR，DTB，FFR，RFF)
CYCLE86		精镗孔循环	CYCLE86(RTP，RFP，SDIS，DP，DPR，DTB，SDIR，RPA，RPO，RPAP，POSS)
CYCLE87		镗孔循环	CYCLE87(RTP，RFP，SDIS，DP，DPR，DTB，SDIR)
CYCLE88		镗孔循环	CYCLE88(RTP，RFP，SDIS，DP，DPR，DTB，SDIR)
CYCLE89		镗孔循环	CYCLE89(RTP，RFP，SDIS，DP，DPR，DTB)
CYCLE93	切槽循环	切槽循环	CYCLE93(SPD，SPL，WIDG，DIAG，STA1，ANG1，ANG2，RCO1，RCO2，RCI1，RCI2，FAL1，FAL2，IDEP，DTB，VARI)
CYCLE94		E 型和 F 型退刀槽切削循环	CYCLE94(SPD，SPL，FORM)
CYCLE96		螺纹退刀槽切削循环	CYCLE96(DIATH，SPL，FORM)

续表

地　址	组　别	功能及说明	指 令 格 式
CYCLE95	车削循环	毛坯切削循环	CYCLE95(NPP，MID，FALZ，FALX，FAL，FF1，FF2，FF3，VARI，DT，DAM，VRT)
CYCLE97		螺纹切削循环指令 CYCLE97	CYCLE97(PIT，MPIT，SPL，FPL，DM1，DM2，APP，ROP，TDEP，FAL，IANG，NSP，NRC，NID，VARI，NUMT)

注：1. 表中带有符号“▲”的指令表示开机默认指令；

2. 表中带“★”的指令和固定循环指令均为非模态指令，其余指令为模态指令。

表 3-2　SIEMENS 802D 车床数控系统 M 指令

指令	指令功能	指令格式
M0	程序停止	M0
M1	程序有条件停止	M1
M2	程序结束	M2
M3	主轴正转	M3 S__
M4	主轴反转	M4 S__
M5	主轴停转	M5
M6	更换刀具	M6 T__

3.2　SIEMENS 系统数控车床编程指令介绍

3.2.1　定位系统

3.2.1.1　绝对坐标方式 G90 与增量坐标方式 G91

G90 表示绝对坐标输入方式，G91 表示增量坐标输入方式，在程序段中还可以通过 AC/IC 指令进行绝对坐标/增量坐标方式的设定，分别用=AC(__)，=IC(__)进行赋值。

例 3-1　如图 3-1 所示，刀具由 A 点快速移动至 B 点，分别用绝对坐标方式 G90、增量坐标方式 G91、AC/IC 方式三种方式编写程序。

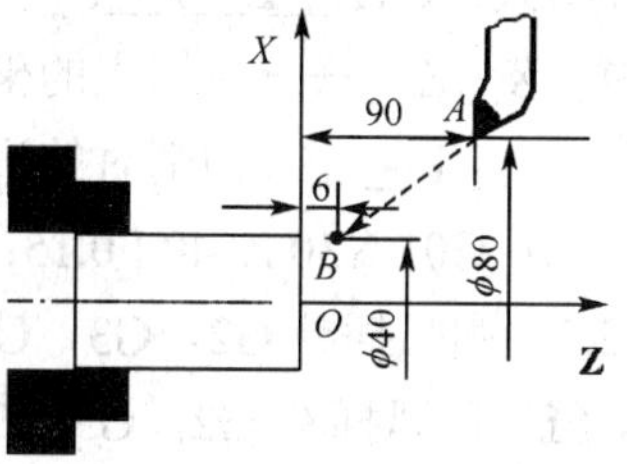

图 3-1　绝对方式与增量方式坐标输入

三种方式的程序段如下：

绝对坐标方式 G90 G00 X40 Z6

增量坐标方式 G91 G00 X–40 Z–84

AC/IC 方式 G90 G00 X40 Z= IC（–84）

3.2.1.2　公制尺寸/英制尺寸 G71，G70，G710，G700

工件所标注尺寸的尺寸系统可能不同于系统设定的尺寸系统（英制或公制），但这些尺寸可以直接输入到程序中，系统会完成尺寸的转换工作。指令 G70 和 G700 表示英制尺寸数据输入，G71 和 G710 表示公制尺寸数据输入。其中 G70/G71 用于设定与工件直接相关的几何尺寸，G700/G710 用于设定进给率 F 的尺寸系统（in/min、in/r、mm/min、mm/r）。

例：G91 G70 G01 X10；（表示刀具向 X 轴正方向移动 10mm）

G91 G71 G01 X20；（表示刀具向 X 轴正方向移动 20in）

3.2.1.3　半径/直径数据尺寸 DIAMOF 和 DIAMON

DIAMOF 表示 X 方向的尺寸以半径数据尺寸进行编程，DIAMON 表示 X 方向的尺寸以直径数据尺寸进行编程。为了编程方便，一般按直径方式进行编程。

例 3-2 如图 3-2 所示，刀具由 *A* 点沿直线切削至 *B* 点，进给速度为 0.4mm/r。分别以直径数据尺寸和半径数据尺寸两种方式进行编程。

两种方式的程序段如下：

DIAMON G90 G01 X40 Z–80 F0.4；
（直径数据尺寸，X40 表示直径尺寸）
DIAMOF G90 G01 X20 Z–80 F0.4；
（半径数据尺寸，X20 表示半径尺寸）

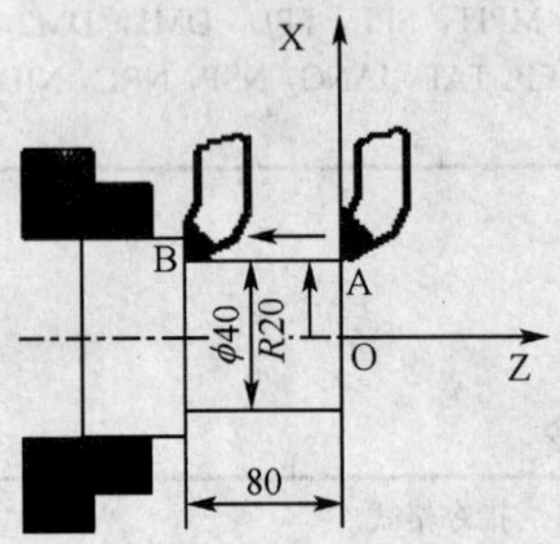

图 3-2　直径方式与半径方式编程

3.2.1.4　可设定的零点偏置：G54～G59，G500，G53

G54～G59 六个指令用于设置零点偏置，为模态指令。G500 指令用于取消零点偏置，为模态指令。G53 指令用于取消零点偏置，非模态指令，且可编程的零点偏置也一起取消。

例：G90 G54 G01 X20 Z30；　　调用 G54 零点偏置
　　G500 G0 X200；　　　　　取消 G54 零点偏置

3.2.2　坐标轴运动

3.2.2.1　快速点定位 G0

快速移动指令 G0 用于快速定位刀具，没有对工件进行加工，主要用于加工过程中进刀和退刀操作。由于执行 G0 指令时刀具轨迹通常为折线，因此一定要注意刀具相对工件、夹具所处的位置，以免与工件或夹具发生碰撞。

格式：G0X__Z__；

式中　X__Z__——目标点的坐标值。

例：G90 G00 X100 Z65；表示刀具快速运动至点（100，65）

3.2.2.2　直线插补 G1

直线插补指令 G1 表示刀具以直线从起始点移动到目标位置，以地址 F 下编程的进给速度运行，所有的坐标轴可以同时运行。

格式：G1X__Z__F__；

式中　X__Z__——目标点的坐标值；
　　　F__——切削时的进给速度。

例：G01 X30 Z–40 F0.15；表示刀具以 0.15mm/r 的进给速度运动至点（30，–40）

3.2.2.3　圆弧插补 G2，G3，CIP，CT

（1）圆弧插补 G2，G3　G2 表示顺时针圆弧插补，G3 表示逆时针圆弧插补，G2/G3 为模态指令。

格式 1：圆心坐标+终点坐标　G2/G3 X__ Z__ I__ K__ ；

式中　X__Z__——圆弧终点坐标；
　　　I__K__——圆心相对于起点的坐标增量值。

格式 2：终点坐标+半径尺寸　G2/G3 X__ Z__CR=__；

式中　X__Z__——圆弧终点 X 坐标；
　　　CR__——圆弧半径。

格式 3：终点坐标+张角尺寸　G2/G3 X__ Z__ AR=__；

式中　X__Z__——圆弧终点 X 坐标；
　　　AR__——圆弧的张角。

格式 4：圆心坐标+张角尺寸　G2/G3 I__ K__ AR=__;

式中　I__K__——圆心相对于起点的坐标增量；

AR=__——圆弧的张角。

例 3-3　如图 3-3 所示，刀具沿顺时针进行圆弧插补，分别以上述四种方式进行编程。

四种方式的程序段如下：

圆心坐标+终点坐标 G2 X40 Z50 I–6 K8

终点坐标+半径尺寸 G2 X40 Z50 CR=10

终点坐标+张角尺寸 G2 X40 Z50 AR=105

圆心坐标+张角尺寸 G2 I–6 K8 AR=105

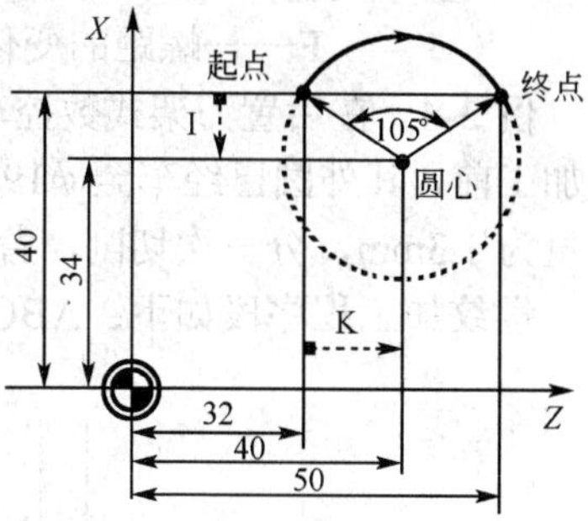

图 3-3　G2/G3 圆弧插补

（2）通过中间点进行圆弧插补指令 CIP

CIP 表示圆弧方向由中间点的位置确定，中间点位于起始点和终点之间，为模态指令。

格式：CIP X__ Z__ I1=__ K1=__;

式中　X__Z__——圆弧终点的坐标值；

I1=__K1=__——中间点的坐标。

例：CIP X40 Z50 I1=45 K1=40;

（3）切线过渡圆弧 CT　CT 指令表示根据终点生成一段圆弧，且与前一段轮廓（圆弧或直线）切线连接。圆弧半径和圆心坐标由前一段轮廓与圆弧终点的几何关系决定。

格式：CT X__ Z__;

式中　X__Z__——圆弧终点的 X 坐标值和 Z 坐标值。

例：CT X40 Z50;

3.2.2.4　螺纹切削指令 G33、G34、G35

（1）恒螺距螺纹切削指令 G33

G33 指令可以加工圆柱螺纹、圆锥螺纹、外螺纹、内螺纹、单头螺纹和多头螺纹等，该指令为模态指令。

圆柱螺纹 G33Z__K__SF__;

式中　Z__——螺纹终点的坐标值；

K__——螺纹的导程；

SF__——螺纹起始角。

圆锥螺纹 G33 X__Z__K__;（锥角小于 45°）

G33　Z__ X__ I__;（锥角大于 45°）

式中　X__、Z__——螺纹终点的坐标值；

I__、K__——螺距。

端面螺纹 G33　X__　I__;

式中　X__——螺纹终点的坐标值；

I__——螺距。

（2）变螺距螺纹切削指令 G34、G35

G34、G35 指令用于在一个程序段中加工具有不同螺距的螺纹，G34 指令用于加工螺距不断增加的螺纹，G35 指令用于加工螺距不断减小的螺纹。G34 和 G35 指令均为模态指令。

格式：G34　Z__ K__ F__;　　　（增螺距圆柱螺纹）

G35　X__ I__ F__;　　　　　（减螺距端面螺纹）

G35　X__ Z__ K__ F__;　（减螺距圆锥螺纹）

式中　X__、Z__——螺纹终点坐标值；

I__、K__——起始处螺距；

F——螺距的变化量（即主轴每转螺距的增量或减量，单位为 mm/r^2）。

例 3-4　在后置刀架式数控车床上，用 G33 指令编写图 3-4 工件的螺纹加工程序。在螺纹加工前，其外圆已经车至 ϕ19.8mm，导入距离 δ_1=3mm，导出距离 δ_2=2mm，螺纹的总切深量为 1.3mm，分三次切削，背吃刀量依次为 0.8mm、0.4mm、0.1mm。

螺纹加工程序段如下：ABC．MPF

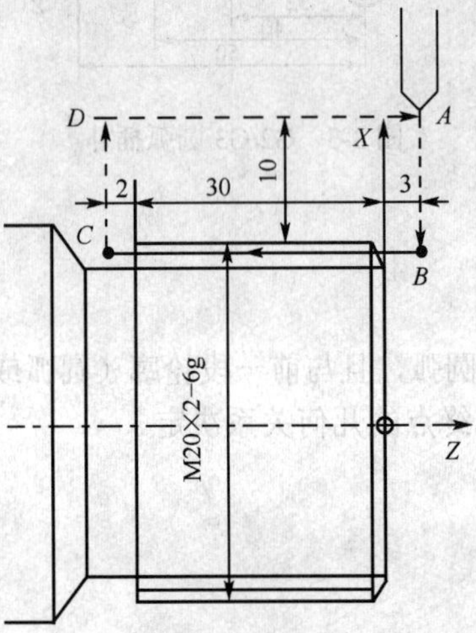

图 3-4　螺纹加工

```
G90 G94 G40 G71;（程序初始定义）
T1D1;（车刀反装，前刀面向下）
M04 S600;（主轴反转，转速为 600r/min）
G00 X40 Z3;（刀具快速定位至 A 点）
G91 X–20.8;（刀具快速定位至 B 点）
G33 Z–35 K2 SF=0;（第一刀切削至 C 点）
G00 X20.8;（快速退刀至 D 点）
Z35;（快速退刀至 A 点，第一次切削完毕）
X–21.2;（第二刀切削，背吃刀量为 0.4mm）
G33 Z–35 K2 SF=0;（切削螺纹至 C 点）
G00 X21.2;（快速退刀至 D 点）
Z35;（快速退刀至 A 点，第二次切削完毕）
X–21.3;（第三刀切削，背吃刀量为 0.1mm）
G33 Z–35 K2 SF=0;（切削螺纹至 C 点）
G00 X21.3;（快速退刀至 D 点）
Z35;（快速退刀至 A 点，第三次切削完毕）
G90 G00 X100 Z100;（退刀）
M05;（主轴停转）
M30;（程序结束）
```

3.2.2.5　回参考点指令 G74 和返回固定点指令 G75

G74 指令用于实现回参考点；G75 指令用于返回到机床中某个固定点，比如换刀点。

格式：G74 X0　Z0;

格式：G75 X0　Z0;

X0 和 Z0 为固定格式，该数值不是指返回过程中经过的中间点坐标值，当编入其他坐标值时也不被识别。

3.2.2.6　进给率 F 及 G94、G95 指令

G94 表示直线进给率，单位为 mm/min，G95 表示旋转进给率，单位为 mm/r。

例：G94 F310;（进给量为 310mm/min）

G95 F0.5;（进给量为 0.5mm/r）

3.2.3　主轴运动

3.2.3.1　主轴转速 S 及旋转方向 M03、M04、M05

M3 表示主轴正转，M4 表示主轴反转，M5 表示主轴停转。

例：S270 M3;（主轴转速以 270 r/min 的速度顺时针方向转动）

M5;（主轴停止）

3.2.3.2　主轴转速极限 G25 和 G26

G25 指令用来设定主轴转速下限，G26 指令用来设定主轴转速上限。

格式：G25 S__；

　　　G26 S__；

例：N10 G25 S12；（主轴转速下限为 12r/min）

　　N20 G26 S700；（主轴转速上限为 700r/min）

3.2.3.3　恒定切削速度指令 G96 和 G97

G96 指令用来设定恒线速度切削功能，单位为 m/min。当车削端面时，随着切削的进行工件的直径越来越小，为了保证恒线速度切削，则主轴的可能会很高，从而超过机床的极限引起事故。因此在执行 G96 指令时，通常给主轴转速设定一个极限值 LIMS=__，但不允许超出 G26 的上限值，LIMS 值只对 G96 功能生效。G97 指令取消“恒线速切削”，恢复恒转速切削，转速 S 的单位为 r/min。

例：G96 S120 LIMS=2500；（恒线速切削，切削速度为 120m/min，转速上限为 2500r/min；）

　　G97 S800；　　　　　（恒转速切削，切削速度为 800r/min）

3.2.4　子程序

SIMENS 数控系统规定程序名由文件名和文件扩展名组成。文件名开始的两个符号必须是字母，其后的符号可以是字母、数字、下划线，程序名最多为 16 个字符。扩展名有两种，主程序的扩展名为“.MPF”，如 SLEEVE7.MPF；子程序的扩展名为“.SPF”，如 SAS.SPF。调用子程序时直接用程序名调用即可，且要求单独设置一个程序段。

例：N10 L785；　　　　（调用子程序 L785）

　　N20 WELLE7；　　　（调用子程序 WELLE7）

如果要求多次连续地执行某一子程序，则在编程时必须在所调用子程序的程序名后写上调用次数 P__，最大次数可以为 9999（P1～P9999）。

例：N10 L785 P3；　　　（调用子程序 L785，运行 3 次）

3.2.5　孔加工循环指令

孔加工循环包括钻孔、镗孔、攻螺纹等，使用一个程序段可以完成一个孔加工的全部动作（钻孔进给、退刀、孔底暂停等）。

在孔的加工过程中有 4 个重要的表面位置（见图 3-5），即返回平面、安全间隙、参考平面、最后钻孔深度。返回平面是为了安全下刀而规定的一个平面，该平面可以设定在任意一个安全高度上，刀具在返回平面内任意移动将不会与夹具、工件凸台等发生干涉。安全间隙一般取 2～5mm，该位置为刀具下刀时由快进转为工进的平面。参考平面是指孔深在 Z 轴方向工件表面的起始测量位置，该平面一般设在工件的右端表面。最后钻孔深度位置是指刀具所要达到的 Z 向位置。

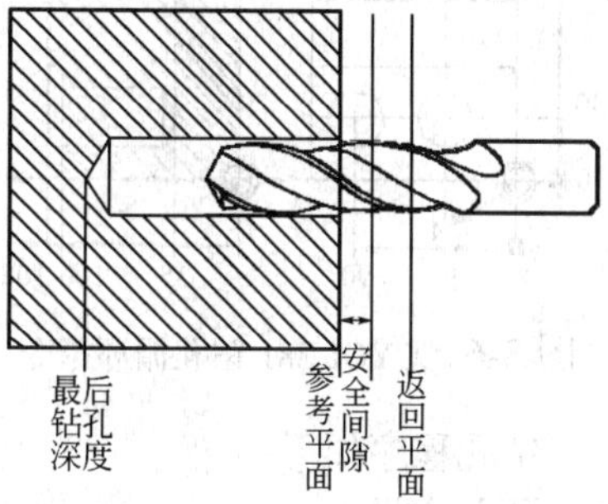

图 3-5　孔加工固定循环表面

3.2.5.1　钻孔加工循环 CYCLE81/CYCLE82/CYCLE83

CYCLE81 使刀具按照编程的主轴速度和进给率钻孔直至到达输入的最后的钻孔深度。CYCLE82 与 CYCLE81 相比，区别在于刀具到达最后钻孔深度时有暂停，该指令一般用于锪孔或台阶孔的加工。CYCLE83 与 CYCLE81 相比，钻孔过程中刀具反复执行进给、退出、进给动作，直至到达最后钻孔深度，钻头退出目的在于排屑。指令格式分别为：

CYCLE81(RTP，RFP，SDIS，DP，DPR)

CYCLE82(RTP，RFP，SDIS，DP，DPR，DTB)

CYCLE83(RTP，RFP，SDIS，DP，DPR，FDEP，FDPR，DAM，DTB，DTS，FRF，VARI)

指令中各参数的具体含义见表 3-3。

表 3-3 钻孔指令中参数含义

参数符号	参数类型	参数含义
RTP	实数	返回平面（用绝对值进行编程）
RFP	实数	参考平面（用绝对值进行编程）
SDIS	实数	安全间隙（无符号编程）
DP	实数	最后钻孔深度（用绝对值进行编程）
DPR	实数	相对于参考平面的最后钻孔深度（无符号编程）
DTB	实数	最后钻孔深度时的停顿时间（单位为 s）
FDEP	实数	起始钻孔深度(用绝对值进行编程)
FDPR	实数	相当于参考平面的起始钻孔深度(无符号编程)
DAM	实数	相对于上次钻孔深度的 *Z* 向退回量(无符号编程)
DTB	实数	最后钻孔深度时的停顿时间（单位为 s）
DTS	实数	起始点处用于排屑的停顿时间（VARI=1 时有效）
FRF	实数	钻孔深度上的进给率系数(无符号输入，系数不大于 1，由于在固定循环中没有指定进给速度，所以将前面程序中的进给速度用于固定循环，并通过该系数来调整进给速度的大小)
VARI	整数	VARI=0 为断屑，表示钻头在每次到达钻孔深度后返回 DAM 进行断屑；VARI=1 为排屑，表示钻头在每次到达钻孔深度后返回加工开始平面进行排屑

例 3-5 使用此钻孔循环指令 CYCLE81 加工图 3-6 中的 3 个孔，钻孔轴始终为 *Z* 轴。

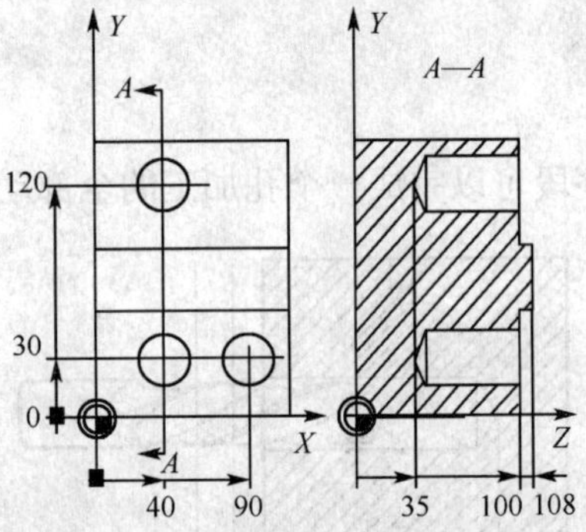

图 3-6 CYCLE81 钻孔循环指令

钻孔程序如下：

ZK1．MPF；
G17 G90 F200 S300 M3（技术值定义）
D3 T3 Z110（接近返回平面）
G0 X40 Y120（接近初始钻孔位置）
CYCLE81(110，100，2，35)（钻孔）
G0Y30（移到下一个钻孔位置）
CYCLE81(110，102，，35)（钻孔）
G0X90（移到下一个钻孔位置）
CYCLE81(110，100，2，，65)（钻孔）
M02（程序结束）

例 3-6 使用钻孔循环指令 CYCLE82 加工图 3-7 中的孔，钻孔轴始终为 *Z* 轴。

钻孔程序如下：

ZK2．MPF；
G90 G94 G40 G71 F100（程序初始化）
T1 D1（选择刀具及补偿号）
M03 S400（主轴以 400 转/分钟的速度正转）
G0 X0 Z100（定位到工件中心）
CYCLE82(20，0，3，-17.887，1)（钻孔）
G0 X100 Z100（退刀）
M02（程序结束）

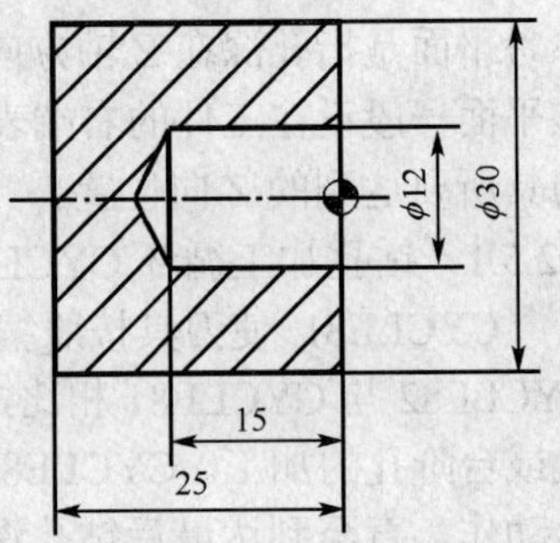

图 3-7 CYCLE82 钻孔指令

3.2.5.2 螺纹孔加工循环 CYCLE84/CYCLE840

CYCLE84 指令使刀具以编程的主轴速度和进给率进行钻削直至定义的最终螺纹深度。CYCLE840 指令与 CYCLE84 相比，可以进行带补偿夹具的攻丝。指令格式分别为：

CYCLE84(RTP，RFP，SDIS，DP，DPR，DTB，SDAC，MPIT，PIT，POSS，SST，SST1)

CYCLE840(RTP，RFP，SDIS，DP，DPR，DTB，SDR，SDAC，ENC，MPIT，PIT)

指令中各参数的含义见表 3-4。

表 3-4　螺纹孔加工循环指令参数含义

参数符号	参数类型	参数含义
RTP	实数	返回平面（用绝对值进行编程）
RFP	实数	参考平面（用绝对值进行编程）
SDIS	实数	安全间隙（无符号编程）
DP	实数	最后钻孔深度（用绝对值进行编程）
DPR	实数	相对于参考平面的最后钻孔深度（无符号编程）
DTB	实数	螺纹深度时的停顿时间(单位为 s)
SDAC	整数	循环结束后的旋转方向值 3、4、5 分别代表 M3、M4、M5
MPIT	实数	标准螺距(有符号)，数值由螺纹尺寸决定，取值范围为 3～48，分别代表 M3～M48，符号决定了在螺纹中的旋转方向
PIT	实数	螺距由数值决定，数值范围为 0.001～2000.000mm，符号代表螺纹中的旋转方向
POSS	实数	循环中定位主轴的位置(以度为单位)
DTB	实数	最后钻孔深度时的停顿时间，单位为 s
SST	实数	攻螺纹进给速度
SST1	实数	退回速度
SDR	整数	返回时的主轴旋转方向，取值 0、3、4，其中 0 代表旋转方向自动颠倒，3、4 分别代表 M3、M4
ENC	整数	是否带编码器攻丝，取值为 0 或 1，0 表示带编码器，1 不带编码器

例 3-7　用 CYCLE840 指令加工图 3-8 中的螺纹（螺纹底孔已经加工好），钻孔轴始终为 *Z* 轴。

钻孔程序如下：

ZLWK2．MPF
G90 G94 G40 G71 F100（程序初始化）
T1 D1（选择刀具及补偿号）
G0 X0 Z100（定位至工件中心）
M03 S200（主轴以 200r/min 的速度正转）
CYCLE840(10，0，2，–15，，0，4，3，0，，1.5)
（螺纹切削循环）
G0 X100 Z100（退刀）
M2（程序结束）

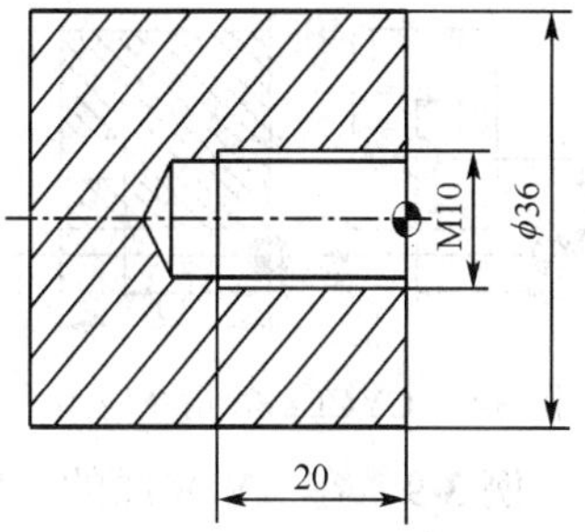

图 3-8　CYCLE840 螺纹加工

3.2.5.3　镗孔加工循环 CYCLE85/CYCLE86/CYCLE87/CYCLE88/CYCLE89

镗孔(铰孔)指令 CYCLE85 使刀具按编程的主轴速度和进给率钻孔直至到达定义的最后孔底深度。与 CYCLE85 相比，CYCLE86 指令的区别在于到达钻孔深度，便激活了定位主轴停止功能；CYCLE87 指令到达钻孔深度，便激活了不定位主轴停止功能 M5 和编程的停止 M0；CYCLE88 指令到达最后钻孔深度时会产生停顿时间，无方向 M5 的主轴停止和编程的停止 M0；CYCLE89 指令在到达最后的钻孔深度，可以编程停顿时间。指令格式分别为：

CYCLE85(RTP，RFP，SDIS，DP，DPR，DTB，FFR，RFF)

CYCLE86(RTP，RFP，SDIS，DP，DPR，DTB，SDIR，RPA，RPO，RPAP，POSS)

CYCLE87(RTP，RFP，SDIS，DP，DPR，DTB，SDIR)

CYCLE88(RTP，RFP，SDIS，DP，DPR，DTB，SDIR)

CYCLE89(RTP，RFP，SDIS，DP，DPR，DTB)

指令中各参数的含义见表 3-5。

表 3-5　镗孔加工循环指令参数

参数符号	参数类型	参数含义
RTP	实数	返回平面（用绝对值进行编程）
RFP	实数	参考平面（用绝对值进行编程）
SDIS	实数	安全间隙（无符号编程）
DP	实数	最后钻孔深度（用绝对值进行编程）
DPR	实数	相对于参考平面的最后钻孔深度（无符号编程）
DTB	实数	螺纹深度时的停顿时间（单位为 s）
FFR	实数	刀具切削进给时的进给速率
RFF	实数	刀具从最后加工深度退回加工开始平面时的进给速率
SDIR	整数	旋转方向，取值为 3 或 4，分别代表 M3 和 M4
RPA	实数	平面中第一轴上（横坐标）的返回路径，当到达最后钻孔深度并执行定位主轴停止功能后执行此返回路径
RPO	实数	平面中第二轴上（纵坐标）的返回路径，当到达最后钻孔深度并执行定位主轴停止功能后执行此返回路径
RPAP	实数	镗孔轴上的返回路径，当到达最后钻孔深度并执行了定位主轴停止功能后执行此返回路径
POSS	实数	循环中定位主轴停止的位置(以度为单位)，该功能在到达最后钻孔深度后执行

例 3-8　在 *ZX* 平面中的（X70，Y50）处调用 CYCLE86，工件如图 3-9 所示。编程的最后钻孔深度值为绝对值，未定义安全间隙，在最后钻孔深度处的停顿时间是 2s。工件的上沿在 *Z*110 处。在此循环中，主轴以 M3 旋转并停在 45°位置。

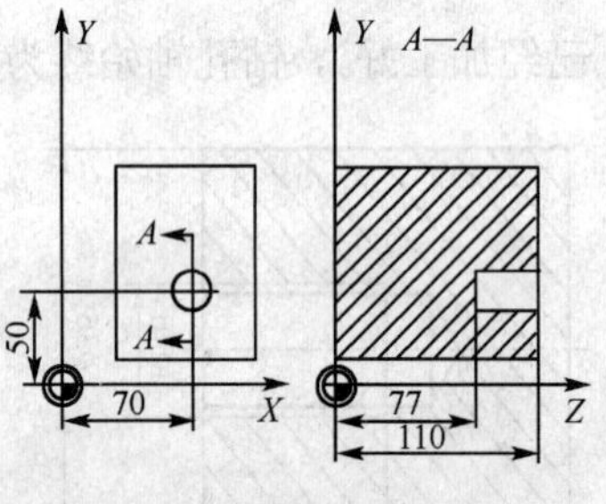

图 3-9　CYCLE86 指令应用

镗孔程序如下：

TK2．MPF

G17 G90 F200 S300 M3（技术值的定义）

T1 D1（选择刀具及补偿号）

G0 Z112（回到返回平面）

X70 Y50（回到钻孔位置）

CYCLE86(112，110，，77，0，2，3，-1，-1，1，45)（镗孔循环）

M2（程序结束）

例 3-9　在 XY 平面的（X80，Y90）处，调用钻孔循环 CYCLE89，工件如图 3-10 所示。安全间隙为 5mm，最后钻孔深度定义为绝对值。钻孔轴为 Z 轴。

镗孔程序如下：

TK5．MPF

DEF REAL RFP，RTP，DP，DTB（参数定义）

RFP=102 RTP=107 DP=72 DTB=3（定义值）

G90 G17 F100 S450 M4（技术值定义）

G0 X80 Y90 Z107（接近钻孔位置）

CYCLE89(RTP，RFP，5，DP，，DTB)（镗孔循环）

M2（程序结束）

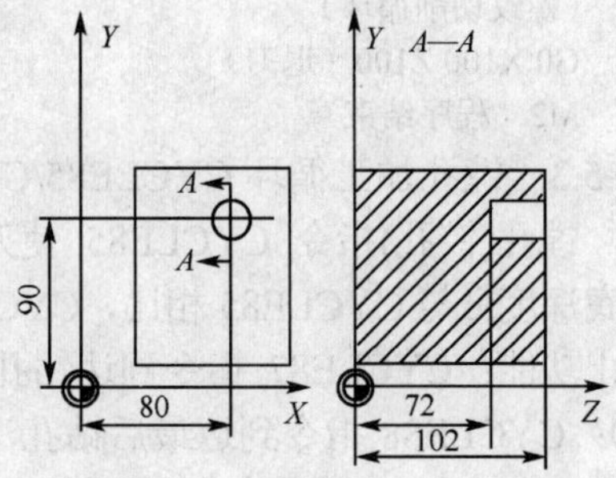

图 3-10　CYCLE89 指令应用

3.2.6　固定循环指令

3.2.6.1　切槽固定循环指令 CYCLE93/ CYCLE94/ CYCLE96

CYCLE93 指令既可以加工纵向槽，也可以加工端面槽；既可以加工对称槽，也可以加工不对称切槽；既可以切外槽，也可以切内槽；在实际加工中，CYCLE93 指令应用十分广泛。CYCLE94 指令用于根据 DIN509 标准(为德国国家标准)进行退刀槽的切削。CYCLE96 指令用于根据 DIN76 标准加工公制 ISO 螺纹的退刀槽。指令格式分别为：

CYCLE93(SPD，SPL，WIDG，DIAG，STA1，ANG1，ANG2，RCO1，RCO2，RCI1，RCI2，FAL1，FAL2，IDEP，DTB，VARI)

CYCLE94(SPD，SPL，FORM)

CYCLE96(DIATH，SPL，FORM)

指令中各参数的含义见表 3-6。

表 3-6　切槽固定循环指令参数

参数符号	参数类型	参 数 含 义	
SPD	实数	横向坐标轴起始点，直径值	PD 和 SPL 用来定义槽的起始点
SPL	实数	纵向坐标轴起始点	
WIDG	实数	切槽宽度（无符号编程）	WIDG 和 DIAG 用来定义槽的形状
DIAG	实数	切槽深度（无符号编程，X 向为半径值）	
STA1	实数	轮廓和纵向轴之间的角度，取值范围：0°～180°	STA1 来编程加工槽的斜线角
ANG1	实数	侧面角 1，在切槽一边，由起始点决定(无符号编程)，取值范围：0°～89.999°	不对称的槽可以通过定义不同的侧面角 ANG1 和 ANG2 来描述
ANG2	实数	侧面角 2，在切槽另一边(无符号编程)，取值范围：0°～89.999°	
RCO1	实数	槽边半径/倒角 1，外部位于由起始点决定的一边	槽的形状可以通过输入槽边半径/倒角（RCO1 和 RCO2）或槽底的半径/倒角（RCI1 和 RCI2）来修改。如果输入的数值为正，则表示半径；如果输入的数值为负，则表示倒角
RCO2	实数	槽边半径/倒角 2，外部位于起始点的另一边	
RCI1	实数	槽底半径/倒角 1，内部位于由起始点决定的一边	
RCI2	实数	槽底半径/倒角 2，内部位于起始点的另一边	
FAL1	实数	槽底的精加工余量	可以单独编程槽底和侧面的精加工余量
FAL2	实数	槽侧面的精加工余量	
IDEP	实数	进给深度（无符号编程，*X* 向为半径值）	通过编程一个进给深度，可以将近轴切槽分成几个深度进给。每次进给后，刀具退回 1mm 以便断屑
DTB	实数	槽底停顿时间	
VARI	整数	加工类型，取值范围值:1～8 和 11～18	
FORM	字符	槽形状的定义，	

例 3-10　用 CYCLE93 指令编写图 3-11 所示工件的切槽程序。

外圆槽加工程序：

QC1．MPF

G90 G94 G40 G71（程序开始部分）
T1D1（换 1 号刀,激活 1 号刀补）
M03 S400 F100（主轴正转）
G0 X27 Z–10（,快速定位）
CYCLE93(25,–10,14.86,4.5,165.95,30,15,3,3,3,3,0.2,0.3,3,1,5)（纵向外部右端切槽加工）
G74 X0 Z0（退刀）
M30（程序结束）

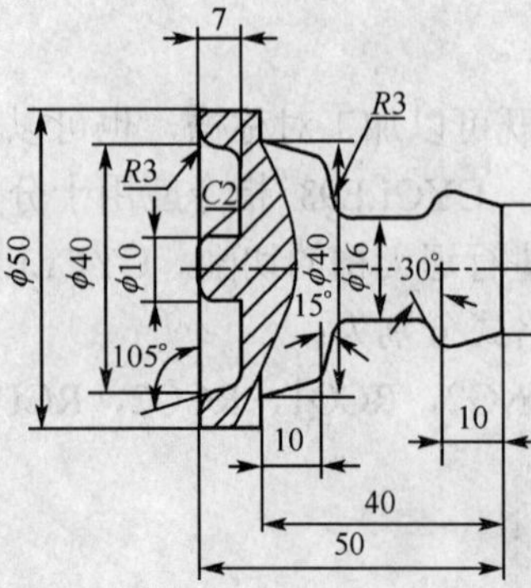

图 3-11　CYCLE93 指令应用

例 3-11　用 CYCLE96 指令编写图 3-12 所示工件的螺纹退刀槽程序。

螺纹退刀槽加工程序：
QC3．MPF
D3 T1 S300 M3 G95 F0.3（技术值定义）
G0 G90 Z100 X50（选择起始位置）
CYCLE96 (40，60，“A”)（切削螺纹退刀槽）
G90 G0 X30 Z100（接近下一个位置）
M2（程序结束）

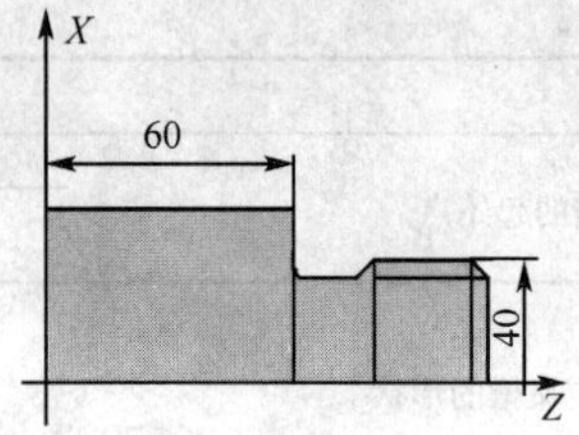

图 3-12　CYCLE96 指令应用

3.2.6.2　毛坯切削循环指令 CYCLE95

CYCLE95 指令为粗车削循环指令，指令格式为：
CYCLE95(NPP，MID，FALZ，FALX，FAL，FF1，FF2，FF3，VARI，DT，DAM，VRT)

指令中各参数的具体含义见表 3-7。

表 3-7　CYCLE95 指令参数

参数符号	参数类型	参数含义
NPP	字符串	轮廓子程序名称
MID	实数	进给深度(无符号输入)
FALZ	实数	在纵向轴（Z 轴）的精加工余量（无符号输入）
FALX	实数	在横向轴（X 轴）的精加工余量，半径量（无符号输入）
FAL	实数	沿轮廓方向的精加工余量（无符号输入）
FF1	实数	非退刀槽加工的进给速度
FF2	实数	进入凹凸切削时的进给速度
FF3	实数	精加工的进给速度
VARI	实数	加工类型，取值范围 1～12
DT	实数	粗加工时用于断屑的停顿时间
DAM	实数	粗加工因断屑而中断时所经过的路径长度
VRT	实数	粗加工时从轮廓退刀的距离，X 向为半径量（无符号输入）

例 3-12　用 CYCLE95 指令编写图 3-13 所示零件的加工程序。

切削程序：
MPQX．MPF
G90 G94 G40 G71（初始值的定义）
T1D1（选择刀具及刀补）
M03 S600 F100（主轴正转）
G00 X18 Z2（接近轮廓）
CYCLE95 (“ANFANG：ENDE”，1.5，0.2，0.05，，150，80，　80，10，，，0.5)（CYCLE95 循环）
ANFANG：
G00 X72 Z–23

```
G01 X50
G03 X30 Z–13 CR=10
G02 X20 Z–8 CR=5
G01 X16
Z–2
X12 Z0
ENDE
G74 X0 Z0（回参考点）
M30（程序结束）
```

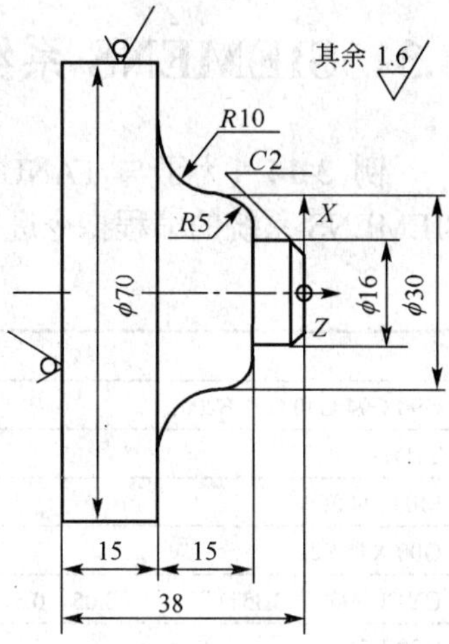

图 3-13　CYCLE95 指令应用

3.2.6.3　螺纹切削循环指令 CYCLE97

CYCLE97 螺纹切削循环可以加工圆柱形外螺纹、圆柱形内螺纹、圆锥形外螺纹、圆锥形内螺纹。另外除了加工单头螺纹外，还能加工多头螺纹。指令格式为：

CYCLE97（PIT，MPIT，SPL，FPL，DM1，DM2，APP，ROP，TDEP，FAL，IANG，NSP，NRC，NID，VARI，NUMT）

指令中各参数的具体含义见表 3-8。

表 3-8　CYCLE97 指令参数

参数符号	参数类型	参数含义
PIT	实数	螺距，作为数值（无符号输入）
MPIT	实数	由螺纹尺寸表示螺距，取值范围 3～60，即 M3～M60
SPL	实数	螺纹起始点的纵坐标
FPL	实数	螺纹终点的纵坐标
DM1	实数	起始点的螺纹直径
DM2	实数	终点的螺纹直径
APP	实数	空刀导入量（无符号输入）
ROP	实数	空刀退出量（无符号输入）
TDEP	实数	螺纹深度（无符号输入）
FAL	实数	精加工余量，指半径值（无符号输入）
IANG	实数	切入进给角：“+”表示沿侧面进给，“–”表示交错进给
NSP	实数	首圈螺纹的起始点偏移（无符号输入，角度值）
NRC	整数	粗加工切削数量（无符号输入）
NID	整数	停顿时间（无符号输入）
VARI	整数	螺纹的加工类型，取值范围 1～4
NUMT	整数	螺纹线数（无符号输入）

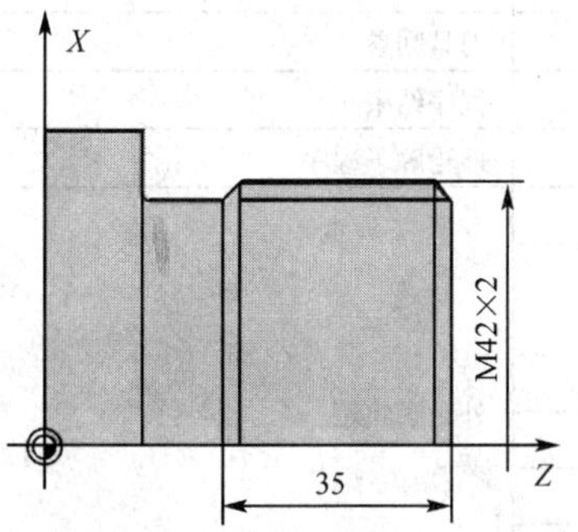

图 3-14　CYCLE97 指令应用

例 3-13　用 CYCLE97 指令编制图 3-14 所示工件的螺纹加工程序。

加工程序：

```
G0 G90 Z100 X60（选择起始位置）
G95 D1 T1 S1000 M4（定义技术值）
CYCLE97 (, 42, 0, –35, 42, 42, 10,3, 1.23, 0, 30, 0, 5, 2, 3,1)（螺纹切削循环）
G0 X70 Z160（接近下一个位置）
M2（程序结束）
```

3.3 SIEMENS 系统数控编程指令综合应用

例 3-14 为了与 FANUC 系统相比较，选用第 2 章例 2-16 中的图 2-59 为例，用 SIEMENS 系统的编程指令进行编程，具体程序见表 3-9。

表 3-9 数控加工程序清单

程 序 内 容	程 序 说 明
G90 G94 G40 G71 F200;	程序开始部分
T1D1;	调用 T01 外圆车刀
M03 S600;	主轴正转，转速为 600r/min
G00 X45 Z2;	快速定位至循环起点
CYCLE95（“BB511”，1.0，0.05，0.5，，200，80，80，9，1，，0.5）;	外轮廓切削循环
G00 X250;	退刀
Z100;	
T2D2;	调用 T02 切槽刀
M03 S300;	主轴正转，转速为 300r/min
G00 X40.5 Z–30;	快速定位至循环起点
CYCLE93（40，–30，5，2，，45，，，，，，0.2，0.3，1，5）;	切槽循环
G00 X250;	退刀
Z100;	
G00 X46 Z–83;	快速定位至循环起点
CYCLE93（45，–83，5，2，，45，，，，，，0.2，0.3，1，5）;	切槽循环
G00 X250;	退刀
Z100;	
T3D3;	调用 T03 外圆车刀
M03 S600;	主轴正转，转速为 600r/min
G00 X40 Z–29;	快速定位至循环起点
CYCLE95（“BB611”，1.0，0.05，0.5，，200，80，80，9，1，，0.5）;	圆弧、锥面等外轮廓切削循环
G00 X250;	退刀
Z100;	
T4D4;	调用 T04 螺纹刀
G00 X35 Z5;	快速定位至循环起点
M03 S400;	主轴正转，转速为 400r/min
CYCLE97（2，，0，–25，30，30，5，3，1.299，0.05，30，0，6，1，3，1）;	螺纹切削循环
G00 X100 Z100;	退刀
G74 X0 Z0;	刀具回参考点
M30	程序结束
BB511.SPF	外轮廓子程序
G00 G42 X0;	外轮廓轨迹
G01 Z0;	
X25.8;	
X29.8 Z–2;	
Z–30;	
X40.5;	
Z–83;	
G01 G40 X42;	

续表

程 序 内 容	程 序 说 明
RET;	返回主程序
G00 G42 X38.5;	快速定位至循环起点
BB611.SPF	圆弧、锥面等外轮廓切削循环
G01 Z–30;	圆弧、锥面等外轮廓切削循环轨迹
G02 X32　Z–54 CR=20;	
G03 X32　Z–78 CR=20;	
G01 Z–83;	
X35;	
X40 Z–103;	
G01 G40 X42;	
RET;	返回主程序

思考与练习题

1. 简述 SIEMENS 系统螺纹编程与 FANUC 系统螺纹编程的区别。
2. 试写出 CYCLE95 指令的指令格式，并说明各参数的具体含义。
3. 试写出 CYCLE97 指令的指令格式，并说明各参数的具体含义。
4. 编制图 3-15 所示零件的数控加工程序。
5. 编制图 3-16 所示零件的数控加工程序。
6. 编制图 3-17 所示零件的数控加工程序。

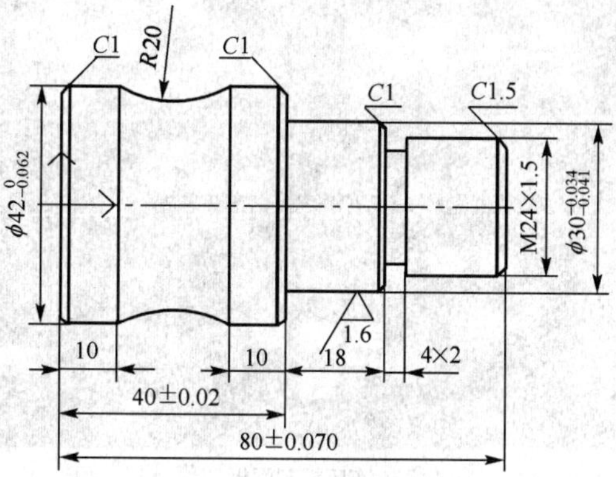

图 3-15　轴类零件

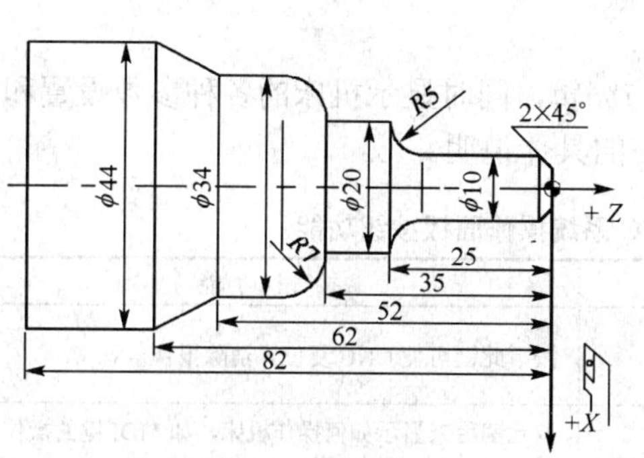

图 3-16　轴类零件

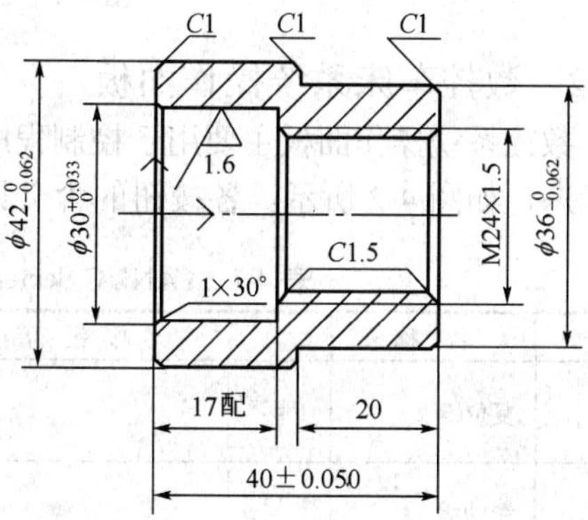

图 3-17　套类零件

第 4 章　数控车床操作

本章以 CK6142 数控车床（数控系统为 FANUC Series 0i Mate-TC）为例，来具体介绍数控车床的相关操作。

4.1　数控车床面板

4.1.1　数控车床面板组成

CK6142 数控车床的总面板由 CRT 显示屏、控制面板、操作面板三部分组成，如图 4-1 所示。

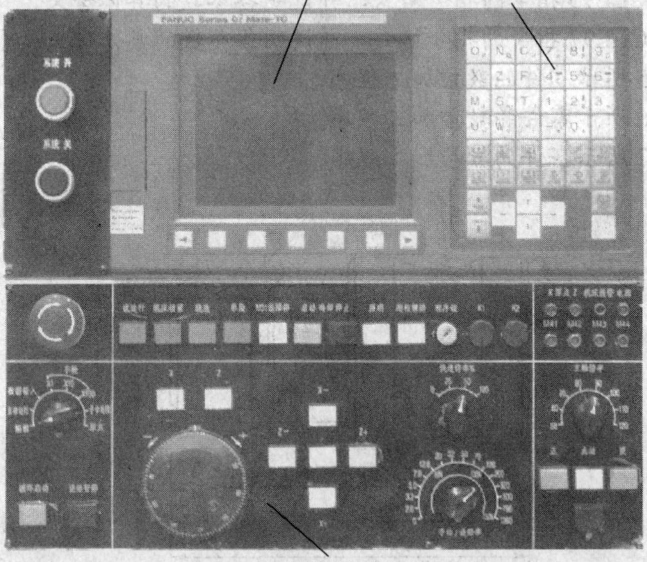

图 4-1　CK6142 数控车床总面板

4.1.2　数控车床系统操作面板

数控系统操作面板主要用于控制程序的输入与编辑，同时显示机床的各种参数设置和工作状态，如图 4-2 所示。各按钮的含义见表 4-1 中的具体说明。

表 4-1　FANUC Series 0i Mate-TC 系统操作面板按钮功能

序号	名 称	按 钮 符 号	按 钮 功 能
1	复位键	RESET	按下此键可使 CNC 复位，消除报警信息
2	帮助键	HELP	按此键用来显示如何操作机床，如 MDI 键的操作。可在 CNC 发生报警时提供报警的详细信息

续表

序号	名　称	按 钮 符 号	按 钮 功 能
3	软键		根据其使用场合，软键有各种功能。软键功能显示在 CRT 屏幕的底端
4	地址和数字键	O P　N Q　G R　7 A　8 ↑ B　9 D X C　Z Y　F L　4 ← [　5 ^]　6 → SP M I　S K　T J　1 ,　2 ↓ #　3 = U H　W V　EOB E　- +　0 *　. /	按这些键可以输入字母、数字及其他符号
5	换档键	⇧ SHIFT	在有些键的顶部有两个字符，按此键和字符键，选择下端小字符
6	输入键	INPUT	将数据域中的数据输入到指定的区域
7	取消键	CAN	用于删除已输入到键入缓冲区的数据。例如，当显示键入缓冲区数据为：N001X100Z_时按此键，则字符 Z 被取消，并显示：N1001X100
8	编辑键	ALTER	用输入的数据替代光标所在的数据
9		INSERT	把输入域之中的数据插入到当前光标之后的位置
10		DELETE	删除光标所在的数据，或者删除一个数控程序或者删除全部数控程序
11	功能键	POS	在 CRT 中显示坐标值
		PROG	CRT 将进入程序编辑和显示界面
		OFS/SET	CRT 将进入参数补偿显示界面
		SYSTEM	系统参数显示界面
		? MESSAGE	信息显示界面
		CSTM/GR	在自动运行状态下将数控显示切换至轨迹模式
12	光标移动键	← ↑ ↓ →	移动 CRT 中的光标位置。软键 ↑ 实现光标的向上移动；软键 ↓ 实现光标的向下移动；软键 ← 实现光标的向左移动；软键 → 实现光标的向右移动
13	翻页键	↑ PAGE PAGE ↓	软键 ↑ PAGE 实现左侧 CRT 中显示内容的向上翻页；软键 PAGE ↓ 实现左侧 CRT 显示内容的向下翻页

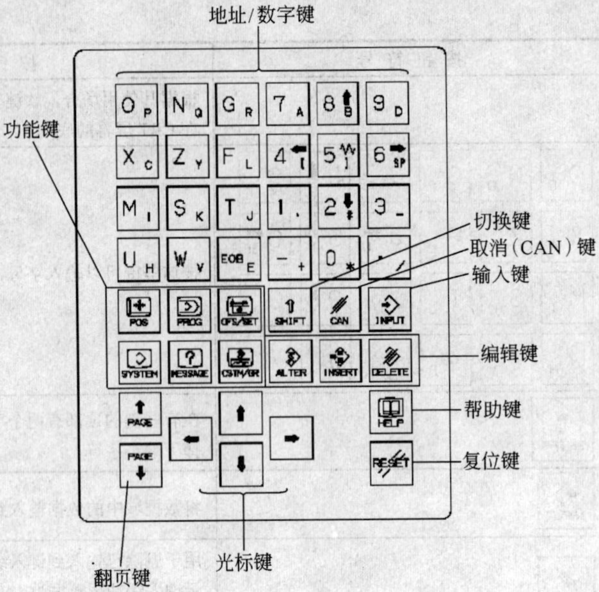

图 4-2　系统操作面板

4.1.3　数控车床控制面板

数控车床控制面板如图 4-3 所示，各按钮的含义见表 4-2 中的具体说明。

图 4-3　数控车床控制面板

表 4-2　CK6132 数控车床控制面板按钮功能

序号	名　称	符　号	功　能
1	系统开关		按下绿色按钮，启动数控系统； 按下红色按钮，关闭数控系统
2	急停按钮		在机床操作过程中遇到紧急情况时，按下此按钮使机床移动立即停止，并且所有的输出如主轴的转动等都会关闭。按照按钮上的旋向旋转该按钮使其弹起来消除急停状态
3	模式选择		原点：进入回零模式，机床必须首先执行回零操作，然后才可以运行 手动连续：进入手动模式，连续移动机床 手轮：进入手轮模式，选择手轮移动倍率

续表

序号	名　称	符　号	功　能
3	模式选择		数据输入：进入 MDI 模式，手动输入指令并执行 自动运行：进入自动加工模式 编辑：进入编辑模式，用于直接通过操作面板输入数控程序和编辑程序
4	循环启动与进给暂停		循环启动：程序运行开始，模式选择旋钮在“自动运行”或“数据输入”位置时按下有效，其余模式下使用无效 进给暂停：程序运行暂停，在程序运行过程中，按下此按钮运行暂停，再按循环启动从暂停的位置开始执行
5	进给轴选择		在“手动连续”模式下，按住各按钮，向 X–/X+/Z–/Z+方向移动机床。如果同时按住中间按钮和相应各轴按钮，则实现该方向上的快速移动
6	手轮		在“手轮”模式下，通过按下 *X* 或 *Z* 按钮选择进给轴，然后正向或反向摇动手轮手柄实现该轴方向上的正向或反向移动，手轮进给倍率有×1、×10、×100 三种，分别代表移动量为 0.001mm、0.01mm、0.1mm
7	进给倍率调节		旋转旋钮在不同的位置，调节手动操作或数控程序自动运行时的进给速度倍率，调节范围为 0~150%
8	快速进给倍率调节		旋转旋钮在不同的位置，调节机床快速运动的进给倍率，有四挡倍率即 F0，25%，50%和 100%。该功能主要用于： （1）指定 G00 快速移动速度； （2）指定固定循环间的快速移动； （3）手动快速移动； （4）手动或自动返回参考点（G27、G28 等）的快速移动
9	主轴倍率调节		旋转旋钮在不同的位置，调节主轴转速倍率，调节范围为 50%~120%
10	主轴控制		按住各按钮，主轴正转/反转/停转
11	运行方式		试运行：系统进入空运行状态，可与机床锁定配合使用 机床锁紧：按下此按钮，机床被锁定而无法移动 跳选：当此按钮按下时程序中的“/”有效 单段：按此按钮后，运行程序时每次执行一条数控指令
12	选择停止		当此按钮按下时，程序中的“M01”代码有效

续表

序　号	名　称	符　号	功　能
13	冷却液开关		按下绿色按钮，打开冷却液； 按下红色按钮，关闭冷却液
14	照明开关		当此按钮按下时，照明灯打开
15	超程解除		当屏幕显示超程报警时，按下此按钮解除超程
16	机床锁		对存储的程序起保护作用，当程序锁锁上后，不能对存储的程序进行任何操作
17	指示灯	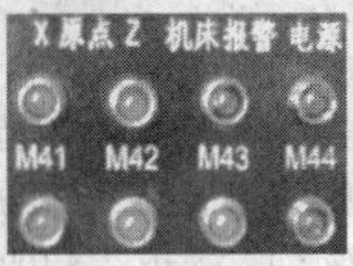	*X*、*Z* 原点：*X*、*Z* 轴回到参考点后，相应轴的指示灯亮。 机床报警：机床产生报警时，报警灯亮。 电源：机床启动后，电源灯亮。 M41、M42、M43、M44：设置主轴转速的挡位

4.2　数控车床基本操作

4.2.1　开机与关机

开机：首先将机床开关“”打开至“ON”状态，然后启动系统电源开关“

”启动数控系统，电源指示灯“

”亮表示启动成功。

关机：首先按下系统电源开关“

”，然后将机床开关“”打到“OFF”状态，电源指示灯“

”灭表示已经完成关机操作。

4.2.2　手动操作

4.2.2.1　手动返回参考点

手动返回参考点的步骤如下：

① 将模式选择开关“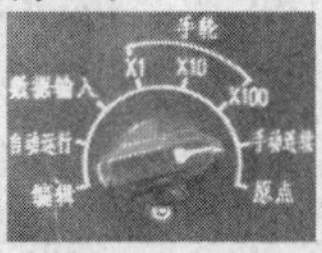

”旋转至“原点”位置；

② 为了减小速度，按快速进给倍率调节开关“

”调节；

③ 按住与返回参考点相应的进给轴和方向选择开关“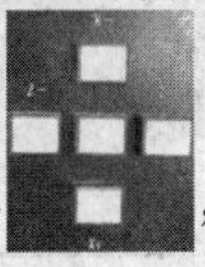”，直至刀具返回参考点；

④ X、Z 原点灯“

”亮表示刀具已经返回参考点后。

注意：在返回参考点的过程中，当出现超程报警时，消除超程报警的步骤如下：

① 将模式选择开关“

”旋转至“手动连续”位置；

② 按下超程解除按钮“

”，然后按住与超程方向相反的方向按钮“”来移动机床消除报警。

4.2.2.2　手动连续进给（JOG 进给）操作

手动连续进给操作的步骤如下：

① 将模式选择开关“

”旋转至“手动连续”位置；

② 按住进给轴和方向选择开关“”，机床向相应的方向进行运动，当释放开关，则机床停止运动；

③ 手动连续进给速度由可由手动连续进给速度倍率按钮“

”来调节，调节范围为 0~150%；

④ 如同时按住中间的快速移动开关和进给轴及进给方向选择开关“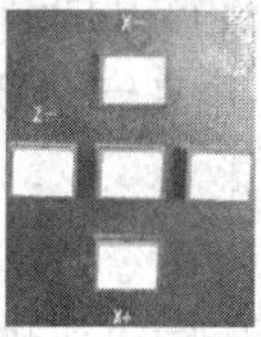”，机床向相应的方向快速移动，移动倍率通过快速进给倍率开关“

”调节。

4.2.2.3　手轮进给操作

手轮进给操作的步骤如下：

① 将模式选择开关“

”旋转至“手轮”位置，供选择的位置有×1、×10、×100 三个位置；

② 通过按下进给轴选择按扭“

”，选择手轮进给轴；

③ 正向或反向摇动手轮手柄“

”实现该轴方向上的正向或反向移动，手轮进给倍率有×1、×10、×100 三种，分别代表移动量为 0.001mm、0.01mm、0.1mm。

4.2.2.4 主轴旋转控制

主轴旋转控制步骤如下：

① 将模式选择开关“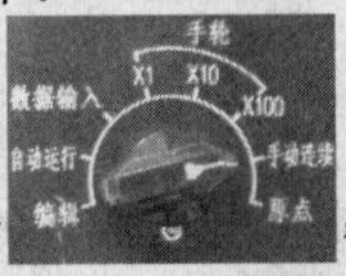

”旋转至“手动连续”或“手轮”位置；

② 按下主轴控制正绿色按扭“

”，主轴正转；按下主轴控制反绿色按扭“

”，主轴反转；按下主轴控制停红色按扭“

”，主轴停转；

③ 同时按下点动按钮“

”和“

”，主轴正转，释放按钮，主轴停转；同时按下点动按钮“

”和“

”，主轴反转，释放按钮，主轴停转。

4.2.2.5 冷却液开关控制

① 将模式选择开关“

”旋转至“手动连续”或“自动运行”位置；

② 按下冷却液启动绿色按扭“

”，打开冷却液；按下冷却液停止红色按钮“

”，关闭冷却液。

4.2.3 程序的编辑

4.2.3.1 建立一个新程序

① 将模式选择开关“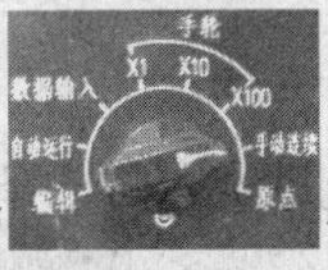

”旋转至“编辑”位置；

② 按功能键“

”显示程序画面；

③ 输入程序号，如 O0001；

④ 按按功能键“

”，显示 O0001 程序画面，在此输入程序。

4.2.3.2 字的插入、修改和删除

① 将模式选择开关“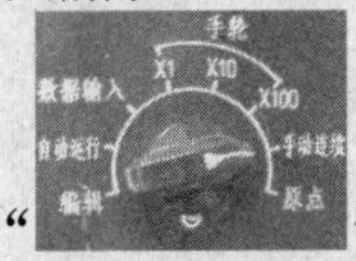

”旋转至“编辑”位置。

② 按功能键“

”显示程序画面。

③ 选择要编辑的程序。

④ 比如：在 G00 后插入 G42，将光标移动到 G00 处，按插入键“

”，则 G42 被插入。

⑤ 比如：将 X20.0 修改为 25.0，将光标移动到 X20.0 处，输入 X25.0，按修改键“

”，则.X20.0 被修改为 X25.0。

⑥ 比如：将 Z56.0 删除，将光标移动到 Z56.0 处，按删除键“

”，则 Z56.0 被删除。

4.2.3.3　程序的扫描

① 将模式选择开关“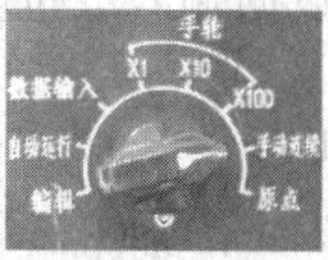

”旋转至“编辑”位置；

② 按功能键“

”显示程序画面；

③ 选择要编辑的程序；

④ 按下光标移动键“”、“”、“”、“”，实现光标向上、向下、向左、向右移动；

⑤ 按下翻页键“

”、“

”，实现向上、向下翻页。

4.2.3.4　程序的删除

删除一个程序：

① 将模式选择开关“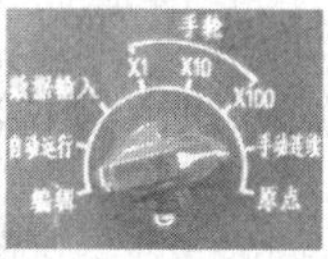

”旋转至“编辑”位置；

② 按功能键“

”显示程序画面；

③ 输入要删除的程序号，如 O0005；

④ 按删除键“

”，则程序 O0005 被删除。

删除全部程序：

① 将模式选择开关“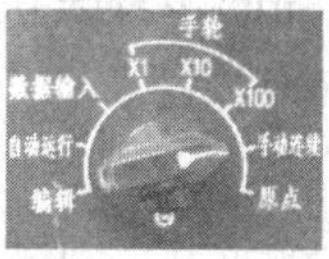

”旋转至“编辑”位置；

② 按功能键“

”显示程序画面；

③ 输入 O—9999；

④ 按删除键“

”，则存储器内的全部程序被删除。

删除指定范围的多个程序：

① 将模式选择开关“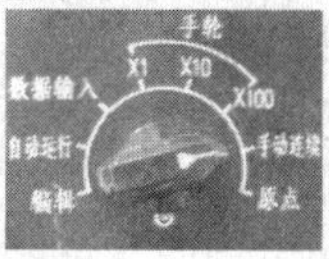

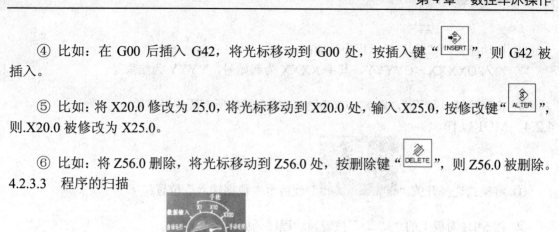

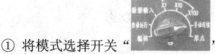

”旋转至“编辑”位置；

② 按功能键“

”显示程序画面；

③ 输入 OXXXX，OYYYY，其中 XXXX 为起始号，YYYY 为结束号。

④ 按删除键“

”，则 XXXX 到 YYYY 之间的所有程序被删除。

4.2.4 MDI 操作

① 将模式选择开关“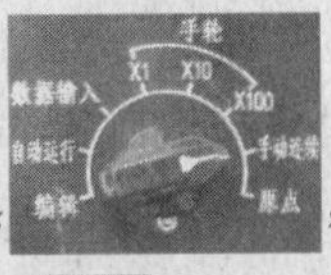

”旋转至“数据输入”位置；

② 按 MDI 面板上的“

”按键显示程序画面；

③ 与普通程序编辑方法类似，编制要执行的程序；

④ 为了删除在 MDI 中建立的程序，输入程序名，按“

”删除程序；

⑤ 为了运行在 MDI 中建立的程序，按下按循环启动按钮“

”即可；

⑥ 为了中途停止或结束 MDI 运行，按下面步骤进行：

- 停止 MDI 运行。

按机床操作面板上进给暂停按钮“

”，进给暂停灯亮而循环启动灯灭。

- 终止 MDI 运行。

按 MDI 面板上的复位键“

”，自动运行结束并进入复位状态。

4.2.5 程序的运行

4.2.5.1 自动运行

自动运行的操作步骤如下：

① 将模式选择开关“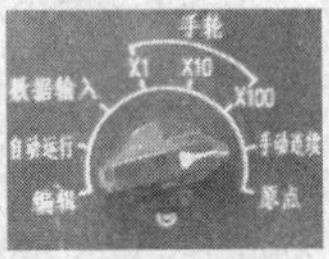

”旋转至“自动运行”位置；

② 从存储的程序中选择一个程序，为此，按下面的步骤来执行：

- 按“

”显示程序画面；
- 按地址键“

”和数字键输入程序名；
- 按功能键“

”，显示程序；
- 将光标移动至程序头位置。

③ 按机床面板上的循环启动按钮“

”，自动运行启动，而且循环启动灯亮，当自动运行结束，循环启动灯灭。

④ 为了中途停止或取消存储器运行，按以下步骤执行：

- 停止自动运行。

按机床操作面板上进给暂停按钮“

”，进给暂停灯亮而循环启动灯灭。在进给暂停灯点亮期间按了机床操作面板上的循环启动按钮“

”，机床运行重新开始。

• 结束存储器运行。

按 MDI 面板上的复位键“

”，自动运行结束并进入复位

4.2.5.2 试运行

机床锁住和辅助功能锁住步骤：

① 打开需要运行的程序，且将光标移动至程序头位置；

② 将模式选择开关“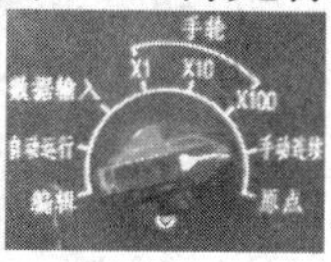

”旋转至“自动运行”位置；

③ 同时按下机床操作面板上的试运行开关“

”和机床锁住开关“

”，机床进入锁紧状态，机床不移动，但显示器上各轴位置在改变。

④ 为了检验刀具运行轨迹，按下功能键 “

”和图形软键“[**GRAPH**]”，则屏幕上显示刀具轨迹，如图 4-5 所示。

4.2.5.3 单段运行

单段运行步骤：

① 打开需要运行的程序，且将光标移动至程序头位置；

② 将模式选择开关“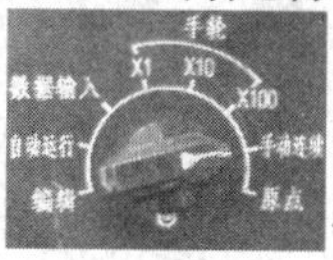

”旋转至“自动运行”位置；

③ 按下机床操作面板上的单段开关“

”；

④ 按循环启动按钮“

”执行该程序段，执行完毕后光标自动移动至下一个程序段位置，按下循环启动按钮“

”依次执行下一个程序段直到程序结束。

4.2.6 数据的输入/输出

4.2.6.1 输入程序

① 确认输入设备已准备就绪；

② 将模式选择开关“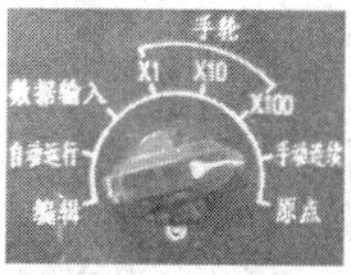

”旋转至“编辑”位置；

③ 按功能键“

”显示程序画面；

④ 按软键“[**(OPRT)**]”；

⑤ 按右边软键“”（菜单继续键）；

⑥ 输入程序号；

⑦ 按软键“[READ]”和“[EXEC]”，程序被输入。

4.2.6.2 输出程序

① 确认输入设备已准备就绪；

② 将模式选择开关“

”旋转至“编辑”位置；

③ 按功能键“

”显示程序画面；

④ 按软键“[(OPRT)]”；

⑤ 按右边软键“”（菜单继续键）；

⑥ 输入程序号；

⑦ 按软键“[PUNCH]”和“[EXEC]”，程序被输出。

4.2.6.3 输入偏置数据

① 确认输入设备已准备就绪；

② 将模式选择开关“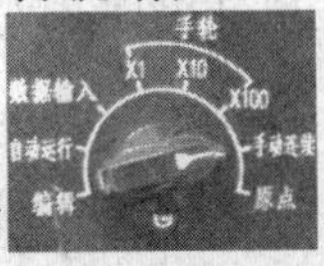

”旋转至“编辑”位置；

③ 按功能键“

”显示刀具偏移画面；

④ 按软键“[(OPRT)]”；

⑤ 按右边软键“”（菜单继续键）；

⑥ 按软键“[READ]”和“[EXEC]”；

⑦ 在输入操作完成之后，画面上将显示输入的偏置数据。

4.2.6.4 输出偏置数据

① 确认输入设备已准备就绪；

② 将模式选择开关“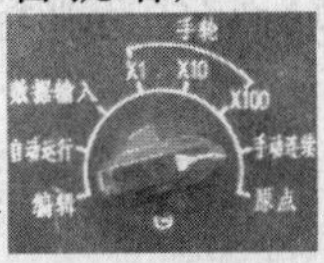

”旋转至“编辑”位置；

③ 按功能键“

”显示刀具偏移画面；

④ 按软键“[(OPRT)]”；

⑤ 按右边软键“”（菜单继续键）；

⑥ 按软键“[PUNCH]”和“[EXEC]”。

4.2.7 设定和显示数据

4.2.7.1 显示坐标系

① 显示绝对坐标系：

- 按下功能键“POS”；
- 按软键“【绝对】”；
- 在屏幕上显示绝对坐标值。

② 显示相对坐标系：

- 按下功能键“POS”；
- 按软键“【相对】”；
- 在屏幕上显示相对坐标值。

③ 显示综合坐标系：

- 按下功能键“POS”；
- 按软键“【综合】”；
- 在屏幕上显示综合坐标值。

4.2.7.2　显示程序清单

① 将模式选择开关“

”旋转至“编辑”位置；

② 按功能键“PROG”显示程序画面；

③ 按软键“[LIB]”；

④ 在屏幕上显示内存程序目录。

4.2.7.3　图形显示

① 将模式选择开关“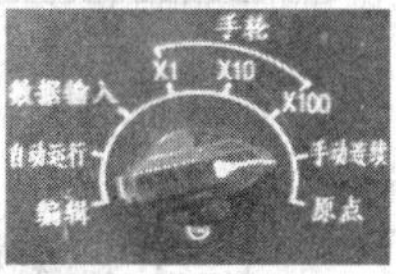

”旋转至“自动运行”位置。

② 将图形模拟键“CSTM/GR”，屏幕上显示图 4-4 画面。其中图中各参数的含义见表 4-3。

③ 按下图形软键“[GRAPH]”，屏幕上显示图 4-5 画面。

④ 按软键“[ZOOM]”，显示放大图形界面，如图 4-6 所示。屏幕上有两个放大的光标“■”，用两个放大光标定义的对角线区域被放大到整个画面。

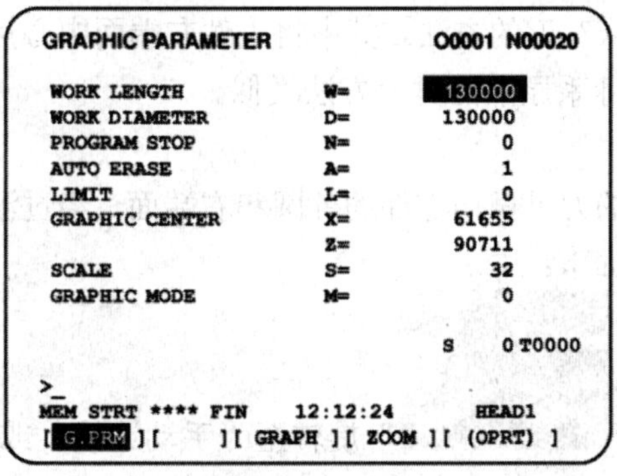
GRAPHIC PARAMETER　　O0001 N00020

WORK LENGTH　W=　130000
WORK DIAMETER　D=　130000
PROGRAM STOP　N=　0
AUTO ERASE　A=　1
LIMIT　L=　0
GRAPHIC CENTER　X=　61655
　Z=　90711
SCALE　S=　32
GRAPHIC MODE　M=　0

S　0 T0000

>_
MEM STRT **** FIN　12:12:24　HEAD1
[G.PRM][　][GRAPH][ZOOM][(OPRT)]

图 4-4　绘图参数画面

表 4-3　模拟图形参数含义

序　号	项 目 名 称	中 文 含 义	具 体 说 明
1	WORK LENGTH	工件长度	定义工件长度
2	WORK DIAMETER	工件直径	定义工件直径
3	PROGRAM STOP	描画终了单节	当对程序一部分进行绘图时，须设定程序结束的程序段序号
4	AUTO ERASE	自动清除	该值为 1，旧的图形被新模拟的图形所取代； 该值为 0，旧的图形不被取代
5	LIMIT	软限位	该值为 1，软行程区域将以双点划线显示； 该值为 0，软行程区域不显示
6	GRAPHIC GENTER	画面中心坐标	系统可自动计算画面的中心坐标，以便按工件长度和工件直径设定的图形能在画面上显示出来
7	SCALE	放大倍率	选择适当放大倍率
8	GRAPHIC MODE	图形方式	这种方式不能使用

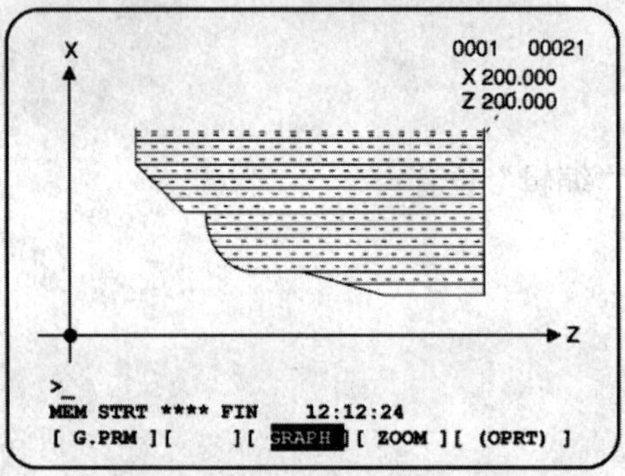

图 4-5　刀具运动轨迹画面

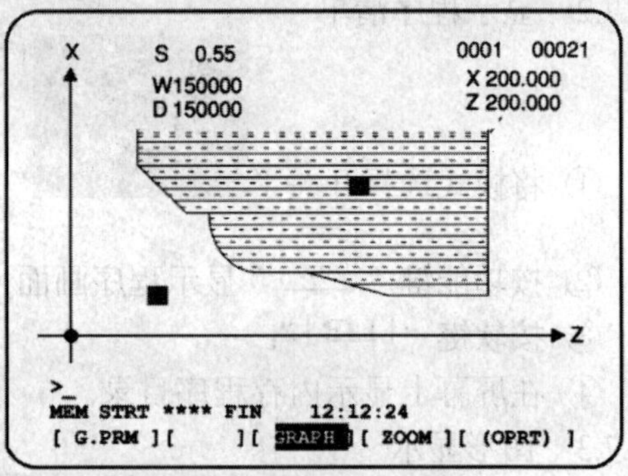

图 4-6　图形放大画面

⑤ 按下光标移动键“”、“”、“”、“”，来移动放大光标。

⑥ 为使原来图形消失，按软键“[EXEC]”。

4.3　对刀

编制数控程序采用工件坐标系，对刀的过程就是建立工件坐标系与机床坐标系之间关系的过程。下面具体说明车床对刀的方法。其中将工件右端面中心点设为工件坐标系原点。将工件上其他点设为工件坐标系原点的对刀方法类似。

4.3.1　试切法对刀

试切法对刀是用所选的刀具试切零件的外圆和右端面，经过测量和计算得到零件端面中心点的坐标值，操作步骤如下：

① 将模式选择开关“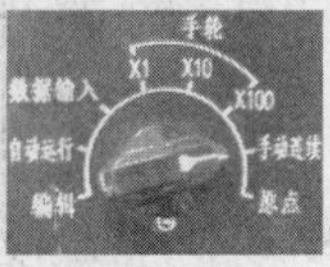
”旋转至“手动连续”或“手轮”位置。

② Z 方向对刀，步骤如下：

- 按住进给轴和方向选择开关“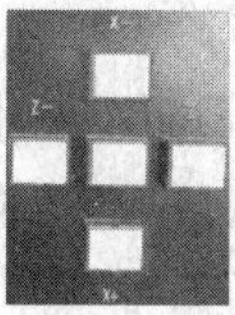”或摇动手轮“”，机床向相应的方向进行运动，手动车削工件端面，如图 4-7 所示；
- 按下功能键“”显示刀具参数设置窗口，如图 4-8 所示；

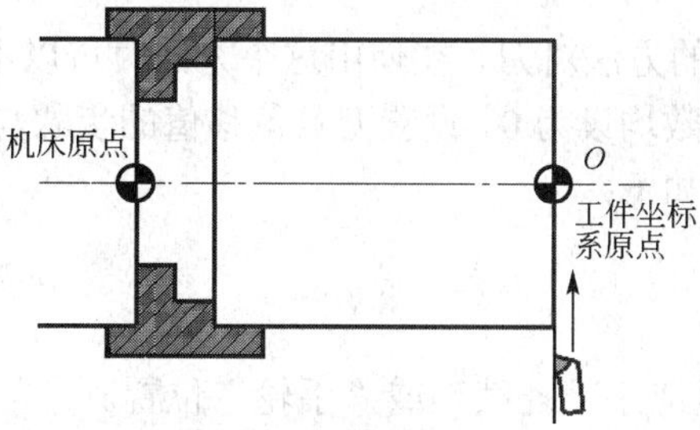

图 4-7　车削端面

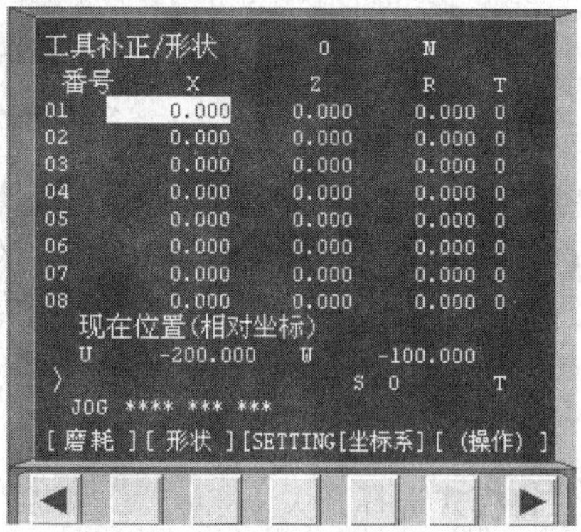

图 4-8　刀具参数设置窗口

- 按软键“【坐标系】”进入到坐标系设置窗口，如图 4-9 所示；
- 将光标移动至 Z 坐标位置（G54～G59 之一）输入“Z0.”，按软键“【测量】”，如图 4-10 所示，则刀具 Z 方向对刀值输入到相应的寄存器中，从而完成 Z 方向对刀操作。

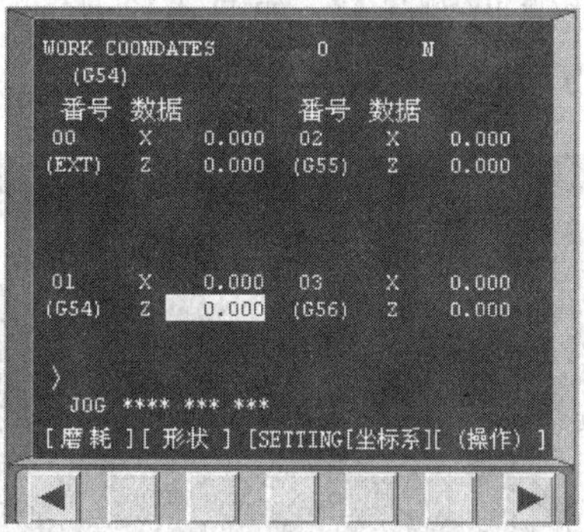

图 4-9　坐标系设置窗口

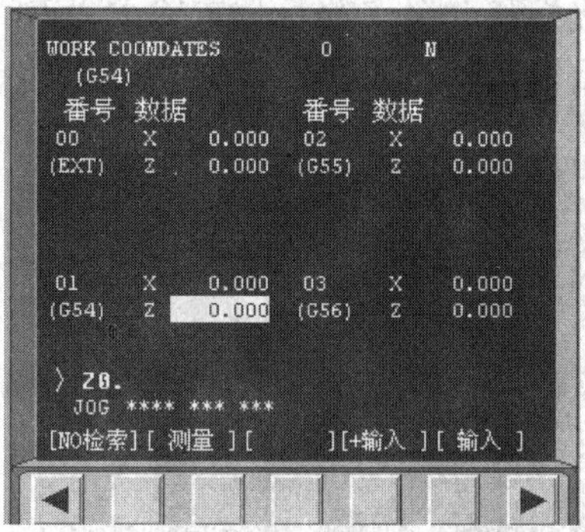

图 4-10　设置 Z 坐标值

③ X 方向对刀，步骤如下：

- 手动车削外圆（见图 4-11），保持 X 坐标不变退刀，停车测量工件直径；

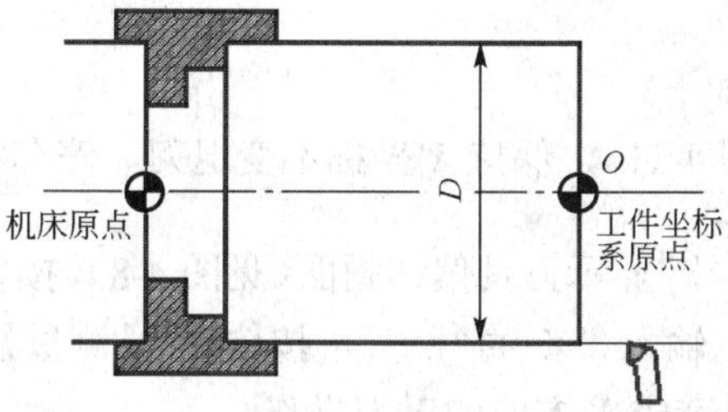

图 4-11　车削外圆

• 依次按下功能键“”显示刀具偏移画面（见图 4-8）、软键“【坐标系】”（见图 4-9），将光标移动至 X 坐标位置（G54～G59 之一），输入“X+直径值”，按软键“【测量】”，则刀具 X 方向对刀值输入到相应的寄存器中，从而完成 X 方向的对刀操作。

④ 在用试切法对刀时，有一些主要事项，即：

• 由于切断刀有两个刀位点，所以要注意对刀的刀位点与程序中的刀位点一致，否则加工出的工件尺寸会相差一个刀宽；

• 对刀时，尽量选择软材料，尽量不要使刀具长时间停留在工件表面上，以减少刀具的磨损。

4.3.2 设置刀具偏移值对刀

在数控车床操作中经常通过设置刀具偏移值的方法对刀。在使用这个方法时可以不使用 G54～G59 设置工件坐标系。G54～G59 的各个参数均设为 0。设置刀具偏移值的步骤与 4.3.1 节基本相同，只是对刀值的存储位置不同，具体如下：

① 将模式选择开关“

”旋转至“手动连续”或“手轮”位置。

② Z 方向对刀，步骤如下：

• 手动车削工件端面，如图 4-7 所示；

• 按下功能键“”显示刀具参数设置窗口，如图 4-8 所示；

• 按软键“【外形】”进入到形状补正设置窗口，如图 4-12 所示；

• 将光标移动至 Z 坐标位置输入“Z0.”，按软键“【测量】”，如图 4-13 所示，则刀具 Z 方向对刀值输入到相应的寄存器中，从而完成 Z 方向的对刀操作。

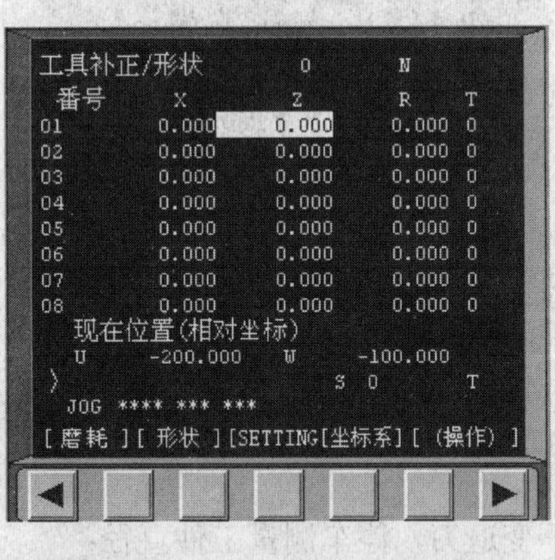

图 4-12 刀具形状补正设置窗口

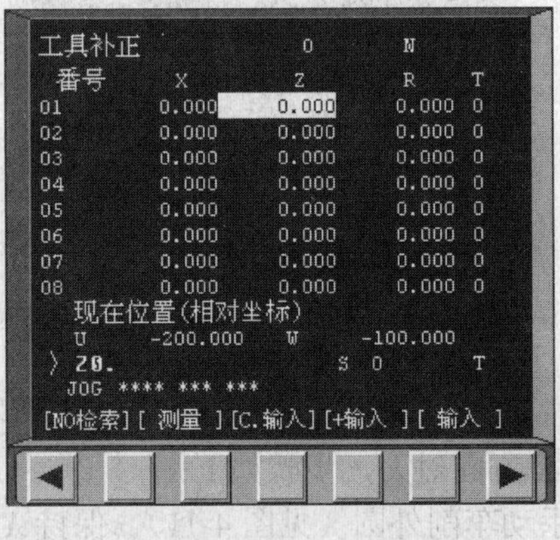

图 4-13 设置 Z 方向偏置值

③ X 方向对刀，步骤如下：

• 手动车削外圆（见图 4-11），保持 X 坐标不变退刀，停车测量工件直径；

• 依次按下功能键“”显示刀具偏移画面（见图 4-8）、按软键“【外形】”（见图 4-12），将光标移动至 X 坐标位置，输入“X+直径值”，按软键“【测量】”，则刀具 X 方向对刀值输入到相应的寄存器中，从而完成 X 方向的对刀操作。

4.3.3　多把刀具的对刀操作

车床刀架上可以同时放置多把刀具，需要对加工过程中用的每把刀进行对刀操作。首先采用试切法完成基准刀具的对刀，然后通过设置偏置值完成其他刀具的对刀，下面详细介绍多把刀具对刀操作过程。

① 选择其中一把刀为标准刀具，按 4.3.1 的过程完成对刀。

② 按“”键，按【相对】键，显示相对坐标系。用选定的标准刀具接触工件端面，保持 Z 轴在原位，将当前的 Z 轴位置设为相对零点。把需要对刀的刀具转到加工位置，让其接触工件同一端面，读此时的 Z 轴相对坐标值，该数值就是这把刀具相对标准刀具的 Z 轴长度补偿，把这个数值输入到形状补偿界面中与刀号相对应的参数中。

③ 再用标准刀具接触零件外圆，保持 X 轴不移动时将当前 X 轴的位置设为相对零点。把需要对刀的刀具转到加工位置，让其接触相同的外圆位置，此时显示的 X 轴相对值即为该刀相对于标准刀具的 X 轴长度补偿。把这个数值输入到形状补偿界面中与刀号相对应的参数中。

④ 在多把刀具对刀时，有一些主要事项，即：

- 对其他刀具（除基准刀具外）进行 Z 向对刀时，不能在重车端面，以免造成各把刀的 Z 轴零点不重合。
- 对其他刀具对刀时，当刀具要到达工件时，要调整进给倍率慢慢接近工件，以保证对刀精度。
- 所有刀具对完后，最后用 MDI 方式编写一段程序来验证对刀结果，如果哪把刀具有对刀误差可以通过修正刀偏值来保证零件的尺寸精度。

思考与练习题

1. 简述数控车床的对刀方法及每种方法的对刀过程。
2. 数控车床的机床运行方式有几种？各种方式的应用情况如何？
3. 如何消除机床的急停状态？
4. 以图 4-14 所示零件为例，分析其加工过程中所用的刀具及对刀情况。

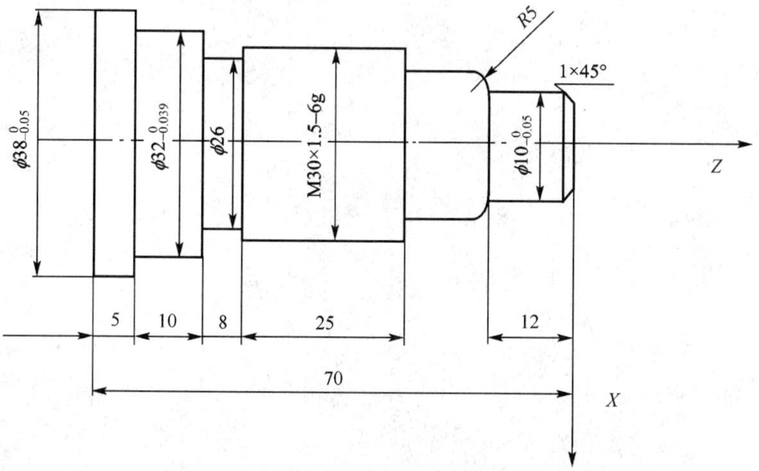

图 4-14　轴类零件

5. 以图 4-15 所示零件为例，分析其加工过程中所用的刀具及对刀情况。

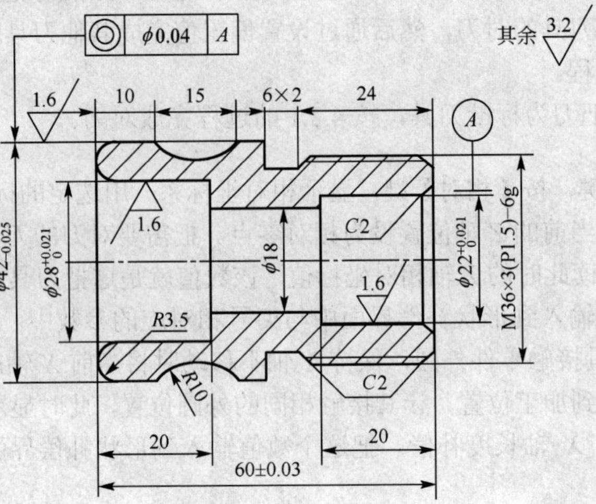

图 4-15 内轮廓零件

第 5 章　数控车床零件加工综合实例

5.1　轴类零件的编程与加工

5.1.1　零件图纸及加工要求

在数控车床上加工如图 5-1 所示轴类零件，材料为 45 钢，其中ϕ70 外圆不加工，用于零件装夹。要求用手工编程编制零件的数控加工程序并在 CK6142 车床上加工该零件。

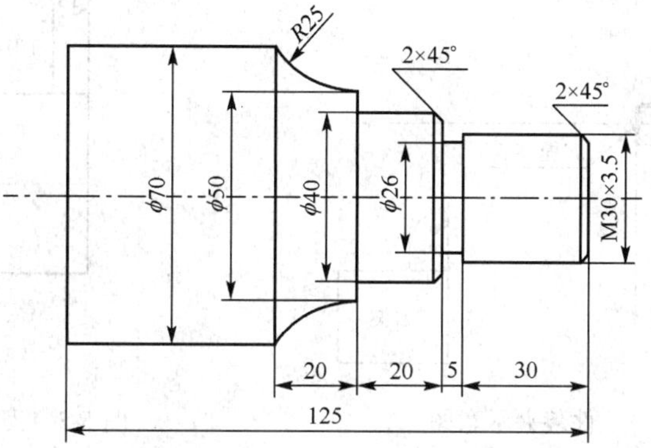

图 5-1　轴类零件

5.1.2　工艺分析

5.1.2.1　零件图分析

分析图 5-1，可以看出该零件主要由外圆柱面、圆弧面、槽、螺纹、倒角几种表面组成，且零件的尺寸精度、形状精度、位置精度以及表面粗糙度要求不高，满足数控 CK6142 型车床的加工范围，因此采用 CK6142 型数控车床进行加工。因为零件的毛坯尺寸为ϕ70，加工后的最小部分尺寸为 M30×3.5，加工余量较大，故将加工过程划分为粗加工阶段和精加工阶段，编程时采用固定循环指令 G71 和 G70。

5.1.2.2　加工路线的确定

根据轴类零件的加工工艺，安排其工艺路线如下：

① 车端面→倒角→粗车 M30×3.5 螺纹外圆→ϕ40 外圆→ϕ50 端面→R25 圆弧面；

② 精车 M30×3.5 螺纹外圆→ϕ40 外圆→ϕ50 端面→R25 圆弧面；

③ 车ϕ26 退刀槽；

④ 车 M30×3.5 螺纹。

5.1.2.3　装夹方案的确定

以工件右端面及ϕ70 外圆为安装基准，并取工件端面回转中心为工件坐标系零点，参考图 5-2 工件装夹示意图。

5.1.2.4　刀具的选择

根据零件的加工表面选择 3 把刀具进行加工，具体参数见表 5-1。

表 5-1　刀具卡

序号	刀具号	刀具名称	加 工 表 面	刀尖半径 R/mm	刀尖方位 T	备注
1	T01	90° 外圆车刀	粗车端面、倒角、M30×3.5 螺纹外圆、ϕ40 外圆、ϕ50 端面、R25 圆弧面；	0.8	3	
			精车 M30×3.5 螺纹外圆、ϕ40 外圆、ϕ50 端面、R25 圆弧面；	0.2	3	
3	T02	切槽刀	车ϕ26 退刀槽；	0.2	3	
4	T03	60° 螺纹车刀	车 M30×3.5 螺纹	0.2	8	

刀具安装位置示意图如图 5-3 所示。

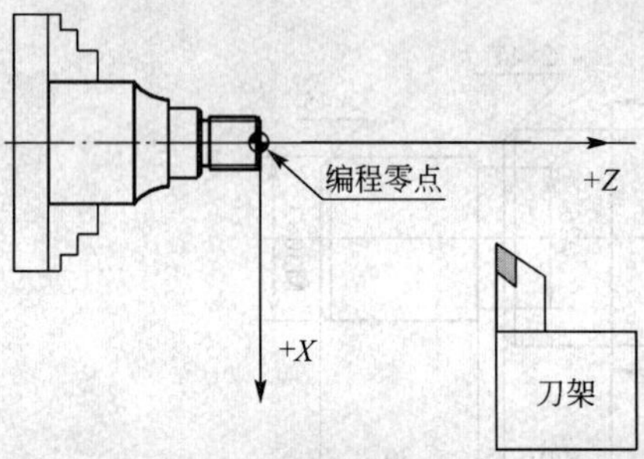

图 5-2　工件装夹示意图

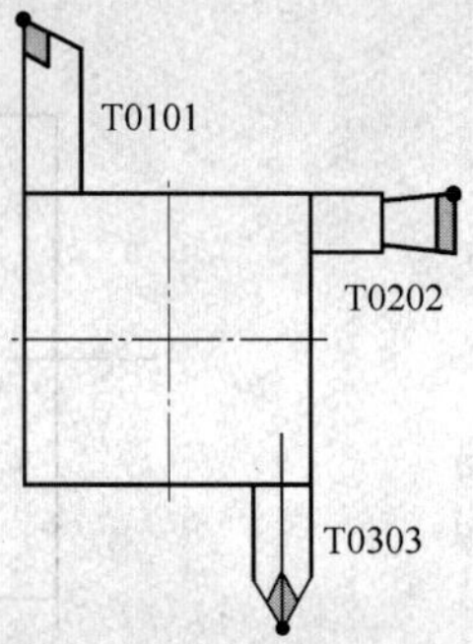

图 5-3　刀具安装位置示意图

5.1.2.5　切削用量的确定

各把刀具切削时的切削用量参数见表 5-2。

表 5-2　刀具切削用量表

刀具号	刀具名称	加工表面	主轴转速 n/(r/min)	进给量 f/(mm/min)	背吃刀 a_p/mm
T01	90° 外圆车刀	粗加工	500	60	1.5
		精加工	800	30	0.2
T02	切槽刀	车ϕ26 退刀槽；	200	15	
T03	60° 螺纹车刀	车 M30×3.5 螺纹	500	3.5	

5.1.3　基点坐标的计算及加工程序的编制

5.1.3.1　基点坐标的计算

根据零件图形，计算编程过程中所用的基点坐标数值，并画出刀具点位图。基点编号及走刀路线如图 5-4 所示，基点坐标见表 5-3。

表 5-3　基点坐标值

序号	基点号	X 坐标值	Z 坐标值	序号	基点号	X 坐标值	Z 坐标值
1	A	0	0	6	F	40	–37
2	B	25.65	0	7	G	40	–55
3	C	29.65	–2	8	H	50	–55
4	D	29.65	–35	9	I	70	–75
5	E	36	–35				

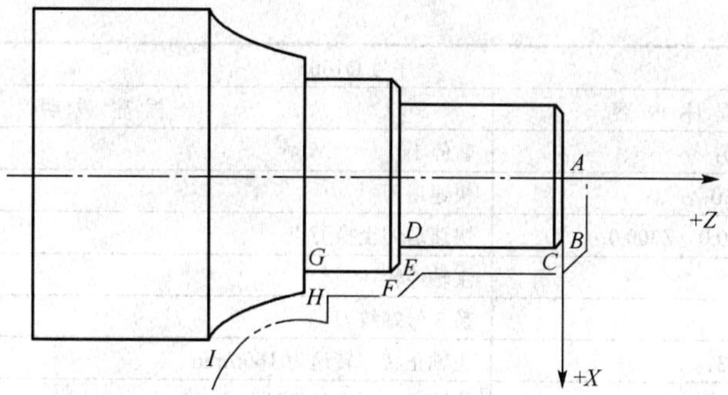

图 5-4　基点编号及走刀路线图

5.1.3.2　数控加工程序的编制

编制数控加工程序，见表 5-4 所示的程序清单。

表 5-4　程序清单

程序号 O1005		
程序段号	程 序 内 容	程 序 说 明
N0001	G40 G97 G98 G54 ；	程序初始设置
N0005	G00 X200 Z300;	刀具运动到初始点
N0010	T11;	调用 1 号外轮廓粗精车刀具
N0015	S500 M03;	主轴正转，转速为 500r/min,
N0020	G00 X75.0　Z5.0;	快速进刀至循环起点
N0025	G71 U1.5 R1.0;	粗车循环，背吃刀量 1.5mm，退刀量 1.0mm
N0030	G71 P35 Q90 U0.2 W0.2 F60;	精车路线为 N0035—N0090，*X* 向精车余量 0.2mm，*Z* 向精车余量 0.2mm
N0035	N35 G00 X0.0;	快速进刀
N0040	G01 G42 Z0.0 D01F30;	刀具右补偿，精加工轮廓起点 *A*
N0045	X25.65;	车端面至螺纹倒角起点 *B*
N0050	X29.65；Z–2.0;	车螺纹倒角至 *C*
N0055	Z–35.0;	车削螺纹外圆至 *D*
N0060	X36.0;	车至ϕ40 外圆倒角起点 *E*
N0065	X40.0　Z37.0;	车至ϕ40 外圆倒角点 *F*
N0070	Z–55.0;	车至点 *G*
N0075	X50.0;	车至点 *H*
N0080	G02 X70.0 Z–75.0 R25.0;	车削 *R*25 圆弧至 I 点
N0085	X75.0;	*X* 向退刀
N0090	N90 G01 G40 G80.0;	取消刀补
N0095	G00 X200.0　Z300.0;	快速退刀至换刀点
N0100	M05;	主轴停转
N0105	S800 M03;	主轴正转，转速为 800r/min
N0110	G00 X75.0　Z5.0;	快速进刀至循环起点
N0115	G70 P35 Q90;	精车循环
N0120	G00 X200.0　Z300.0;	快速退刀至换刀点
N0125	M05;	主轴停转
N0130	T22;	换 2 号切槽刀
N0135	S200 M03;	主轴正转，转速为 200r/min
N0140	G00 X50.0　Z–35.0;	快速进刀至切槽起点
N0145	G01 X26.0 F15;	切至槽底

续表

程序号 O1005		
程序段号	程 序 内 容	程 序 说 明
N0150	G04 X1.0;	暂停 1s
N0155	G00 X50.0;	快速退刀
N0160	G00 X200.0　Z300.0;	快速退刀至换刀点
N0165	M05;	主轴停转
N0170	T33;	换 3 号螺纹刀
N0175	S160 M03;	主轴正转，转速为 160r/min
N0180	G00 X35.0　Z5.0;	快速进刀至螺纹循环起点
N0185	G92 X28.5 Z–32.0 F3.5;	螺纹切削循环第一刀，切深 1.5mm，螺距 3.5mm
N0190	X27.8;	螺纹切削循环第二刀，切深 0.7mm
N0195	X27.2;	螺纹切削循环第三刀，切深 0.6mm
N0200	X26.6;	螺纹切削循环第四刀，切深 0.6mm
N0205	X26.2;	螺纹切削循环第五刀，切深 0.4mm
N0210	X25.8;	螺纹切削循环第六刀，切深 0.4mm
N0215	X25.6;	螺纹切削循环第七刀，切深 0.2mm
N0220	X25.45;	螺纹切削循环第八刀，切深 0.15mm
N0225	X25.45;	螺纹切削循环第九刀，光一刀
N0230	G28 X200.0　Z100.0;	刀具返回参考点
N0235	M05;	主轴停转
N0240	M30	程序结束

5.1.4　零件的数控加工

（1）机床的开机　机床在开机前，应先进行机床的开机前检查。一切没有问题之后，先打开机床总电源，然后打开控制系统电源。在显示屏上应出现机床的初始位置坐标。检查操作面板上的各指示灯是否正常，各按钮、开关是否处于正确位置；显示屏上是否有报警显示，若有问题应及时予以处理；若一切正常，就可以进行下面的操作（具体的开机操作过程参考 4.2.1 节）。

（2）回参考点操作　开机正常之后，机床应首先进行手动回零操作（具体操作过程参考 4.2.2.1 节）。

（3）工件的装夹　用扳手拧动三爪卡盘，将已准备好的棒料毛坯放入卡盘中拧紧，启动机床进行工件找正然后将其锁紧。手动平端面，车外圆见光。零件掉头安装，参考图 5-2 所示。

（4）刀具的安装　参考图 5-3 所示的位置安装刀具，注意要求刀具的刀尖与机床主轴等高，按照尾座上安装的顶尖来找正刀具的安装高度。

（5）加工程序输入　将 O1005 程序输入数控系统（具体操作过程参考 4.2.3 节）。

（6）刀具参数设置（对刀）　选择 1 号刀具为基准刀具，按照 4.3.3 节的叙述过程进行对刀操作，将各把刀具的对刀数值输入到相应的位置中，具体刀偏量如下。

1 号刀具：对刀数值存储在 G54 中，其中 $X=-244.298$，$Z=-714.376$。

2 号刀具：对刀数值存储在形状补正窗口中，其中 $X=2.822$，$Z=-12.398$。

3 号刀具：对刀数值存储在形状补正窗口中，其中 $X=7.662$，$Z=-0.670$。

（7）程序试运行　按照 4.2.5.2 节的过程进行试运行，如加工有错，则修改程序，直到程序正确为止。

（8）自动加工　按照 4.2.5.1 节的过程进行零件的自动运行加工。

（9）加工完毕后　取下工件，清洁机床。

5.2　套类零件的编程与加工

5.2.1　零件图纸及加工要求

在数控车床上加工如图 5-5 所示套类零件，材料为 45 钢，要求用手工编程编制零件的数控加工程序并在 CK6142 车床上加工该零件。

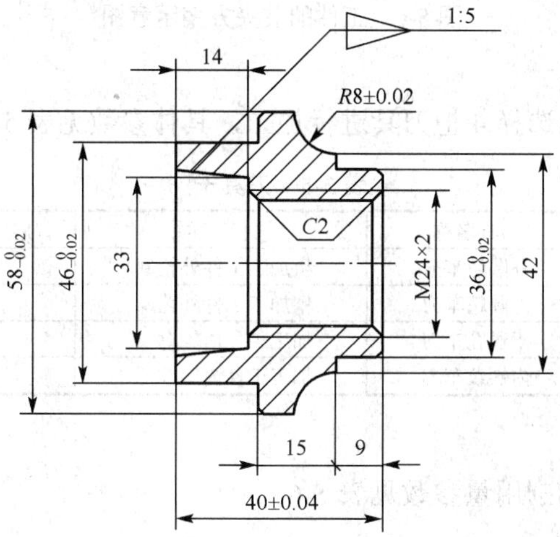

图 5-5　套类零件

5.2.2　工艺分析

5.2.2.1　零件图分析

分析图 5-5，可以看出该零件主要由外圆柱面、圆弧面、内锥面、内螺纹、倒角等几种表面组成，且零件精度要求不高，满足数控 CK6142 型车床的加工范围，因此采用 CK6142 型数控车床进行加工。因为零件最大直径尺寸为 $\phi58_{-0.02}^{\ 0}$，长度尺寸为 40 ± 0.04，因此毛坯尺寸选择为 $\phi65 \times 50$ 的短棒料。由于加工过程中余量较大，故将加工过程划分为粗加工阶段和精加工阶段，编程时采用固定循环指令 G71 和 G70。

5.2.2.2　加工路线的确定

根据轴类零件的加工工艺，安排其工艺路线如下：

① 装夹工件并注意装夹长度，手动钻孔、扩孔、车端面、扩孔直径为 ϕ20mm；

② 采用外圆粗、精车循环指令加工左端外形轮廓，保证尺寸 $\phi58_{-0.02}^{\ 0}$ 和 $\phi46_{-0.02}^{\ 0}$；

③ 采用内孔粗、精车循环指令加工内锥面；

④ 掉头装夹于 ϕ46 直径处，采用外圆粗、精车循环指令加工右端外形轮廓；

⑤ 加工内螺纹，并用止通规检查。

5.2.2.3　装夹方案的确定

工件采用三爪自定心卡盘进行定位与夹紧。由于需要掉头加工，因此需要装夹两次，并且工件装夹时的夹紧力要适中，既要防止工件的变形与夹伤，又要防止工件在加工过程中产生松动。装夹方案如图 5-6 所示。

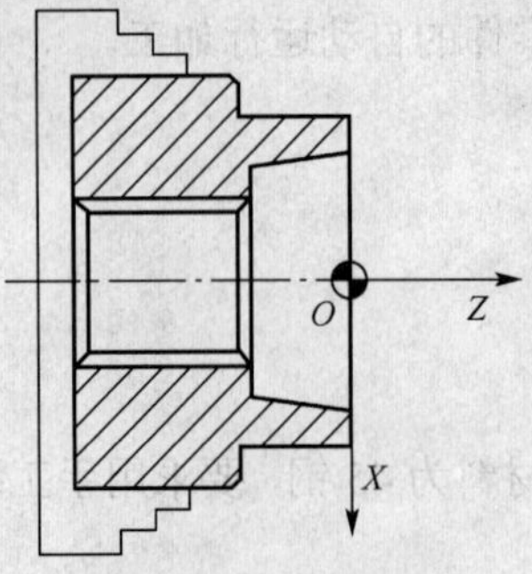

（a）加工左轮廓装夹示意图

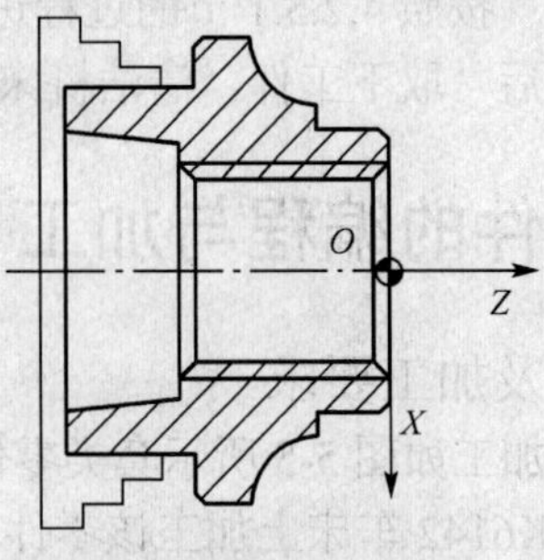

（b）加工右轮廓装夹示意图

图 5-6　工件的装夹方案示意图

5.2.2.4　刀具的选择

根据零件的加工表面选择 4 把刀具进行加工，具体参数见表 5-5。

表 5-5　刀具卡

序号	刀具号	刀具名称	加工表面	刀尖半径 *R*/mm	刀尖方位 T
1	T01	外圆粗车刀	粗加工工件外轮廓	0.8	3
2	T02	外圆精车刀	精加工工件外轮廓	0.2	3
3	T03	不通孔车刀	加工工件内轮廓	0.4	2
4	T04	内螺纹车刀	加工工件内螺纹	0.2	2

5.2.2.5　切削用量的确定

各把刀具切削时的切削用量参数见表 5-6。

表 5-6　刀具切削用量表

序号	刀具号	刀具名称	加工表面	主轴转速 n/(r/min)	进给量 f /(mm/min)	背吃刀 a_p/mm
1	T01	外圆粗车刀	粗加工工件外形轮廓	600	200	1.0
2	T02	外圆精车刀	精加工工件外形轮廓	1500	80	刀宽
3	T03	不通孔车刀	加工工件内轮廓	800	150	1.0
4	T04	内螺纹车刀	加工件工件内螺纹	500	2	分层

5.2.3　基点坐标的计算及加工程序的编制

5.2.3.1　基点坐标的计算

根据零件图形，计算编程过程中所用的基点坐标数值，并画出刀具点位图。加工零件左端时基点编号及走刀路线如图 5-7 所示，基点坐标见表 5-7。加工零件右端时基点编号及走刀路线如图 5-8 所示，基点坐标见表 5-8。

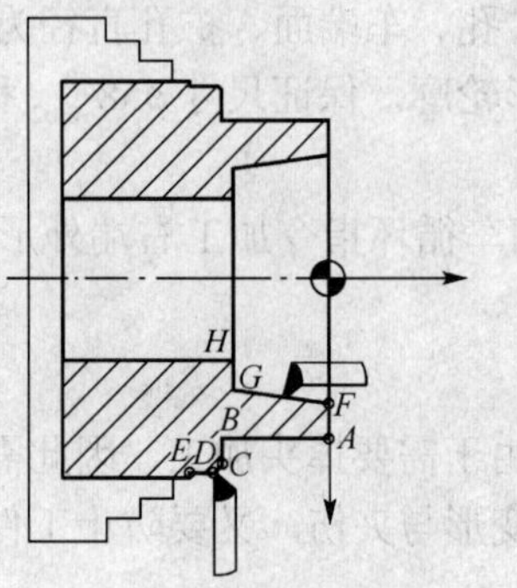

图 5-7　加工左端刀具轨迹

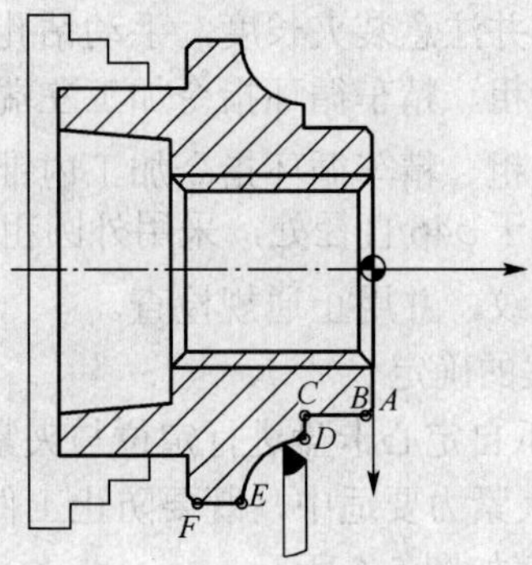

图 5-8　加工右端刀具轨迹

表 5-7　基点坐标值

序号	基点号	X 坐标值	Z 坐标值	序号	基点号	X 坐标值	Z 坐标值
1	A	46	0	5	E	58	–25
2	B	46	–16	6	F	35.8	0
3	C	56	–16	7	G	33	–14
4	D	58	–17	8	H	22	–14

表 5-8　基点坐标值

序号	基点号	X 坐标值	Z 坐标值	序号	基点号	X 坐标值	Z 坐标值
1	A	34	0	4	D	42	–9
2	B	36	–1	5	E	58	–17
3	C	36	–9	6	F	58	–23

5.2.3.2　数控加工程序的编制

编制数控加工程序，左端的加工程序见表 5-9，右端的加工程序见表 5-10。

表 5-9　左端加工程序清单

程序号 O100		
程序段号	程 序 内 容	程 序 说 明
N0001	G97 G99 G17 G21 G54 ；	程序初始设置
N0005	G00 G42 X68.0 Z2.0 D01；	快速进刀至循环起点并建立刀具补偿
N0010	T11；	调用 1 号外轮廓粗精车刀具
N0015	S500 M03；	主轴正转，转速为 500r/min
N0020	M08；	打开冷却液
N0025	G71 U1.5 R1.0；	粗车循环，背吃刀量 1.5mm，退刀量 1.0mm
N0030	G71P35 Q60 U0.5 W0.1 F0.2；	精车路线为 N0035—N0090，X 向精车余量 0.5mm，Z 向精车余量 0.1mm
N0035	G01 X46.0 F0.1；	快速进刀
N0040	Z–16.0；	加工轮廓点 B
N0045	X56.0；	车端面至点 C
N0050	X58.0；Z–17.0；	车倒角至 D
N0055	Z–25.0；	车削外圆至 E
N0060	X66.0；	退刀
N0065	G00 G40 X100.0 Z100.0；	快速退刀并取消刀补
N0070	M05；	主轴停转
N0075	T22；	换 2 号精车刀具
N0080	S1000 M03；	主轴正转，转速为 1000r/min
N0085	G00 G42 X68.0 Z2.0D2；	快速进刀至循环起点并建立刀补
N0090	G70 P35 Q60；	精车循环
N0095	G00 G40 X100.0 Z100.0；	快速退刀并取消刀补
N0100	M05；	主轴停转
N0105	T33；	换 3 号内孔车刀
N0110	G00 G41X18.0 Z2.0 D3；	快速进刀至循环起点并建立刀补
N0115	S600 M03；	主轴正转，转速为 600r/min
N0120	G71 U2.0 R1.0；	车削循环
N0125	G71P130 Q140 U0. W0. F0.2；	
N0130	G01 X35.8 F0.1；	到达切削起点
N0135	X33.0 Z–14.0；	车内锥面
N0140	X20.0；	车端面

续表

程序号 O100		
程序段号	程 序 内 容	程 序 说 明
N0145	G00 Z100.0	退刀并取消刀补
N0150	G40 X200.0	
N0155	M05;	主轴停转
N0160	M30	程序结束

表 5-10　右端加工程序清单

程序号 O200		
程序段号	程 序 内 容	程 序 说 明
N0001	G97 G99 G17 G21 G54 ;	程序初始设置
N0005	G00 G42 X68.0 Z2.0 D01;	快速进刀至循环起点并建立刀具补偿
N0010	T11;	调用 1 号外轮廓粗精车刀具
N0015	S500 M03;	主轴正转，转速为 500r/min
N0020	M08;	打开冷却液
N0025	G71 U1.5 R1.0;	粗车循环，背吃刀量 1.5mm，退刀量 1.0mm
N0030	G71P35 Q60 U0.5 W0.1 F0.2;	精车路线为 N0035—N0090，*X* 向精车余量 0.5mm，*Z* 向精车余量 0.1mm
N0035	G01 X30.0 Z2.0 F0.1;	到达倒角延长线上
N0040	X36.0 Z–1.0;	切削倒角至 *B* 点
N0045	Z–9.0;	切削外圆至 *C* 点
N0050	X42.0;	切削端面至 *D* 点
N0055	G02 X58.0 Z–17.0 R8.0;	切削圆弧至 *E* 点
N0060	G01 Z–23.0;	切削外圆至 *F* 点
N0065	G00 G40 X100.0 Z100.0;	退刀取消刀补
N0070	M05;	主轴停转
N0075	T22;	换 2 号精车刀具
N0080	S1000 M03;	主轴正转，转速为 1000r/min
N0085	G00 G42 X68.0 Z2.0 D02;	快速进刀至循环起点并建立刀具补偿
N0090	G70 P35 Q60;	精车循环
N0095	G00 G40 X100.0 Z100.0;	快速退刀并取消刀补
N0100	M05;	主轴停转
N0105	T33;	换 3 号内孔车刀
N0110	G00 X24.2 Z2.0;	快速进刀切削起点
N0115	S600 M03;	主轴正转，转速为 600r/min
N0120	G01 Z–27.0　F0.1;	车削螺纹底孔
N0125	G00 X0.0;	*X* 方向退刀
N0130	Z100.0;	*Z* 方向退刀
N0135	G28 X100.0;	返回参考点
N0140	T44;	换 4 号螺纹刀
N0145	S450 M03;	主轴正转，转速为 450r/min
N0150	G00 X20.0 Z2.0;	到达螺纹切削起始点
N0155	G92 X24.9 Z–27.0 F2.0;	螺纹切削循环第一刀，切深 0.9mm
N0160	X25.5;	螺纹切削循环第二刀，切深 0.6mm
N0165	X26.1;	螺纹切削循环第三刀，切深 0.6mm
N0170	X26.5;	螺纹切削循环第四刀，切深 0.4mm
N0175	X26.6;	螺纹切削循环第五刀，切深 0.1mm
N0180	G28 X50.0 Z100.0;	回参考点
N0185	M05;	主轴停转
N0190	M30;	程序结束

5.2.4　零件的数控加工

加工过程参考 5.1.4 节。

思考与练习题

完成图 5-9 所示组合零件的加工。

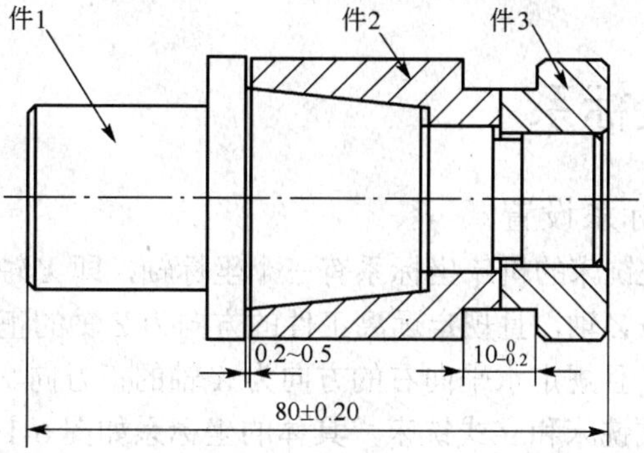

（a）组合零件

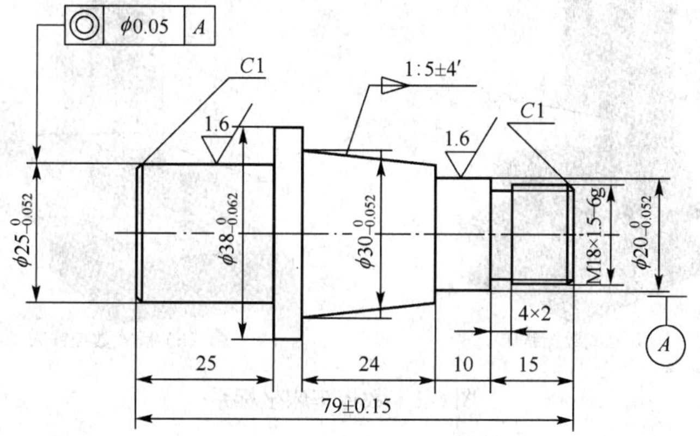

（b）零件 1

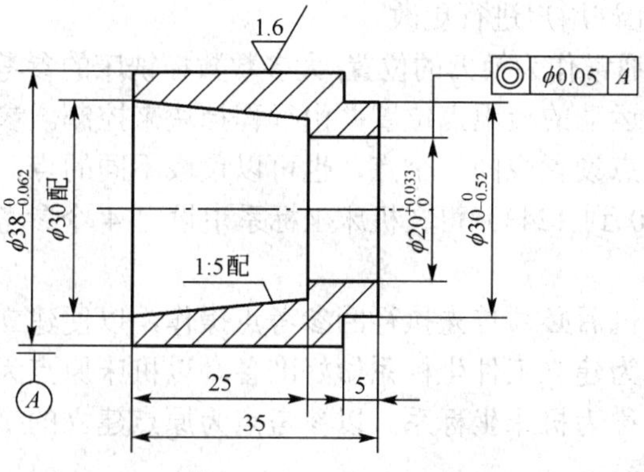

（c）零件 2

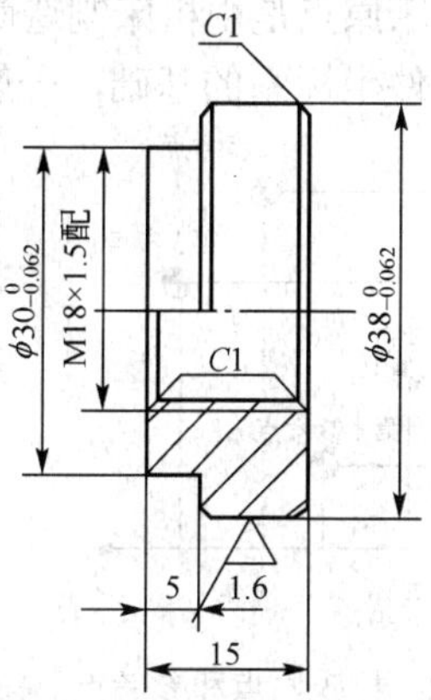

（d）零件 3

图 5-9　组合零件的加工

第 6 章　FANUC 系统数控铣床与加工中心编程

6.1　数控铣床坐标系

6.1.1　数控铣床的坐标系设置

一般说来，简单数控铣床的机床坐标系有三个坐标轴，即 X 轴、Y 轴和 Z 轴。其中与机床主轴轴线平行的方向为 Z 轴，且规定远离工件的方向为 Z 轴的正方向。在水平面内与主轴轴线垂直的方向为 X 轴，且规定水平向右的方向为 X 轴的正方向。Y 轴方向根据右手法则来确定。数控铣床分为卧式铣床和立式铣床，具体的坐标系如图 6-1 所示。

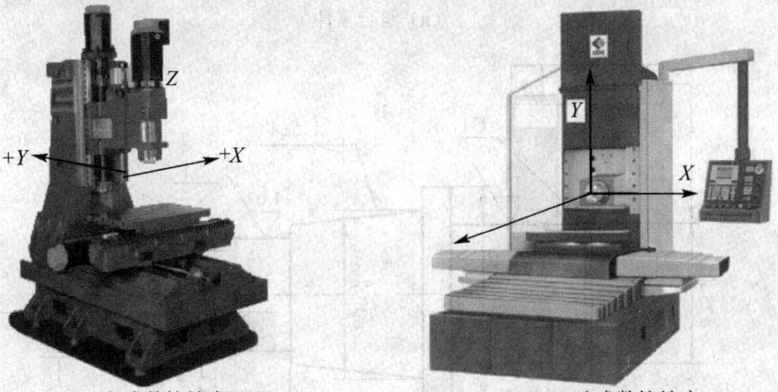

（a）立式数控铣床　　（b）卧式数控铣床

图 6-1　数控车床坐标系

6.1.2　机床原点、参考点、机床坐标系、参考坐标系

机床原点是由机床制造商在机床上设置的一个固定点，是机床制造和调整的基础，也是设置工件坐标系的基础，一般情况下不允许用户进行更改。

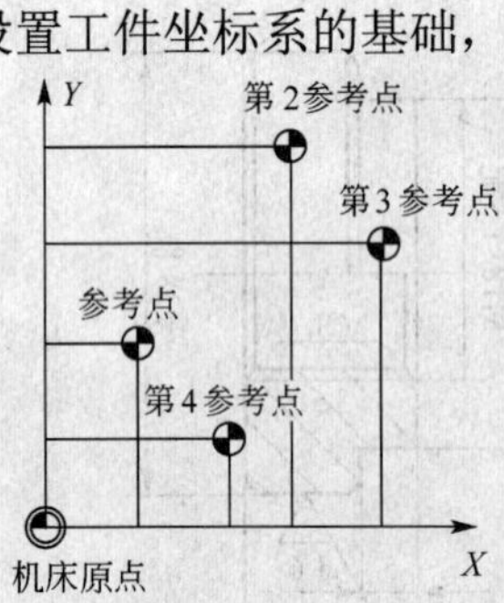

图 6-2　机床原点和参考点

参考点通常作为换刀的位置，大多数数控铣床的参考点设在工作台正向运动的极限点位置并由行程挡块来控制。参考点可以与机床原点设置成同一个点，也可以设成不同的点，使用参数（No.1240 到 1243）可在机床坐标系中设定 4 个参考点，如图 6-2 所示。

机床开机后必须首先执行回参考点操作，以便建立机床坐标系，从而为建立工件坐标系做好准备。以机床原点为原点建立的坐标系称为机床坐标系。以参考点为原点建立的坐标系称为参考坐标系。

6.1.3　工件坐标系与工件原点、编程原点

对于不同的零件，为了编程方便，需要根据零件图样在零件上建立的一个坐标系，该坐标系称为工件坐标系，也称为编程坐标系。工件坐标系的坐标方向与机床坐标系方向相同。

工件坐标系的建立通常是通过对刀操作将机床坐标系平移，然后将工件坐标系相对于机床坐标系的偏置量用 MDI 方式输入到机床的存储器内来设置。一般来说机床可以预先存储 6 个工件坐标系的偏置量（G54～G59），在程序中可以分别选取使用即可，如图 6-3 所示。

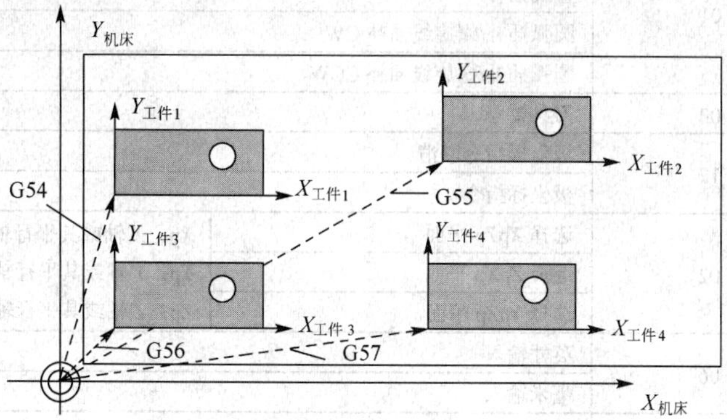

图 6-3 工件坐标系

工件坐标系的原点就是工件原点。工件原点通常选在工件图样的设计基准上以减少计算工作量。在实际应用中，为了对刀和编程方便，工件原点通常选择在零件上表面上。并且对于形状对称的工件，原点设在几何中心处；对于一般零件，原点设在某一角点上，如图 6-4 所示。

另外为了编程方便，常常在图纸上选择一个适当位置作为程序原点，也叫编程原点或程序零点。对于简单零件，工件原点就是程序零点，这时的编程坐标系就是工件坐标系。对于形状复杂的零件，需要编制几个程序或子程序，为了编程方便和减少许多坐标值的计算，编程零点就不一定设在工件零点上，而设在便于程序编制的位置，如图 6-5 所示。

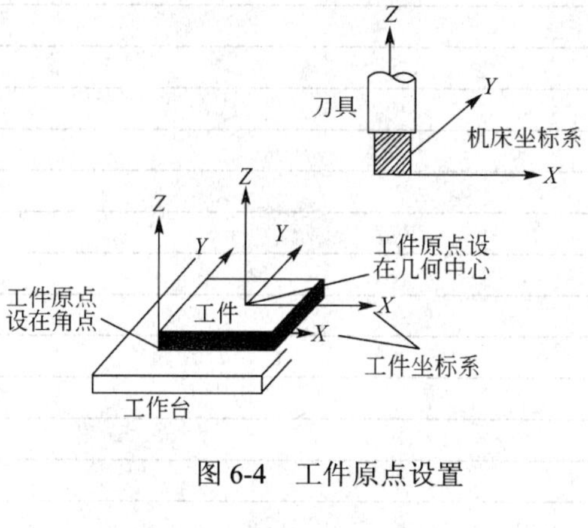

图 6-4 工件原点设置

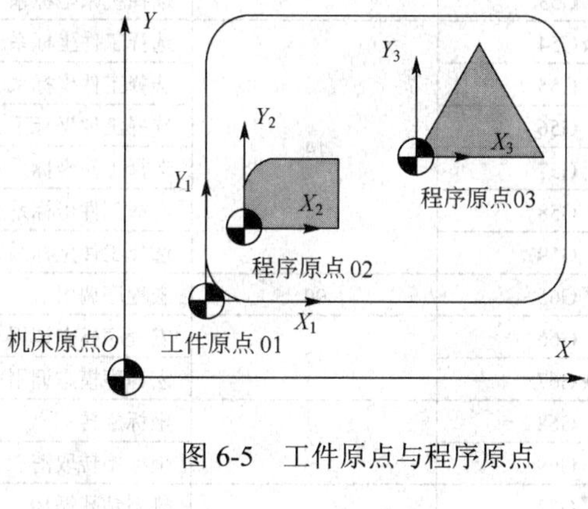

图 6-5 工件原点与程序原点

6.2 数控系统主要编程功能

6.2.1 准备功能（G 代码）

与数控车床相同，准备功能又称为 G 功能，分为模态代码和非模态代码两种。常见的数控铣床准备功能代码见表 6-1。

表 6-1 准备功能 G 代码

G 代码	组	功能	
★G00	01	定位	
★G01		直线插补	
G02		圆弧插补/螺旋线插补 CW	
G03		圆弧插补/螺旋线插补 CCW	
◤G04	00	刀具暂停	
G15	17	极坐标指令取消	
G16		极坐标指令	
★G17	02	选择 $XpYp$ 平面	Xp：X 轴或其平行轴
G18		选择 $ZpXp$ 平面	Yp：Y 轴或其平行轴
G19		选择 $YpZp$ 平面	Zp：Z 轴或其平行轴
G20	06	英寸输入	
G21		毫米输入	
◤G27	00	返回参考点检查	
◤G28		返回参考点	
★G40	07	刀具半径补偿取消/三维补偿取消	
G41		左侧刀具半径补偿/三维补偿	
G42		右侧刀具半径补偿	
G43	08	正向刀具长度补偿	
G44		负向刀具长度补偿	
★G49		刀具长度补偿取消	
G50	11	比例缩放取消	
G51		比例缩放有效	
G50.1	22	可编程镜像取消	
G51.1		可编程镜像有效	
◤G52	00	局部坐标系设定	
◤G53		选择机床坐标系	
★G54	14	选择工件坐标系 1	
G55		选择工件坐标系 2	
G56		选择工件坐标系 3	
G57		选择工件坐标系 4	
G58		选择工件坐标系 5	
G59		选择工件坐标系 6	
◤G65	00	宏程序调用	
G66	12	宏程序模态调用	
★G67		宏程序模态调用取消	
G68	16	坐标旋转	
G69		坐标旋转取消	
◤G73	09	排屑钻孔循环	
G74		左旋攻丝循环	
G76		精镗循环	
★G80		固定循环取消/外部操作功能取消	
G81		钻孔循环、锪镗循环或外部操作功能	
G82		钻孔循环或反镗循环	
G83		排屑钻孔循环	
G84		攻丝循环	
G85		镗孔循环	

续表

G 代码	组	功能
G86	09	镗孔循环
G87		背镗循环
G88		镗孔循环
G89		镗孔循环
★G90	03	绝对值编程
G91		增量值编程
G92	00	设定工件坐标系
G94	05	每分进给
G95		每转进给
G96	13	恒定线速度
★G97		恒定角速度
★G98	10	固定循环返回到初始点
G99		固定循环返回到 R 点

注：◤表示此指令为非模态 G 代码，★表示此指令为开机默认代码。

6.2.2　主轴速度功能（S 功能）

主轴速度功能也称为 S 功能，用来指定主轴的速度。S 功能由地址码 S 加数字组成，数字表示主轴转速的大小，速度单位可以为 m/min 或 r/min。一个程序段只能包含一个 S 代码。

6.2.2.1　直接指定主轴速度值（G97）

格式：（G97）S__；

G97 指令用于直接给主轴设定转速，S 的单位为 r/min。

例：G97 S800 M03；表示主轴转速为 800 r/min。

6.2.2.2　设定主轴线速度恒定指令（G96）

格式：（G96）S__；

G96 指令用来给主轴设定恒线速度切削，S 的单位为 m/min。

例：G96 S120 M03；表示主轴速度为 120 m/min。

6.2.3　进给功能（F 功能)

进给功能也称为 F 功能，用来指定刀具相对于工件运动的速度。F 指令由地址码 F 加数字组成，数字表示进给速度的大小。进给速度的单位由 G94 和 G95 指令来设置。

G94：表示每分钟进给量，单位为 in/min 或 mm/min。

G95：表示每转进给量，单位为 in/r 或 mm/r。

6.2.4　辅助功能（M 代码）

与数控车床编程相同，辅助功能又称为 M 功能，由地址码 M 加两位数字组成。常见的辅助功能指令见表 6-2。

表 6-2　辅助功能 M 指令

代码	功能类别	功能	代码	功能类别	功能
M00	表示程序停止或暂停的功能指令	程序暂停	M08	启动与关闭冷却液的功能指令	打开冷却液
M01		程序选择停止	M09		关闭冷却液
M02		程序结束，光标不复位	M03	表示主轴转向或停止的功能指令	主轴正转
M30		程序结束，光标复位	M04		主轴反转
M98	子程序功能指令	子程序调用	M05		主轴停转
M99		子程序结束	M06	换刀指令	更换刀具

6.3 数控铣床编程指令

6.3.1 坐标系设定指令

6.3.1.1 设定工件坐标系指令（G92）

(1) 格式 G92 X__Y__Z__；

式中 X__Y__Z__——刀尖起始点距离工件原点在 *X*、*Y*、*Z* 方向的距离，如图 6-6 所示。

通过设定刀具起点与坐标系原点的相对位置确定当前工件坐标系。

(2) 说明

① 执行此程序段只建立工件坐标系，刀具并不产生运动，且刀具必须放在程序要求的位置上；

② 该坐标系在机床重新开机时消失，是临时的坐标系。

(3) 举例 如图 6-6 所示，用 G92 指令建立工件坐标系。指令为 G92 X60.0 Y60.0 Z50.0；

6.3.1.2 选择工件坐标系指令（G54～G59）

(1) 格式 G54（G55、G56、G57、G58、G59）

G54～G59 指令通过用 MDI 方式输入各工件坐标系的坐标原点在机床坐标系中的坐标值来建立工件坐标系，如图 6-7 所示。

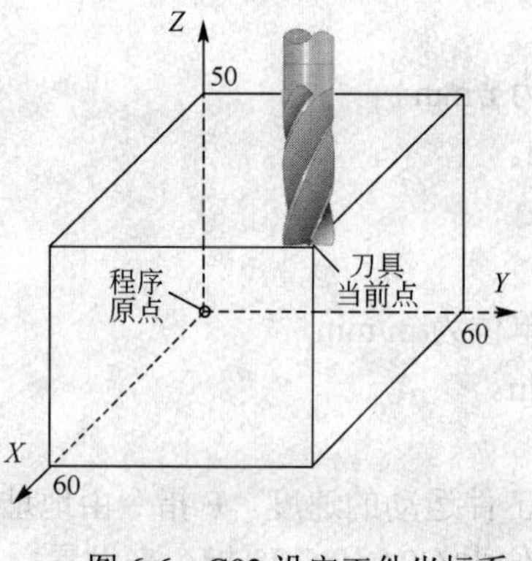

图 6-6 G92 设定工件坐标系

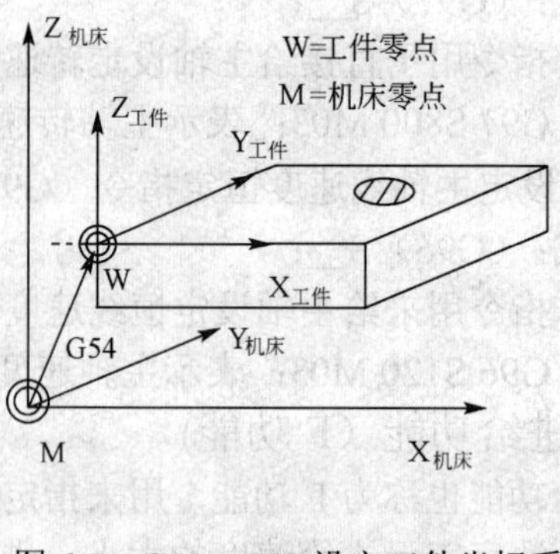

图 6-7 G54～G59 设定工件坐标系

(2) 说明

① 该组指令为模态指令，可相互注销；

② 通过使用 G54～G59 命令，最多可设置六个工件坐标系（1～6），在接通电源和完成了原点返回后，系统自动选择工件坐标系 1(G54)；

③ 该坐标系一旦建立就一直存在，机床关机后也不消失，直到建立新的坐标系将其替代为止。

(3) 举例 如图 6-8 所示，依次加工 1、2、3 三个孔。其中孔 1 在工件坐标系 1(G54)中的坐标为（30，20），孔 2 在工件坐标系 2（G55）中的坐标为（40，30），孔 3 在工件坐标系 3（G56）中的坐标为（30，17）。

6.3.1.3 选择机床坐标系（G53）

(1) 格式 （G90）G53 X__Y__Z__；

G53 指令使刀具快速移动到机床坐标系中的 X__Y__Z 位置。

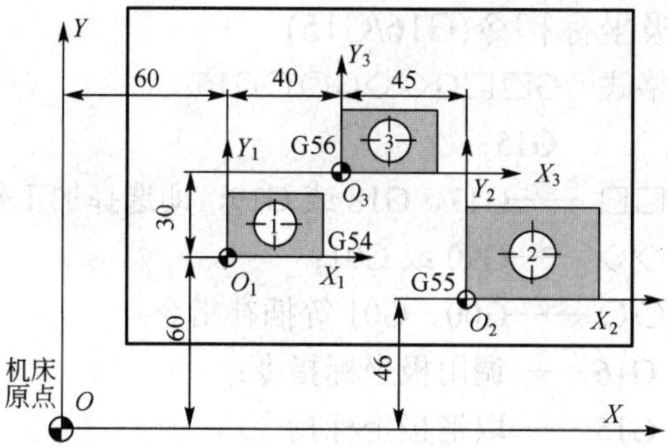

加工过程为：

G54 G00 X30.0 Y20.0；（钻孔 1）

G55 G00 X40.0 Y30.0；（钻孔 2）

G56 G00 X30.0 Y17.0；（钻孔 3）

图 6-8　G54～G59 指令举例

(2) 说明

① G53 指令为非模态命令，仅仅在程序段里有效。

② G53 指令在绝对坐标方式(G90)下有效，在增量坐标方式时(G91)无效。

③ 刀具半径偏置和刀具长度偏置应当在 G53 指令调用之前提前取消。

④ 执行 G53 指令之前，必须手动或者用 G28 命令让机床返回参考点。这是因为机床坐标系必须在 G53 命令发出之前设定，当指定机床坐标系上的位置时，刀具快速移动到该位置。

6.3.2　绝对坐标编程指令和相对坐标编程指令（G90、G91）

(1) 格式

G90 X__Y__Z__;

式中　X__Y__Z__——目标点的在坐标系中的绝对坐标值，只与原点有关。

G91 X__Y__Z__;

式中　X__Y__Z__——目标点的相对于前一点的坐标增量值，由前一点决定。

(2) 说明　G90 和 G91 为模态指令，可相互注销。

(3) 举例　如图 6-9 所示，要求刀具从 P_1 点快速移动到 P_2 点再移动到 P_3 点，用绝对坐标和相对坐标两种方式分别编程。

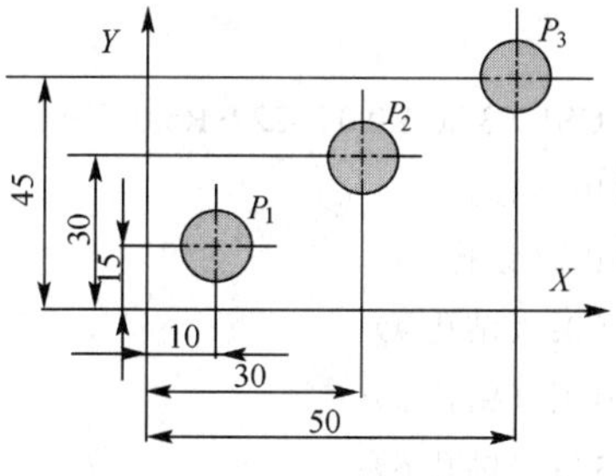

绝对坐标编程：

G90 G00 X10. Y15.;

G90 G00 X30. Y30.;

G90 G00 X50. Y45.;

相对坐标编程

G90 G00 X10. Y15.;

G91 G00 X20. Y15.;

G91 G00 X20. Y15.;

图 6-9　G90、G91 指令举例

6.3.3　选择平面指令(G17/G18/ G19)

格式　G17/G18/ G19

由于数控铣床有 *X*、*Y*、*Z* 三个坐标轴，因此有 *XY*、*XZ*、*YZ* 三个坐标平面。编程时根据轮廓所在的平面选择不同的平面。其中：G17 用于选择 *XY* 平面；G18 用于选择 *XZ* 平面；G19 用于选择 *YZ* 平面；如图 6-10 所示。

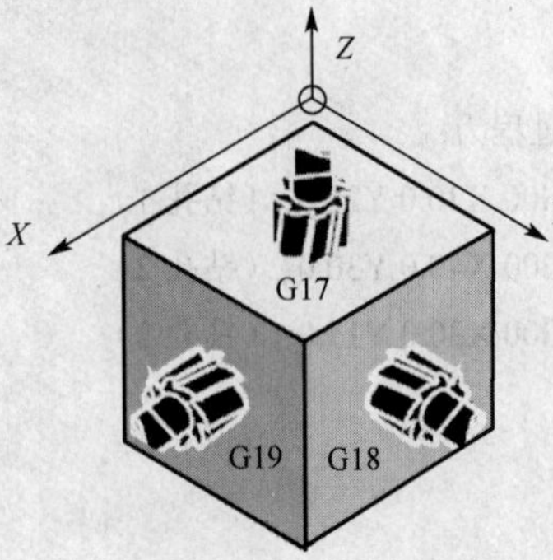

图 6-10　坐标平面的选择

6.3.4　极坐标指令(G16/G15)

(1) 格式　G□□G◇◇G○○G16；

G15；

式中　G□□ ——G17、G18 或 G19，即选择加工平面；

G◇◇ ——G90 或 G91；

G○○ ——G00、G01 等插补指令；

G16 ——调用极坐标指令；

G15 ——取消极坐标指令。

(2) 说明

① 当采用极坐标编程时，X 坐标值表示半径，Y 坐标值表示角度，如图 6-11 所示。

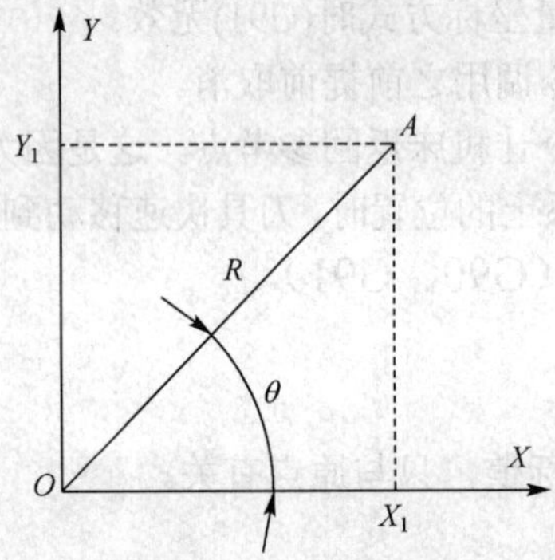

A 点的坐标（X，Y）：

用直角坐标表示则为（$X=X_1$，$Y=Y_1$）；

用极坐标表示则为（$X=R$，$Y=\theta$）

注：极角θ有正负之分，X 轴位置为 0°，逆时针方向为正，顺时针方向为负。

图 6-11　直角坐标与极坐标

② 当加工多边形轮廓或呈圆形阵列的孔时，采用极坐标编程简单。因为若采用直角坐标编程，坐标点的计算麻烦，并且坐标值可能为无理数。

(3) 举例　如图 6-12 所示，要求钻削ϕ70 圆周方向的 8 个ϕ15 的孔，用极坐标编写。

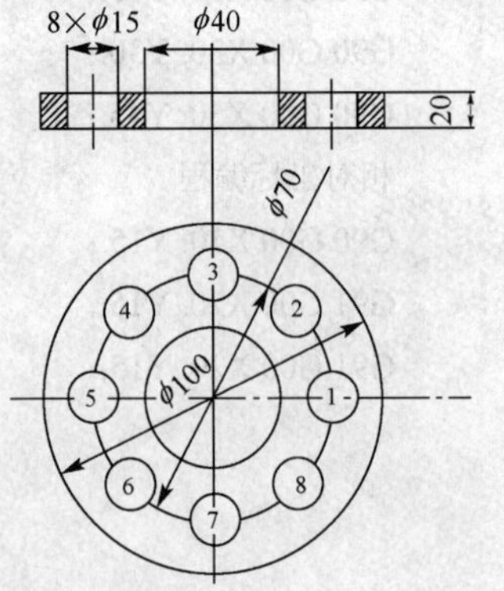

图 6-12　极坐标指令的应用

…

G16 G81 X35.0 Y0.0 Z-22.0 R5.0 F30；（钻孔 1）

Y45.0；（钻孔 2）

Y90.0；（钻孔 3）

Y135.0；（钻孔 4）

Y180.0；（钻孔 5）

Y225.0；（钻孔 6）

Y–90.0；（钻孔 7）

Y–45.0；（钻孔 8）

G15；（取消极坐标）

…

6.3.5　英制/公制转换指令（G20/G21）

与数控车编程完全相同：

格式　G20（英制尺寸，单位为英寸）

G21（公制尺寸，单位为毫米）

6.3.6　切削指令 G00、G01、G02、G03

6.3.6.1　快速定位（G00）

(1) 格式　G00 X_Y_Z_；

式中　X_Y_Z_——目标点的绝对坐标值或增量坐标值。

该命令把刀具从当前位置移动到命令指定的位置（在绝对坐标方式下），或者移动到某个距离处（在增量坐标方式下），如图 6-13 所示。

(2) 说明

① 刀具轨迹通常为折线，因此注意避免刀具与工件或机床发生碰撞；

② 以机床设定好的进给速度进行运动，不能通过编程 F 值改变，但可以通过机床面板上的倍率按钮进行调节；

③ 通常用于快速接近工件或退刀。

(3) 举例　如图 6-13 所示，刀具从 P_1 点快速定位至 P_2 点（–100，–100，65），程序指令为：

N10 G00 G90 X–100.0 Y–100.0 Z65.0；

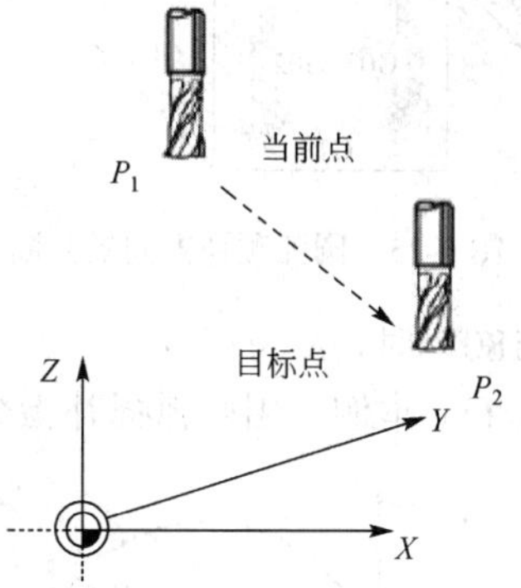

图 6-13　G00 快速移动指令

6.3.6.2　直线切削进给（G01）

(1) 格式　G01X_Y_Z_F_；

式中　X_Y_Z_——目标点的绝对坐标值或增量坐标值；

F_——切削时刀具的进给速度。

G01 指令将刀具以直线形式，按 F 代码指定的速率，从当前位置移动到程序要求的位置。

(2) 举例　如图 6-14 所示，刀具从 *A* 点沿直线切削至 *B* 点，编程语句为：

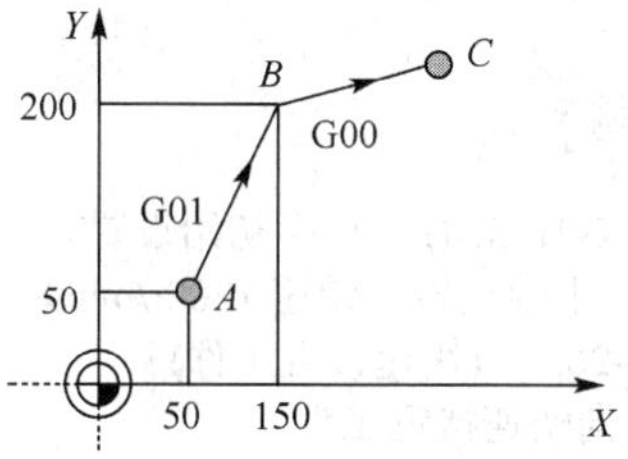

图 6-14　G01 直线插补

G01 G90 X150.0 Y200.0 F100；（绝对坐标形式）

G01 G91 X100.0 Y150.0 F100；（相对坐标形式）

6.3.6.3　圆弧切削指令（G02/G03）

(1) 格式

圆弧在 *XY* 平面内：G17 G02/G03 X__Y__R__F__；

G17 G02/G03 X__Y__I__J__F__；

圆弧在 *XZ* 平面内：G18 G02/G03 X__Z__R__F__；

G18 G02/G03 X__Z__I__K__F__；

圆弧在 *YZ* 平面内：G19 G02/G03 Y__Z__R__F__；

G19 G02/G03 Y__Z__J__K__F__;

式中　X、Y、Z——圆弧终点的坐标值；

I、J、K——圆心相对于圆弧起点 *X* 方向的坐标增量用 I 表示，*Y* 方向的坐标增量用 J 表示，*Z* 方向的坐标增量用 K 表示；

R——圆弧半径；

F——表示圆弧插补时刀具的进给速度。

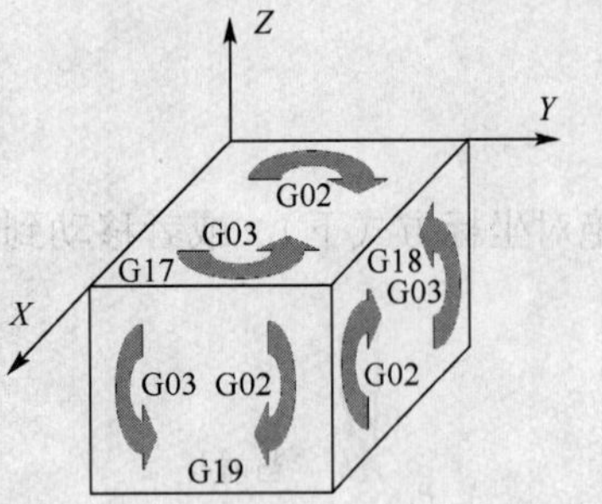

图 6-15　圆弧顺逆方向的判断

(2) 说明

① 刀具进行圆弧插补时，必须规定所在的平面，然后再确定回转方向。确定回转方向时，应沿着该平面的法线方向由正方向向负方向看，其中顺时针圆弧用 G02 表示，逆时针圆弧用 G03 表示（如图 6-15 所示）。

② 圆弧的圆心角大于或等于 180° 时，*R* 为负；小于 180° 时，*R* 为正。

(3) 举例　用圆弧插补指令编写图 6-16 所示圆弧程序。

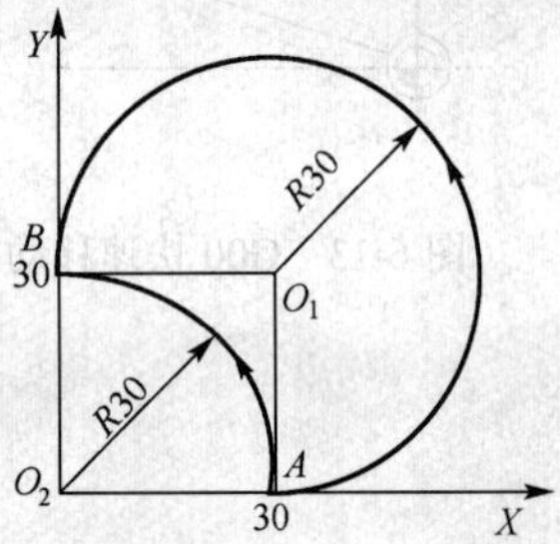

图 6-16　圆弧插补指令应用

圆心角<180°：

G90 G03 X0 Y30.0 R30.0 F80;

G90 G03 X0 Y30.0 I–30.0 J0.0 F80;

圆心角>180°：

G90 G03 X0 Y30.0 R–30.0 F80;

G90 G03 X0 Y30.0 I0.0 J30.0 F80;

例 6-1　用 G00、G01、G02/G03 等指令编制图 6-17 所示零件的数控加工程序，不考虑刀具尺寸的影响。

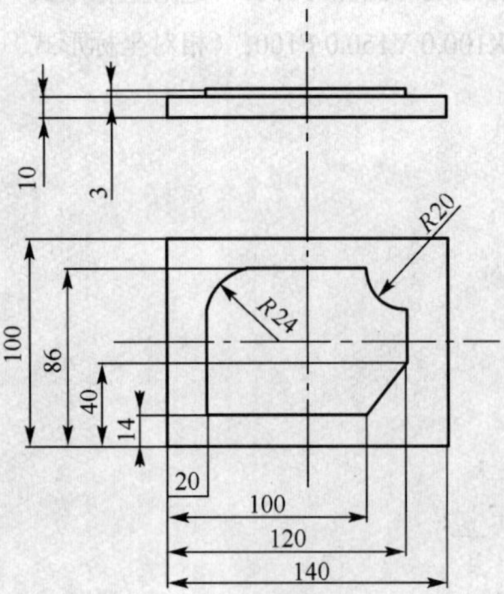

图 6-17　例 6-1 零件图

G90 G94 G17 G21 G54;（程序初始设置）
S1200 M03;（主轴正转，转速 1200r/min）
G00 X20.0 Y–20.0;（快速接近工件）
Z10.0;（*Z* 方向快速接近工件）
G01 Z–3.0 F60;（*Z* 方向下刀 3mm）
Y62.0;（切削直线）
G02 X44.0 Y86.0 R24.0;（切削 *R*24 圆弧）
G01 X100.0;（切削直线）
G03 X120.0 Y66.0 R20.0;（切削 *R*20 圆弧）
G01 Y40.0;（切削直线）
X100.0 Y14.0;（切削直线）
X0.0;（切削直线）
G00 Z100.0;（抬刀）
M05;（主轴停转）
M30;（程序结束）

6.3.7　自动原点返回 G28

(1) 格式　G28 X_ Y_ Z_；

G28 使刀具经过中间点返回机床参考点，X_ Y_ Z_为中间点的坐标值，如图 6-18 所示。

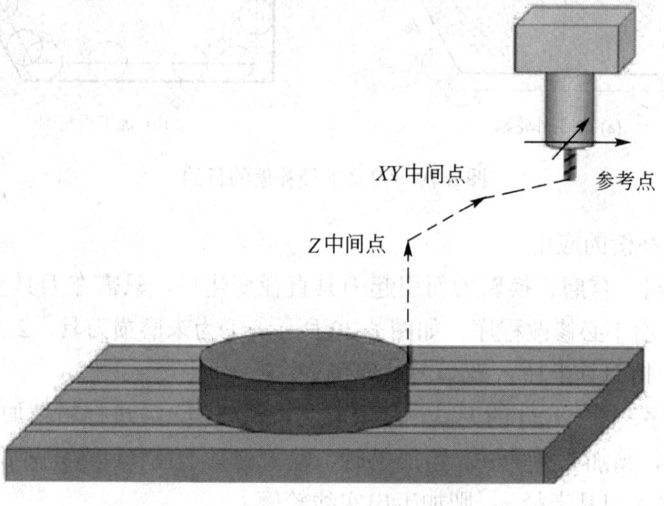

图 6-18　G28 指令返回参考点

(2) 说明

① 在使用上经常将 X_ Y_和 Z_分成两步来完成，即先用 G28 Z_提刀并回 Z 轴参考点位置，然后再用 G28 X_Y_回到 X、Y 方向的参考点。

② 绝对坐标方式（G90）编程时，X_ Y_ Z_为指定点在工件坐标系中的坐标；增量坐标方式（G91）编程时，X_ Y_ Z_为指令点相对于刀具当前点的位移量。

6.3.8　刀具半径补偿指令(G40/G41/G42)

6.3.8.1　刀具半径补偿的概念

刀具补偿功能是用来补偿刀具实际安装位置与理论编程位置之差的一种功能。刀具补偿通常有三种形式，即：刀具位置补偿、刀具半径补偿、刀具长度补偿。对于数控铣床来说，通常有刀具半径补偿和刀具长度补偿两种形式。其中刀具半径补偿就是将计算刀具中心轨迹的过程交由 CNC 系统执行，编程员假设刀具的半径为零，直接根据零件的轮廓形状进行编程，而实际的刀具半径则存放在一个可编程刀具半径偏置寄存器中，在加工过程中，CNC 系统根据零件程序和刀具半径自动计算刀具中心轨迹，完成对零件的加工。刀具半径补偿分为刀具半径左补偿和刀具半径右补偿两种。

6.3.8.2　刀具半径补偿的目的

铣削加工时，由于刀具半径的存在，刀具中心轨迹和工件轮廓不重合。如果按刀心轨迹编程（如图 6-19 所示的点画线），则计算复杂，且刀具磨损、重磨或更换后须重新计算刀心轨迹并修改程序，过程繁琐且不易保证加工精度。若使用刀具半径补偿功能时，只需按工件轮廓编程（如图 6-19 所示的粗实线），数控系统会自动计算刀心轨迹，使刀具自动偏离工件轮廓一个补偿值（刀具半径），据此来控制加工。

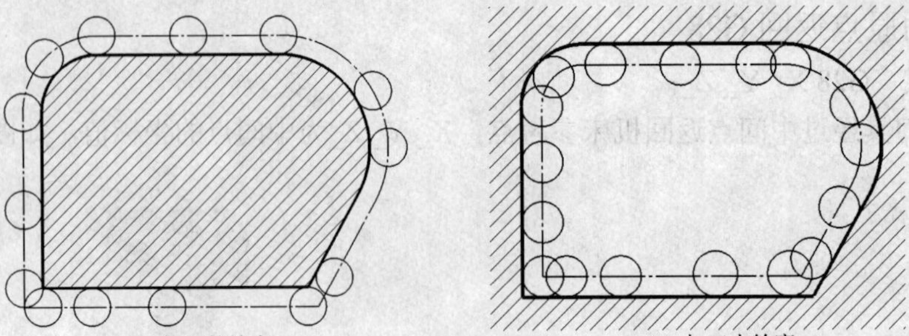
(a) 加工外轮廓　　(b) 加工内轮廓

图 6-19　刀具半径补偿的目的

6.3.8.3　刀具半径补偿的应用

① 刀具因磨损、重磨、换新刀而引起刀具直径变化后，只需在刀具参数设置中输入变化后的刀具直径，而不必修改程序。如图 6-20 所示，1 为未磨损刀具，2 为磨损后刀具，只需将刀具参数表中的刀具半径 r_1 改为 r_2，即可。

② 用同一程序、同一尺寸的刀具，利用刀具半径补偿，可进行粗精加工。 如图 6-21 所示，刀具半径为 r，精加工余量 Δ。粗加工时，输入刀具半径（$r+\Delta$)，则加工出细点画线轮廓；精加工时，输入刀具半径 r，则加工出实线轮廓。

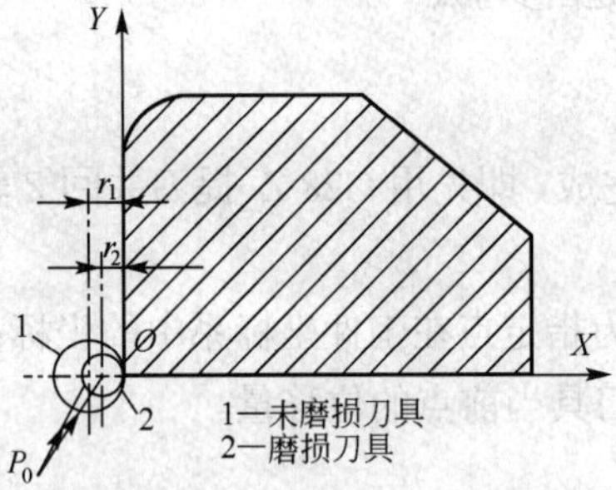

图 6-20　刀具尺寸变化应用半径补偿

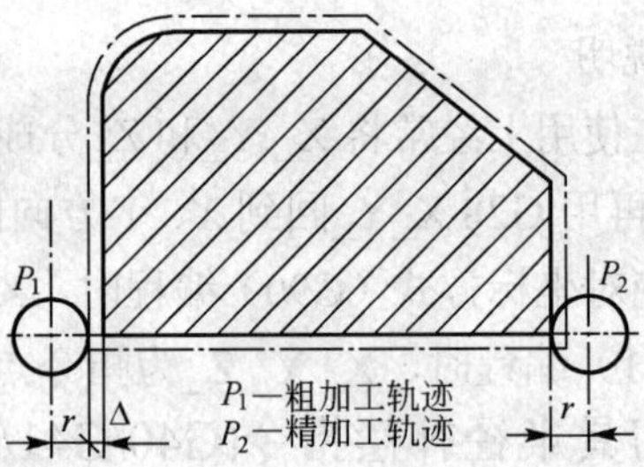

图 6-21　粗精加工应用半径补偿

6.3.8.4　刀具半径补偿指令的格式

G17 G41/G42 G00/G01 X__Y__D__；

G18 G41/G42 G00/G01 X__Z__D__；

G19 G41/G42 G00/G01 Y__Z__D__；

式中　G41——刀具半径左补偿；

G42——刀具半径右补偿；

G40——刀具半径补偿取消；

X__、Y__、Z__——刀具运动目标点的坐标值；

D__——存放刀具半径补偿值的地址。

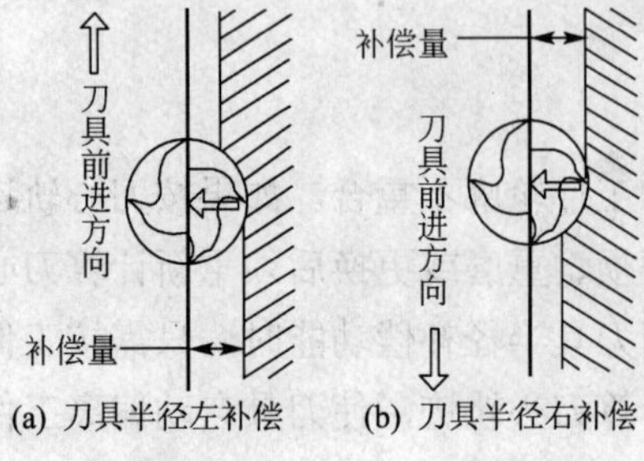

(a) 刀具半径左补偿　　(b) 刀具半径右补偿

图 6-22　刀具半径补偿方向

判断刀具半径补偿方向时，假设工件不动，沿刀具运动方向看，刀具在零件左侧为刀具半径左补偿，用 G41 表示；刀具在工件右侧为刀具半径右补偿，用 G42 表示，如图 6-22 所示。

6.3.8.5　刀具半径补偿的过程

刀具半径补偿的过程分为刀补建立、刀补执行、刀补取消三步来进行，如图 6-23 所示。其中刀补建立是指在刀具从起点接近工件时，刀心轨迹从与编程轨迹重合过渡到与编程轨迹偏离一个偏置量的过程；刀补执行是指刀具中心始终与编程轨迹相距一个偏置量直到刀补取消；刀补取消是指刀具离开工件，刀心轨迹要过渡到与编程轨迹重合的过程。

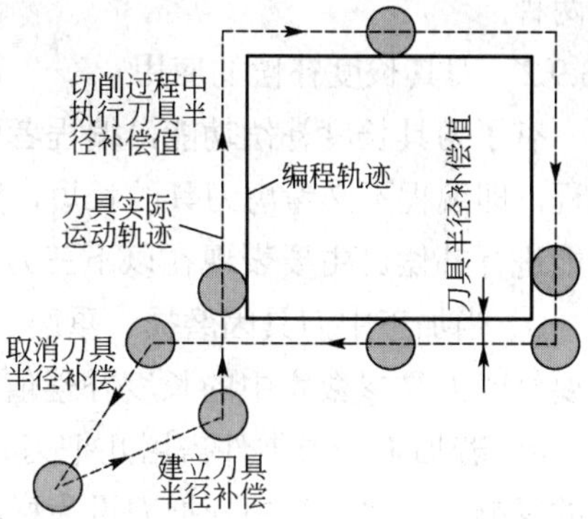

图 6-23　刀具半径补偿过程

6.3.8.6　刀具半径补偿功能特殊说明

① G40、G41、G42 为模态指令，可相互注销；

② G41、G42 指令必须与 G00 或 G01 指令同时使用才有效，与 G02 或 G03 指令同时使用无效；

③ G41、G42 不能重复使用，必须与 G40 成对使用；如使用 G41 指令后，必须用 G40 指令取消补偿后再使用 G42 指令；

④ 在使用 G41 或 G42 指令后的两个程序段之内，必须有所使用刀具半径补偿平面内的坐标移动指令，否则 G41 或 G42 指令会失效；

⑤ 切换刀具半径补偿平面必须在刀具半径补偿取消状态下。

6.3.8.7　刀具半径补偿功能举例

例 6-2　编制如图 6-24 所示零件在 *XY* 面的程序，要求考虑刀具半径补偿，刀具直径 $\phi 20$，以 *O* 点建立工件坐标系，按箭头所示路径移动。

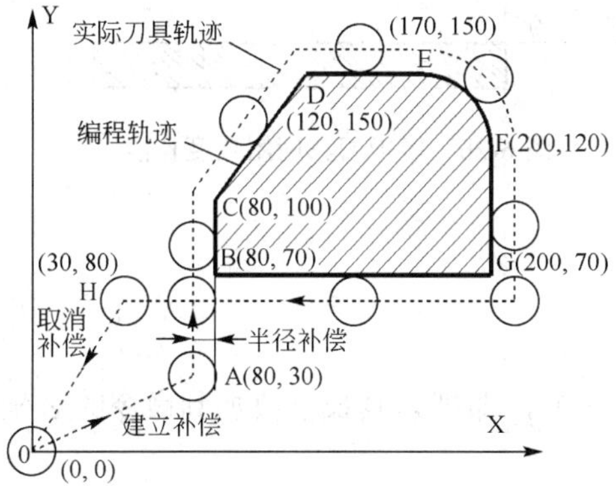

图 6-24　刀具半径补偿功能应用

G90 G94 G17 G21 G54；（程序初始设置）

G00 X0 Y0；（快速定位到 *O* 点）

S800 M03；（主轴正转，转速为 800r/min）

G00G41 X80.0 Y30.0 D01；（快速运动至 *A*，并建立刀具半径左补偿）

G01 Y100.0 F100；（沿直线切削至 *C*）

X120.0 Y150.0；（沿直线切削至 *D*）

X170.0；（沿直线切削至 *E*）

G02 X200.0 Y120.0 R30.0；（切削圆弧至 *F*）

G01 Y70.0；（沿直线切削至 *G*）

X30.0；（沿直线切削至 *H*）

G40 G00 X0 Y0；（快速运动至 *O*，并取消刀具半径补偿）

M05；（主轴停转）

M30；（程序结束）

6.3.9　刀具长度补偿指令（G43/G44/G49）

6.3.9.1　刀具长度补偿的目的

长度补偿功能指使刀具在垂直于走刀平面方向偏移一个刀具长度值，从而编程时不用考虑刀具长度的因素。一般来说，刀具长度补偿功能用于Z轴方向进行补偿，使刀具在Z轴方向的实际位移量大于或小于程序给定值。刀具长度补偿分为刀具长度正补偿和刀具长度负补偿两种。

6.3.9.2　刀具长度补偿的应用

有了刀具长度补偿功能，编程者可在不知道刀具长度的情况下，按假定的标准刀具长度编程，即编程不必考虑刀具的长短，实际用刀具长度与标准刀具长度不同时，可用长度补偿功能进行补偿。主要表现在以下三方面：

① 当加工中刀具因磨损、重磨、换新刀而长度发生变换时，不必修改程序中的坐标值，只要修改刀具参数库中的长度补偿值即可达到加工尺寸（见图6-25）；

② 若加工一个零件需用几把刀，且各刀的长短不一，编程时不必考虑刀具长短对坐标值的影响，只要把其中一把刀设为标准刀，其余各刀相对标准刀设置长度补偿值即可（见图6-26）；

③ 利用刀具长度补偿功能，可在加工深度方向上试切加工或进行分层铣削，即通过改变刀具长度补偿值的大小，多次运行程序即可。

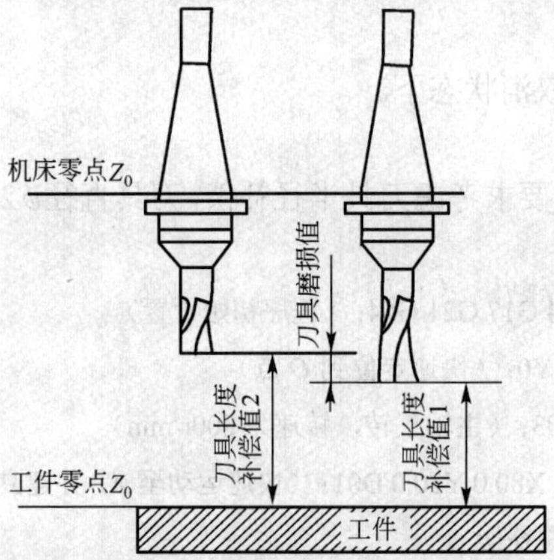

图6-25　刀具长度变换应用长度补偿

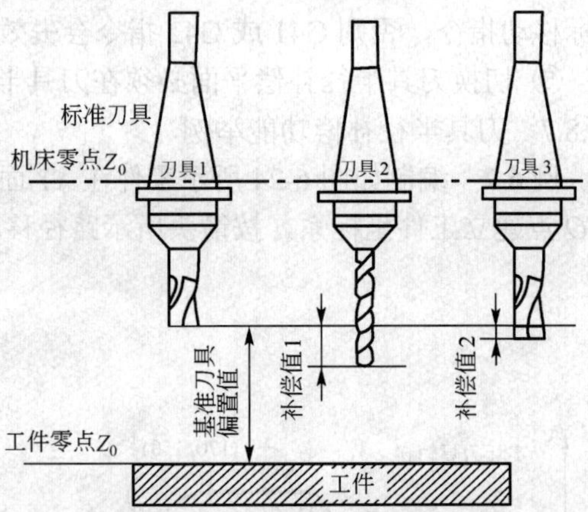

图6-26　多把刀具应用长度补偿

6.3.9.3　刀具长度补偿指令的格式

G43/G44 G00/G01 Z__H__；

G49 G00/G01 Z__；

式中　G43——刀具长度正向补偿（或离开工件补偿），即把刀具长度值加到命令的Z坐标值上；

G44——刀具长度负向补偿（或趋近工件补偿），即把刀具长度Z值从命令的Z坐标值上减去；

G49——取消刀具长度补偿；

H__——存放刀具长度补偿值的地址；

Z__——刀具运动目标点的Z坐标值；

例：刀具长度偏置寄存器H01中存放的刀具长度值为L=23mm。执行刀具长度正补偿指令 G43 G90 G43G01 Z–30.0 H01 后，刀具实际运动位置为指令中的坐标值与刀具长度值相加，即 Z= (–30.0+23)=–7.0 位置。执行刀具长度负补偿指令 G44 G90 G44 G01 Z–30.0 H01 后，刀具实际运动位置为指令中的坐标值与刀具长度值相减，即 Z=(–30.0–23)=–53.0 位置，如图 6-27 所示。

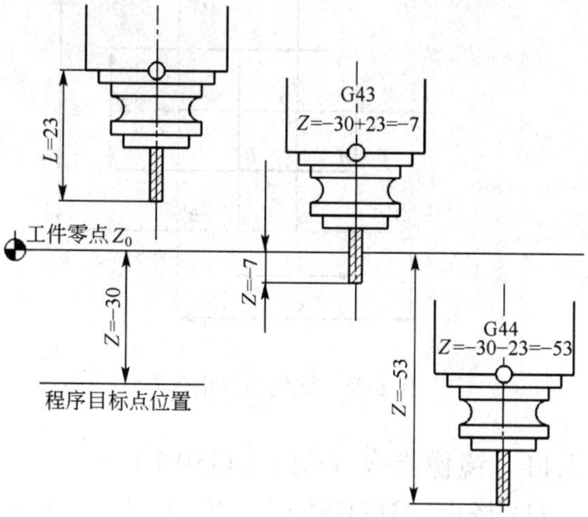

图 6-27　刀具长度正补偿与刀具长度负补偿

6.3.9.4　刀具长度补偿的特殊说明

① G43，G44 或 G49 命令是模态命令，一旦被发出就会持续有效；

② 一旦更换刀具，G43 或 G44 长度命令应在程序里紧跟着被发出；该刀具加工结束后，应该执行 G49 命令取消补偿；

③ 除了用 G49 命令来取消刀具长度补偿，还可以用偏置号码 H0 的设置来取消长度补偿值；

④ 若在刀具长度补偿期间修改偏置号码，先前设置的偏置值会被新近赋予的偏置值替换。

6.3.10　比例缩放指令（G51/G50）

(1) 格式

G51 I__J__K__ P__；

式中　I__、J__、K__ ——X 轴、Y 轴、Z 轴；

P ——比例系数，不能用小数点来指定。

G51 X__Y__Z__ P__；

式中　X__、Y__、Z__ ——X 轴、Y 轴、Z 轴；

P——比例系数，不能用小数点来指定。

G51 X__Y__Z__ I__J__K__；

式中　X__、Y__、Z__ ——X 轴、Y 轴、Z 轴；

I__、J__、K__ ——X 轴、Y 轴、Z 轴的比例缩放系数；

G50 表示取消缩放。

(2) 说明

① 在编写比例缩放程序过程中，要特别注意建立刀补程序段的位置，刀补程序段应写在缩放程序段内；

② 在比例缩放中进行圆弧插补，如进行等比例缩放，则缩放后仍为圆，如进行不同比例缩放，则为椭圆；

③ 比例缩放对刀具偏置值和刀具补偿值无效；

④ 缩放状态下，不能指定返回参考点的 G 代码，也不能指定坐标系的 G 代码。

(3) 举例　如图 6-28 所示，将外轮廓轨迹 *ABCD* 以原点为中心在 *XY* 平面内等比例缩放，缩放比例为 2.0，编写程序。

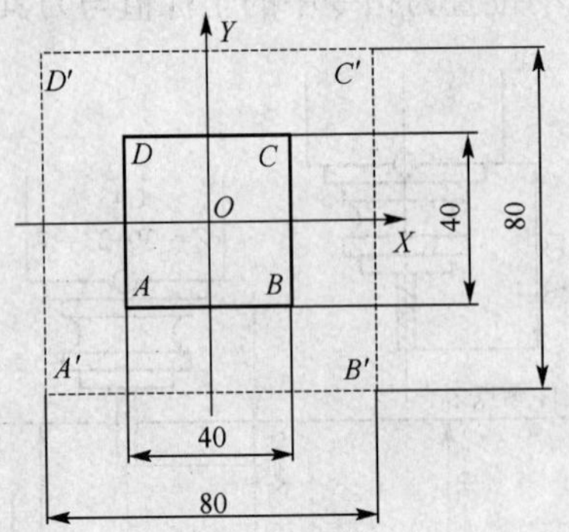

图 6-28　比例缩放指令 G51 应用

```
…
G00 X–50.0 Y50.0;
G01 Z–5.0 F100;
G51 X0. Y0.P2000;
G41 G01 X–30.0Y20.0 D01;
X20.0;
Y–20.0;
X–20.0;
Y30.0;
G40 X–50.0Y50.0;
G50;
…
```

6.3.11　镜像指令（G51.1/G50.1）

(1) 格式　G17 G51.1 X__Y__I__J__;

G50.1;

式中　G51.1——可编程镜像指令有效；

X__、Y__——镜像轴或镜像点的坐标值；

I__、J__——*X* 轴与 *Y* 轴的镜像因子，数值为 1 时不变，数值取–1 时表示进行镜像；

G50.1——可编程镜像指令取消。

(2) 说明

① 当工件具有相对于某一轴对称的形状时，可以利用镜像功能和子程序的方法，只对工件的一部分进行编程，就能加工出工件的整体；

② G51.1 为模态指令，执行之后应该使用 G50.1 指令取消镜像操作。

(3) 举例　如图 6-29 所示，用镜像指令编写程序。

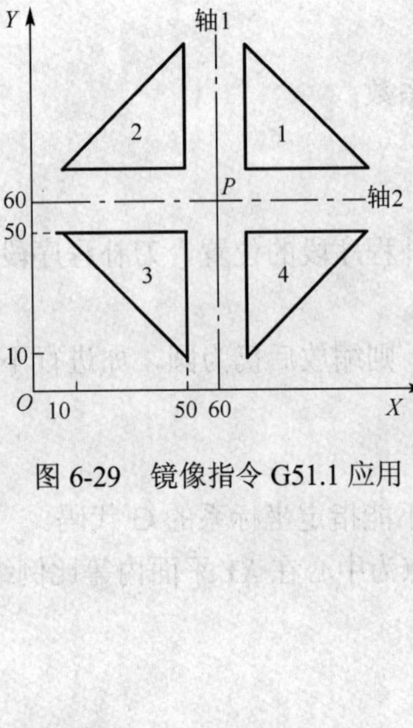

图 6-29　镜像指令 G51.1 应用

```
O0001（主程序）
…
M98 P700;（直接调用子程序加工图形 1）
G51.1 X60.0 Y60.0 I–1.0 J–1.0;（关于 P 点镜像）
M98 P700;（调用子程序加工图形 3）
G51.1 X60.0 Y60.0 I1.0 J–1.0;（关于轴 2 镜像）
M98 P700;（调用子程序加工图形 2）
G51.1 X60.0 Y60.0 I–1.0 J1.0;（关于轴 1 镜像）
M98 P700;（调用子程序加工图形 4）
G50.1;（取消镜像）
…
O07000（加工三角形 1 的子程序）
G41 G01 X70.0 Y60.0 D01;
Y110.0;
X110.0 Y70.0;
X60.0;
G40 G01 X60.0 Y60.0;
M99;
```

6.3.12　坐标系旋转指令 G68/G69

(1) 格式　G68 X__Y__R__；

G69；

式中　G68——进行坐标系旋转；

X__、Y__——旋转中心的坐标值（可以是 X、Y、Z 中的任意两个，由当前平面选择指令确定)；

R__——旋转角度，逆时针方向为正，顺时针方向为负，范围为–360°～360°；

G69——撤消旋转功能。

(2) 说明

① 当程序采用 G90 方式编程时，G68 程序段后的第一个程序段必须使用绝对值指令，才能确定旋转中心。如果这一程序段采用增量值，那么系统将以当前位置为旋转中心，按 G68 给定的角度旋转坐标系。

② 坐标旋转功能与其他功能所处的平面一定要在刀具半径补偿平面内。

③ 在执行比例缩放指令时，再执行坐标系旋转指令，旋转中心坐标也执行比例缩放操作，但旋转角度不受影响。

(3) 举例　用坐标系旋转指令编制图 6-30 所示工件的数控加工程序。

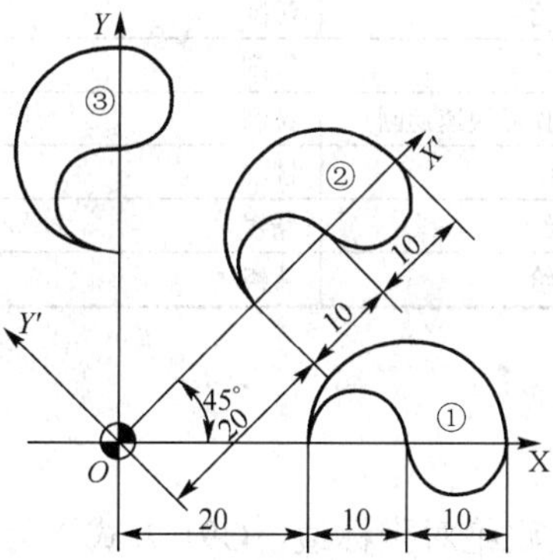

图 6-30　坐标系旋转指令 G68 应用

N10 G90 G17 M03 S800；
N20 M98 P100；（加工①）
N30 G68 X0 Y0 R45.0；（旋转 45°）
N40 M98 P100；（加工②）
N50 G69；（取消旋转）
N60 G68 X0 Y0 R90.0；（旋转则 90°）
M70 M98 P100；（加工③）
N80 G69 M05 M30；（取消旋转）
（O0100 子程序，用于加工图形①）
N100 G90 G01 X20.0Y0 F100；
N110 G02 X30.0Y0 I5.0 J0；
N120 G03 X40.0Y0 I5.0 J0；
N130 X20 Y0 I–10.0 J0；
N140 G00 X0 Y0；
N150 M99；

6.3.13　孔加工循环指令

孔加工固定循环的动作组成如图 6-31 所示，一般由 6 个动作组成，见表 6-3。

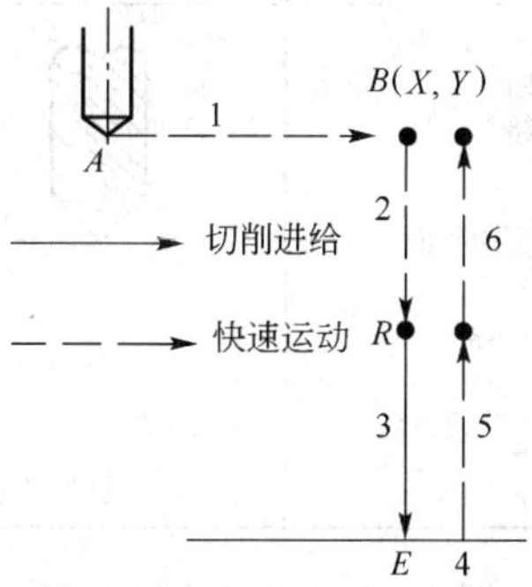

图 6-31　孔加工固定循环动作组成

表 6-3　孔加工固定循环动作组成

动作	说　明	备　注
1	XY 平面内快速定位	(1) 动作 3 的进给率由 F 决定，动作 5 的进给率按固定循环方式的规定确定。
2	快速到达参考平面 *R*	(2) 在固定循环中，刀具半径补偿无效，刀具长度补偿有效，在动作 2 中执行。
3	进行孔的加工	(3) 返回位置由 G98 或 G99 指令决定，G98 表示返回到初始平面，G99 表示返回到参考平面。
4	刀具在孔底的动作	(4) 初始点是为安全下刀而规定的点，该点到零件表面的距离可以任意设定在一个安全高度上，一般将执行循环指令前刀具所在的高度位置视为初始点。
5	返回到参考平面	
6	返回到初始点	(5) 参考平面是刀具下刀时由快进转为工进的位置，一般可取距离工件表面 2～5 mm。

常见的孔加工固定循环指令及其动作过程见表 6-4。

表 6-4　孔加工固定循环指令

G 代码	孔加工行程（–Z）	孔底动作	返回行程（+Z）	用　途
G80	—	—	—	取消孔加工固定循环
G81	切削进给	—	快速进给	钻孔
G82	切削进给	暂停	快速进给	钻孔
G73	断续进给	—	快速进给	高速深孔往复排屑钻孔
G83	切削进给	—	快速进给	深孔排屑钻
G74	切削进给	主轴正转	切削进给	攻左螺纹
G84	切削进给	主轴反转	切削进给	攻右螺纹
G85	切削进给	—	切削进给	镗削
G86	切削进给	主轴停转	切削进给	镗削
G88	切削进给	暂停、主轴停转	手动操作后快速返回	镗削
G89	切削进给	暂停	切削进给	镗削
G76	切削进给	主轴准停刀具移位	快速进给	精镗
G87	切削进给	刀具移位主轴启动	快速进给	背镗

6.3.13.1　定点钻孔循环（G81）

(1) 格式　G81 X__ Y__ Z__ R__ F__;

式中　X__、Y__——孔位坐标值；

Z__——孔的深度值，G90 方式下为孔底绝对坐标值，G91 方式下为孔底相对于参考平面的坐标增量值；

R__——参考平面位置；

F__——切削进给速度。

(2) 指令动作　G81 指令有 4 个动作组成，如图 6-32 所示。

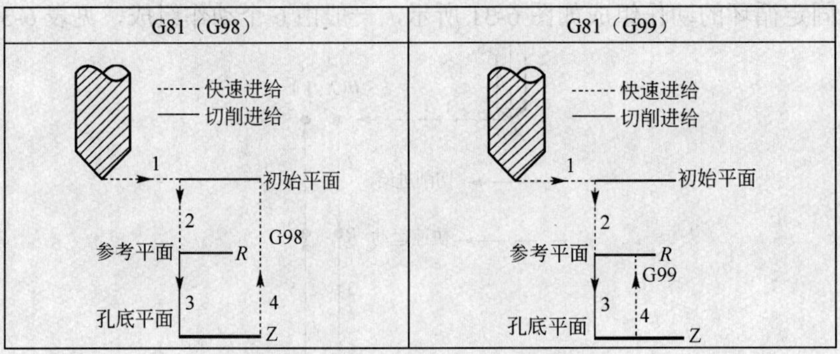

图 6-32　G81 指令动作图

动作 1：刀具先快速定位至 *XY* 平面所指定的坐标位置。

动作 2：快速定位至 *R* 点。

动作 3：以进给速度 *F* 向下钻削至孔底位置 *Z* 后；

动作 4：G98 状态，刀具快速退回至初始平面；G99 状态，刀具快速退回至参考平面。

(3) 应用　G81 指令一般用于加工比较浅的通孔，特别适合加工中心孔。

6.3.13.2　定点钻孔循环（G82）

(1) 格式　G82 X__ Y__ Z__ R__ P__ F__；

式中　X__、Y__——孔位坐标值；

Z__——孔的深度值，G90 方式下为孔底绝对坐标值，G91 方式下为孔底相对于参考平面的坐标增量值；

R__——参考平面位置；

P__——在孔底的暂停时间（单位为 ms）；

F__——切削进给速度。

(2) 指令动作　G82 指令与 G81 指令唯一的区别是增加了孔底的暂停动作，暂停时间由 P 指定，P 不可用小数点方式表示数值，如欲暂停 0.5 s 应写成 P500。指令动作如图 6-33 所示。

(3) 应用　G82 指令可改善盲孔、柱坑和锥坑等的孔底精度，使孔的表面更光滑，孔底平整。常用于沉头台阶孔的加工。

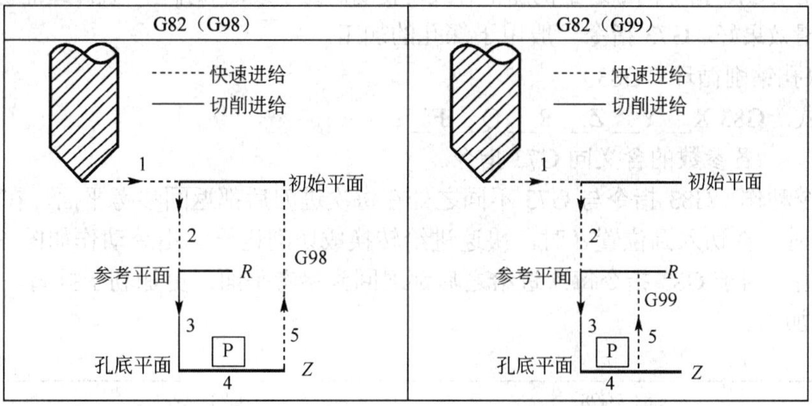

图 6-33　G82 指令动作图

6.3.13.3　高速深孔钻循环（G73）

(1) 格式　G73 X__ Y__ Z__ R__ Q__ F__；

式中　X__、Y__——孔位坐标值；

Z__——孔的深度值，G90 方式下为孔底绝对坐标值，G91 方式下为孔底相对于参考平面的坐标增量值；

R__——参考平面位置；

Q__——每次切削进给的切削深度（无符号，增量）

F__——切削进给速度。

(2) 指令动作　G73 指令用于 *Z* 轴的间歇进给，动作由 5 个动作组成，如图 6-34 所示。

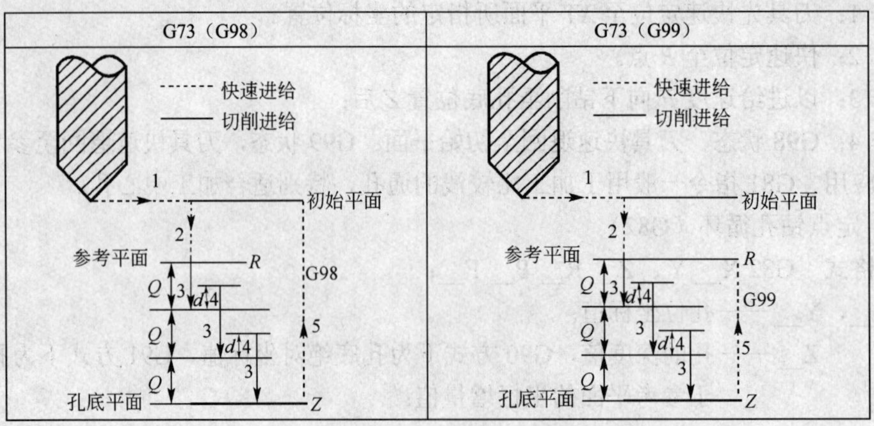

图 6-34　G73 指令动作图

动作 1：刀具先快速定位至 *XY* 平面所指定的坐标位置。

动作 2：快速定位至参考平面。

动作 3：以进给速度 *F* 向下钻削深度为 Q。

动作 4：退刀 *d* 值；

重复动作 3 和动作 4，直到到达孔底位置 *Z*；

动作 5：G98 状态，刀具快速退回至初始平面；G99 状态，刀具快速退回至参考平面。

(3) 应用　G73 指令间歇进给的加工方式可使切屑易于裂断和排出，且冷却液易到达切削部位，冷却润滑效果好。G73 指令一般用于深孔的加工。

6.3.13.4　深孔钻削循环（G83）

(1) 格式　G83 X__ Y__ Z__ R__ Q__ F__;

各参数的含义同 G73 指令。

(2) 指令动作　G83 指令与 G73 不同之处在每次进刀后都返回参考平面，在第二次及以后切入执行时，在切入到位置 *d* 时，快速进给转换成切削进给。指令动作如图 6-35 所示。

(3) 应用　由于 G83 指令每次进给之后都退回到参考平面，更加利于排屑。G83 指令一般用于深孔加工。

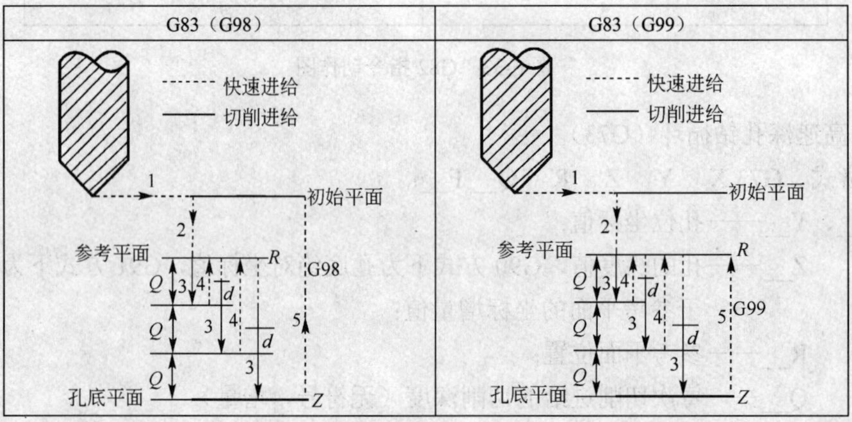

图 6-35　G83 指令动作图

例 6-3　编制图 6-36 所示零件的数控加工程序，加工程序见表 6-5。

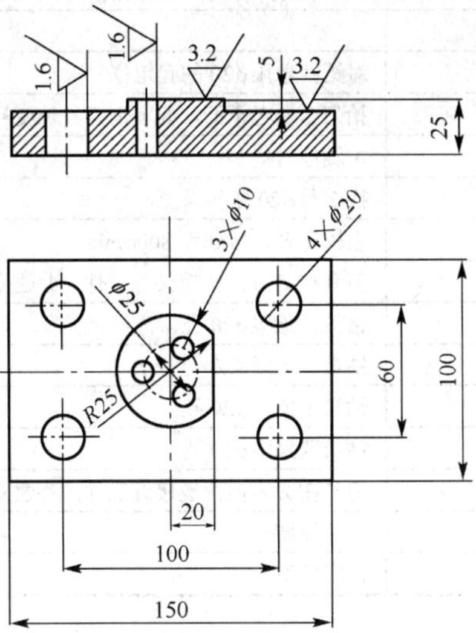

图 6-36　钻孔指令的应用

表 6-5　例 6-3 钻孔加工程序

程序号：02005　工件原点在上表面的几何中心处	
程　序　段	说　　明
G90 G94 G17 G21 G54;	程序初始设置
G91 G28 Z0.0;	返回参考点
T01 M06;	换 1 号立铣刀
S1200 M03;	主轴正转，转速为 1200r/min
G00 G90 G43 Z20.0 H01;	刀具在 *Z* 方向快速接近工件，并建立刀具长度补偿
X–20.0 Y–80.0;	刀具在 *XY* 平面内接近工件
G42 X20.0 Y–60.0 D01;	建立刀具半径右补偿
G01 Z–5.0 F180;	在 *Z* 方向下刀，深度为 5mm
Y15.0;	加工凸台的直线部分
G03 X20.0 Y–15.0 R–25.0;	加工凸台的圆弧部分
G01 Y60.0;	刀具切出轮廓
G00 G49 Z0.0;	抬刀至参考点，并取消刀具长度补偿
G40 X0.0 Y0.0;	取消刀具半径补偿
M05;	主轴停转
T02 M03;	换 2 号ϕ10 钻头
S800 M03;	主轴正转，转速为 800r/min
G00 G43 Z50.0 H02;	刀具在 *Z* 方向快速接近工件，并建立刀具长度补偿
G81 G99 G16 X12.5 Y60.0 Z–28.0 R30.0 F80;	调用极坐标，钻凸台上第一象限的孔，钻孔后刀具返回到参考平面;
Y180.0;	钻凸台上 *X* 轴上的孔
Y–60.0;	钻凸台上第四象限的孔
G15;	取消极坐标
X50.0 Y30.0;	对第一象限ϕ20 的孔定位
X–50.0;	对第二象限ϕ20 的孔定位
Y–30.0;	对第三象限ϕ20 的孔定位

续表

程序号：02005　工件原点在上表面的几何中心处	
程　序　段	说　　明
X50.0；	对第四象限ϕ20 的孔定位
G00 G49 Z0.0；	抬刀至参考平面，并取消刀具长度补偿
M05；	主轴停转
T03 M06；	换 2 号ϕ20 钻头
S800 M03；	主轴正转，转速为 800r/min
G00 G43 Z50.0 H03；	刀具在 Z 方向快速接近工件，并建立刀具长度补偿
G81 G99 X50.0 Y30.0 Z–28.0 R30.0 F80；	钻第一象限ϕ20 孔
X–50.0；	钻第二象限ϕ20 孔
Y–30.0；	钻第三象限ϕ20 孔
X50.0；	钻第四象限ϕ20 孔
G00 G49 Z0.0；	刀具在 Z 方向快速接近工件，并建立刀具长度补偿
M05；	主轴停转
M30；	程序结束

6.3.13.5　左旋螺纹加工循环（G74）

(1) 格式　G74 X__ Y__ Z__ R__ F__ P__；

式中　X__、Y__——孔位坐标值；

Z__——孔的深度值，G90 方式下为孔底绝对坐标值，G91 方式下为孔底相对于参考平面的坐标增量值；

R__——参考平面位置；

F__——切削进给速度；

P__——在孔底的暂停时间（单位为 ms）；

(2) 指令动作　G74 指令由 5 个动作组成，如图 6-37 所示。

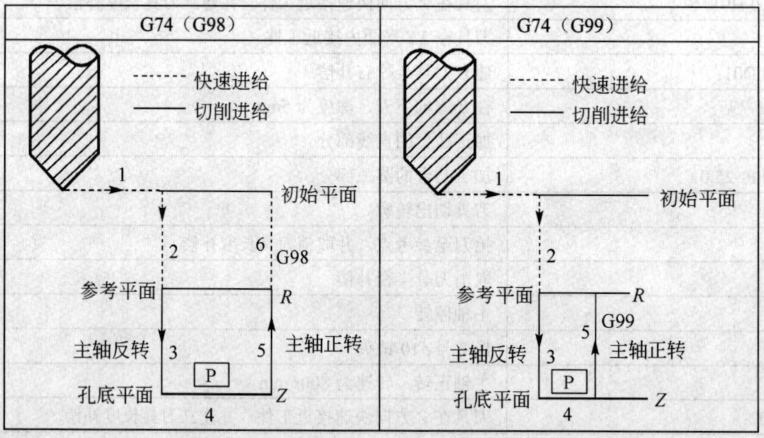

图 6-37　G74 指令动作图

动作 1：刀具先快速定位至 *XY* 平面所指定的坐标位置。

动作 2：快速定位至参考平面位置。

动作 3：主轴反转加工螺纹至孔底。

动作 4：暂停时间 P。

动作 5：主轴正转退出至参考平面位置。

动作 6：G98 状态，刀具由参考平面快速退回至初始平面。

攻螺纹过程要求主轴转速与进给速度成严格的比例关系，即进给速度 F=转速×螺距。

(3) 应用　G74 指令一般用于左旋螺纹的加工。

6.3.13.6　右旋螺纹加工循环（G84）

(1) 格式　G84 X__ Y__ Z__ R__ F__ P__；

各参数的含义同 G74。

(2) 指令动作　G84 指令与 G74 指令相比，唯一的区别在于主轴转向相反。即 G74 指令加工螺纹时主轴反转，刀具退出时主轴正转。而 G84 指令加工螺纹时主轴正转，刀具退出时主轴反转。指令动作如图 6-38 所示。

(3) 应用　G84 指令一般用于右旋螺纹的加工。

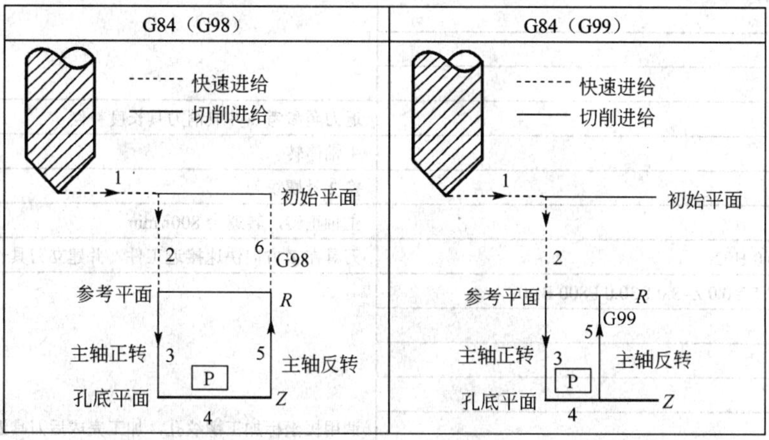

图 6-38　G84 指令动作图

例 6-4　编制图 6-39 所示圆周方向 8 个左旋螺纹孔的加工程序，其中零件外轮廓及中间 ϕ30 的大孔已经加工，程序见表 6-6。

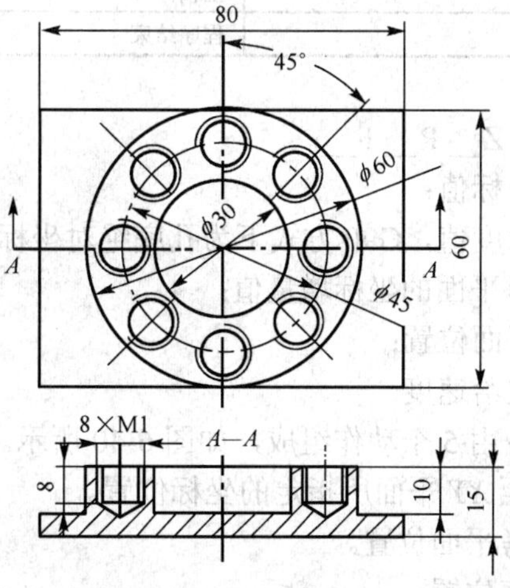

图 6-39　螺纹孔固定循环指令的应用

表 6-6 例 6-4 螺纹孔加工程序

程序号：02008 工件原点在上表面的几何中心处	
程 序 段	说 明
G90 G94 G17 G21 G54;	程序初始设置
G91 G28 Z0.0;	返回参考点
T01 M06;	换 1 号中心钻
S1200 M03;	主轴正转，转速为 1200r/min
G00 G90 G43 Z50.0 H01;	刀具在 Z 方向快速接近工件，并建立刀具长度补偿
G81 G99 G16 X22.5 Y0.0 Z–8.0 R30.0 F100;	调用极坐标钻孔，钻孔完成后刀具返回参考平面
Y45.0;	
Y90.0;	
Y135.0;	
Y180.0;	
Y225.0;	
Y–90.0;	
Y–45.0;	
G00 G49 Z0.0;	退刀至参考点并取消刀具长度补偿
M05;	主轴停转
T02 M06;	换 2 号螺纹刀
S800 M03;	主轴正转，转速为 800r/min
G00 G90 G43 Z50.0 H02;	刀具在 Z 方向快速接近工件，并建立刀具长度补偿
G74 G99 G16 X22.5 Y0.0 Z–8.0 R30.0 F800 P1.0;	调用极坐标加工螺纹孔，加工完成后刀具返回参考平面
Y45.0;	
Y90.0;	
Y135.0;	
Y180.0;	
Y225.0;	
Y–90.0;	
Y–45.0;	
Y–45.0;	
G00 G49 Z0.0;	退刀至参考点并取消刀具长度补偿
M05;	主轴停转
M30;	程序结束

6.3.13.7 镗孔循环（G85）

(1) 格式 G85 X__ Y__ Z__ R__ F__;

式中 X__、Y__——孔位坐标值；

Z__——孔的深度值，G90 方式下为孔底绝对坐标值，G91 方式下为孔底相对于参考平面的坐标增量值；

R__——参考平面位置；

F__——切削进给速度。

(2) 指令动作 G85 指令由 5 个动作组成，如图 6-40 所示。

动作 1：刀具快速定位至 *XY* 平面所指定的坐标位置。

动作 2：快速定位至参考平面位置。

动作 3：镗孔加工至孔底位置。

动作 4：主轴不停准，刀具以工进速度退出至参考平面。

动作 5：G98 状态，刀具再快速退回至初始平面。

(3) 应用　G85 指令一般应用于粗镗孔、铰孔。

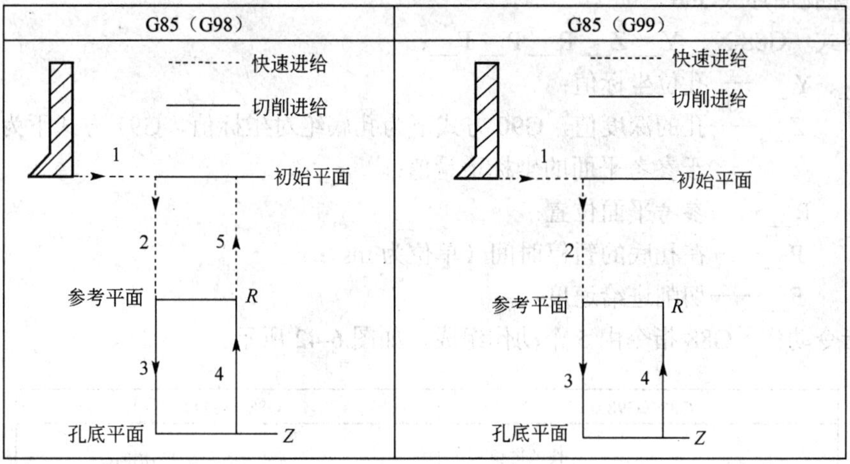

图 6-40　G85 指令动作图

6.3.13.8　镗孔循环（G86）

(1) 格式　G86 X__ Y__ Z__ R__ F__;

各参数的含义同 G85 指令。

(2) 指令动作　G86 指令由 5 个动作组成，如图 6-41 所示。

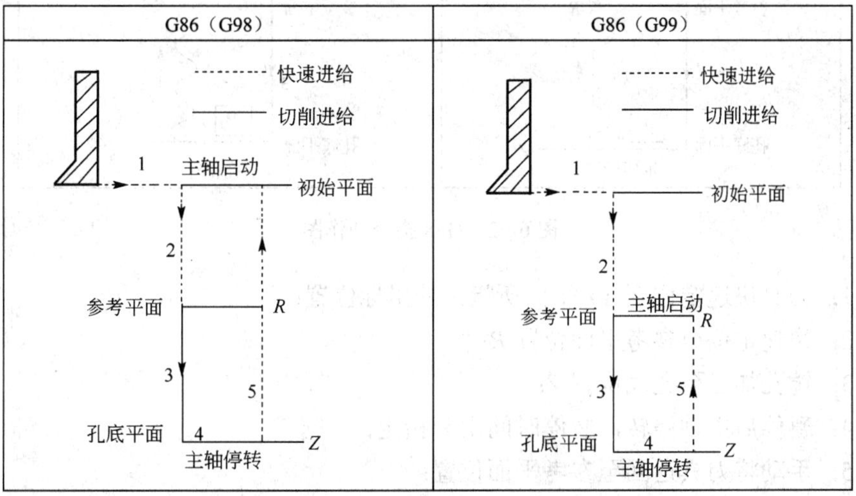

图 6-41　G86 指令动作图

动作 1：刀具快速定位至 *XY* 平面所指定的坐标位置。

动作 2：快速定位至参考平面位置。

动作 3：镗孔加工至孔底位置。

动作 4：主轴停转。

动作 5：G98 状态，刀具再快速退回至初始平面，然后主轴启动；G99 状态，刀具快速退回至参考平面，然后主轴启动。

(3) 应用　G86 指令一般应用于粗镗孔。

6.3.13.9　镗孔循环（G88）

(1) 格式　G88 X__ Y__ Z__ R__ P__ F__；

式中　X__、Y__——孔位坐标值；

Z__——孔的深度值，G90 方式下为孔底绝对坐标值，G91 方式下为孔底相对于参考平面的坐标增量值；

R__——参考平面位置；

P__——在孔底的暂停时间（单位为 ms）；

F__——切削进给速度。

(2) 指令动作　G88 指令由 5 个动作组成，如图 6-42 所示。

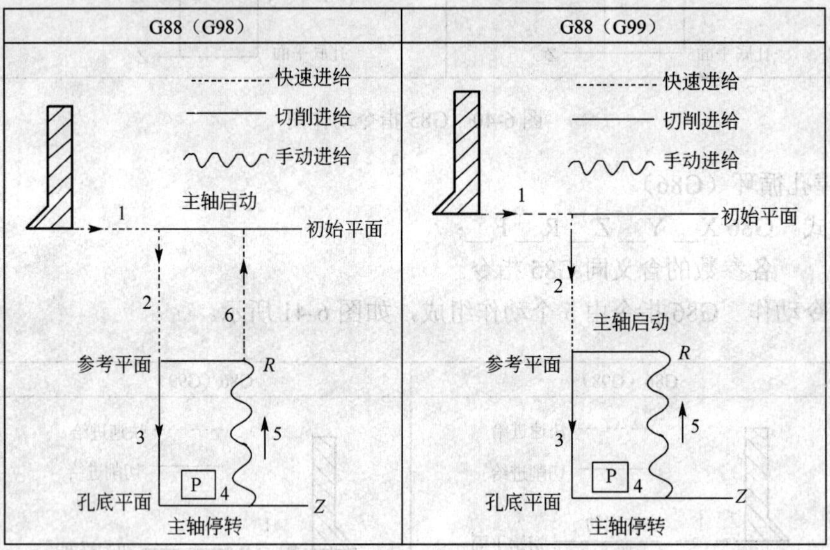

图 6-42　G88 指令动作图

动作 1：刀具快速定位至 *XY* 平面所指定的坐标位置；

动作 2：快速定位至参考平面位置 *R*；

动作 3：镗孔加工至孔底位置 *Z*；

动作 4：暂停后主轴停转，暂停时间由 P 指定；

动作 5：手动将刀具返回至参考平面位置；

动作 6：G98 状态，刀具再快速退回至初始平面，然后主轴正转；G99 状态，刀具退回至参考平面后，主轴正转。

(3) 应用　G88 指令一般应用于粗镗孔。

6.3.13.10　镗孔循环（G89）

(1) 格式　G89 X__ Y__ Z__ R__ P__ F__；

各参数含义同 G88 指令。

(2) 指令动作　G88 与 G85 相比，唯一的区别是在孔底增加了暂停动作，如图 6-43 所示。

(3) 应用　G89 指令一般应用于粗镗孔。

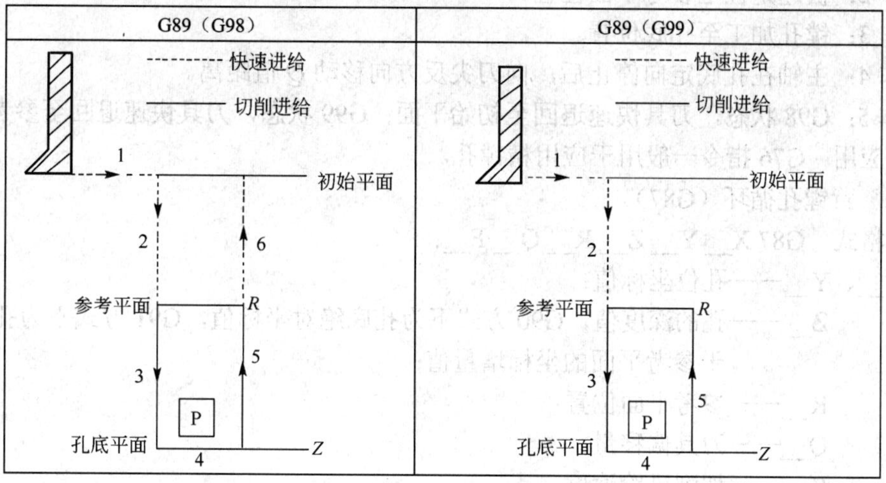

图 6-43　G89 指令动作图

6.3.13.11　精镗孔循环（G76）

(1) 格式　G76 X__ Y__ Z__ R__ Q__ P__ F__;

式中　X__、Y__——孔位坐标值;

Z__——孔的深度值，G90 方式下为孔底绝对坐标值，G91 方式下为孔底相对于参考平面的坐标增量值;

R__——参考平面位置;

Q__——孔底的偏移量;

P__——在孔底的暂停时间（单位为 ms）;

F__——切削进给速度。

(2) 指令动作　G76 指令由 5 个动作组成，如图 6-44 所示。

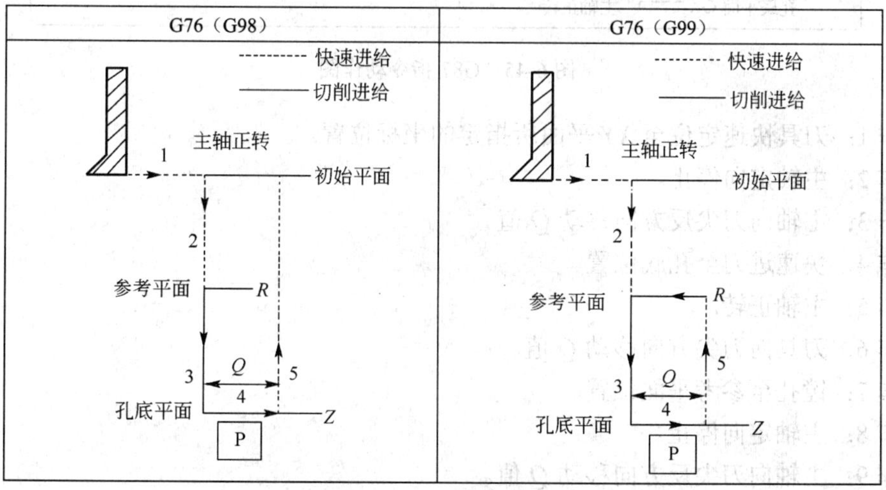

图 6-44　G76 指令动作图

动作 1：刀具快速定位至 *XY* 平面所指定的坐标位置。

动作 2：快速定位至参考平面位置。

动作 3：镗孔加工至孔底位置。

动作 4：主轴在孔底定向停止后，向刀尖反方向移动 *Q* 值距离。

动作 5：G98 状态，刀具快速退回至初始平面；G99 状态，刀具快速退回至参考平面。

(3) 应用　G76 指令一般用于应用精镗孔。

6.3.13.12　背镗孔循环（G87）

(1) 格式　G87 X__ Y__ Z__ R__ Q__ F__;

式中　X__、Y__——孔位坐标值；

Z__——孔的深度值，G90 方式下为孔底绝对坐标值，G91 方式下为孔底相对于参考平面的坐标增量值；

R__——参考平面位置；

Q__——刀具偏移量；

F__——切削进给速度。

(2) 指令动作　G87 指令由 10 个动作组成，如图 6-45 所示。

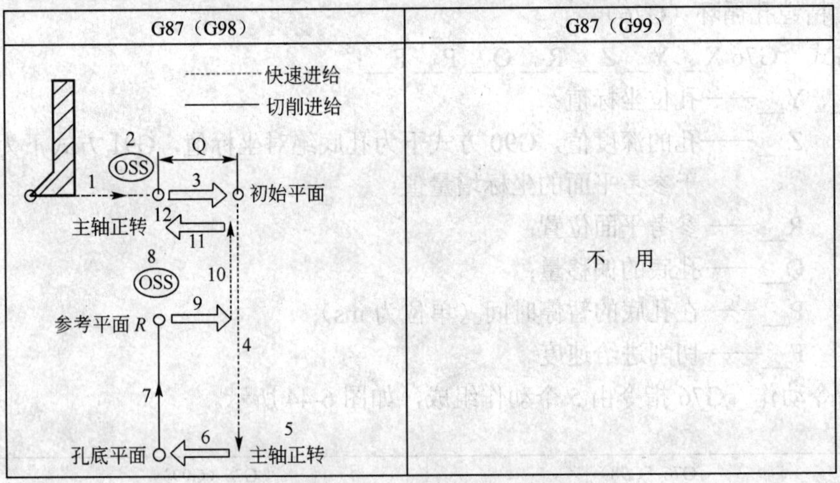

图 6-45　G87 指令动作图

动作 1：刀具快速定位至 *XY* 平面所指定的坐标位置。

动作 2：主轴定向停止。

动作 3：主轴向刀尖反方向移动 *Q* 值。

动作 4：快速进刀至孔底位置。

动作 5：主轴正转。

动作 6：刀具向刀尖方向移动 *Q* 值。

动作 7：镗孔至参考平面位置。

动作 8：主轴定向停止。

动作 9：主轴向刀尖反方向移动 *Q* 值。

动作 10：快速退刀至初始平面位置。

动作 11：刀具移动 *Q* 值。

动作 12：主轴正转，开始下一个动作。

(3) 应用　G87 指令一般应用于背镗孔。

6.4　子程序编程

6.4.1　子程序的含义

在编制加工程序中，有时会出现有规律、重复出现的程序段。将程序中重复的程序段单独抽出，并按一定格式单独命名，称为子程序。采用子程序编程可以使复杂程序结构明晰、程序简短、增强数控系统编程功能。

主程序与子程序结构有所不同。相同之处在于二者都是完整的程序，都包括程序号、程序段、程序结束指令。不同之处在结束指令，主程序的结束指令为 M02 或 M30，子程序的结束指令为 M99。另外子程序不能单独运行，由主程序或上层子程序调用执行。

6.4.2　子程序的格式

子程序格式如下：

%

O____　　（子程序的程序号）

…；（子程序的程序段内容）

M99；（子程序结束语句）

%

6.4.3　子程序的调用

子程序的调用格式有两种：

① M98 P__　L__；（P：被调用的子程序号 L：重复调用次数）

如 M98 P0100 L5；（表示调用 O0100 子程序，调用次数为 5 次）

② M98　P__；（P：前四位表示调用次数，后四位为子程序号。若调用次数为 1，可以省略）

如 M98 P80100；（表示调用 O0100 子程序，调用次数为 8 次）

6.4.4　子程序举例

例 6-5　用子程序功能编制图 6-46 所示零件的加工程序，*Z* 轴开始点为工件上方 100mm 处，切深 10mm。加工程序见表 6-7。

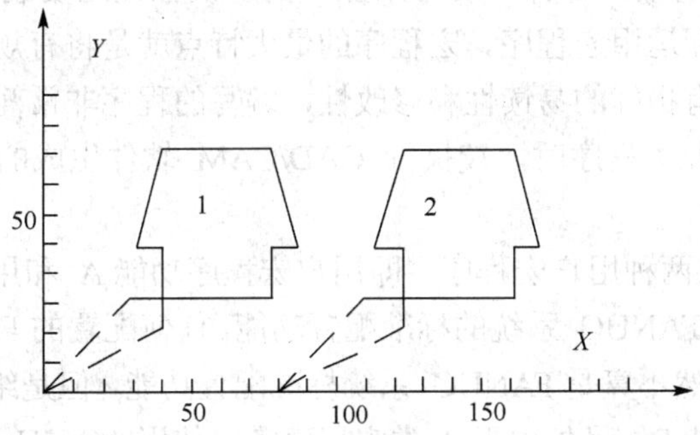

图 6-46　子程序应用

表 6-7　例 6-5 子程序应用程序

程 序 段	说 明
程序号：02000 主程序	
G90 G94 G17 G21 G54 ；	程序初始设置
G00 Z100.0；	刀具快速接近工件
S1200 M03；	主轴正转，转速为 1200r/min
G00 X0.0 Y0.0；	接近工件
M98 P100；	调用子程序加工图形 1
G90 G00 X80.0；	接近工件
M98 P100；	调用子程序加工图形 2
G90 G00 X0 Y0；	退刀
M05；	主轴停转
M30；	程序结束
程序号：O0100 子程序	
G91 G00 Z–95.0；	在 Z 方向接近工件
G41 G00 X40.0 Y20.0 D01；	建立刀具半径左补偿
G01 Z–15.0 F100；	在 Z 方向下刀，下刀深度为 10mm
Y30.0；	加工轮廓 1
X–10.0；	
X10.0 Y30.0；	
X40.0；	
X10.0 Y–30.0；	
X–10.0；	
Y–20.0；	
X–50.0；	
Z110.0；	抬刀
G40 X–30.0 Y–30.0；	取消刀具半径补偿
G90；	采用绝对坐标编程
M99；	子程序结束

6.5　宏程序编程简介

6.5.1　用户宏程序概述

尽管使用各种 CAD/CAM 软件来编制数控加工程序已经成为潮流(或是主流)，但必须强调的是手工编程仍还是基础，各种“疑难杂症”的解决往往还要利用手工编程；并且手动编程可以使用变量编程即运用宏程序。宏程序的最大特点就是将有规律的形状或尺寸用最短的程序段表示出来，具有极好的易读性和修改性，编写的程序非常简洁、逻辑严密、通用性极强，而且机床在执行此类程序时，较执行 CAD/CAM 软件生成的程序更加快捷、反应更迅速。

FANUC 0i 系统提供两种用户宏程序，即用户宏程序功能 A 和用户宏程序功能 B。用户宏程序功能 A 可以说是 FANUC 系统的标准配置功能，任何配置的 FANUC 系统都具备此功能，而用户宏程序 B 虽然不算是 FANUC 系统标准配置功能，但是绝大部分的 FANUC 系统也都支持用户宏程序功能 B。另外由于 A 类宏程序需要使用“G65Hm”格式来表达各种数学运算和逻辑运算，极不直观，且可读性差，因而在实际工作中很少使用。因此本章仅就 B 类宏程序给予简单介绍。

实际应用中将能完成某一功能的一系列指令像子程序那样存入存储器，用一个总指令来表示它们，使用时只需给出个总指令就能执行其功能，所存入的这一系列指令就称为用户宏程序，调用宏程序的指令称为宏指令。

6.5.2 用户宏程序的变量

6.5.2.1 变量的表示

普通数控加工程序直接用地址码和数值来进行编程，如 G01 X100.0。而用户宏程序可以用变量来代替数值进行编程，如#11＝#22+15，G01 X#11 F500；因而在加工同一类零件时，只需将实际的值赋予变量即可，而不需要对每个零件都编一个程序。用户宏程序的变量用变量符号“#”和后面的变量号指定，如#11。变量号可以直接用数字指定，也可以用表达式来指定，但是表达式必须封闭在括号中，如#[#22+#18–156]。变量值可用程序或由 MDI 设定或修改。

6.5.2.2 变量的类型

按变量号码可将变量分为局部变量、公共变量和系统变量。

(1) 局部变量：#1～#33　所谓局部变量就是在用户宏中局部使用的变量。换句话说，在某一时刻调出的用户宏中所使用的局部变量#i 和另一时刻调用的用户宏中所使用的#i 是不同的。局部变量只能在宏程序中存储数据，例如运算结果，断电时，局部变量清除。另外局部变量还可以在程序中对其进行赋值。

(2) 公共变量：#100～#199 和#500～#999　与局部变量相对，公共变量是在主程序以及调用的子程序中通用的变量。换句话说，公共变量在不同的宏程序中的意义相同，也就是说在某个用户宏中运算得到的公共变量的结果#i，可以用到别的用户宏中。断电时，#100～#199 清除，通电时复位到“0”；而 500～#999 数据即使断电也不清除。

(3) 系统变量：#1000 以上　系统变量是根据用途而被固定的变量。系统变量用于读写 CNC 运行时各种数据变化，如刀具当前位置和补偿值等。

6.5.2.3 变量的引用

① 在程序中引用变量值时，应指定后跟变量号的地址，例如 G01 X#1 Z#2 F#3；当用表达式指定变量时，必须把表达式放在括号中，例如 G01 X[#100–30.0] Z[–#105] F#5。

② 被引用变量的值根据地址的最小设定单位自动地舍入。

例如当 G00 X#106；以 1/1000mm 的单位执行时，CNC 把 12.4567 赋值给变量#106，实际指令值为 12.457。

③ 改变引用变量的值的符号时要把“–”放在# 的前面。例如：G00 X–#20.0；当引用为定义的变量时，变量及地址都被忽略。例如当变量#150 的值是 0，并且变量#160 的值空时，G00X#140 Z#160 的执行结果为 G00 X0。

④ 在宏程序中定义变量值的小数点可以省略。例如当定义#11=123；变量#11 的实际值是 123.000。

6.5.3 转移和循环

在程序中使用 GOTO 语句和 IF 语句可以改变控制的流向，有三种转移和循环操作可供使用。

6.5.3.1 无条件循环（GOTO 语句）

格式：GOTO *n* （*n* 为程序段的顺序号，取值范围 1～99999）

GOTO 语句的功能是转移到 *n* 程序段。例 GOTO 10；则程序转移至第 10 行。

6.5.3.2　条件转移（IF 语句）

IF 之后指定条件表达式。

（1）IF ［条件表达式］ GOTO *n*　如果指定的条件表达式满足时，转移到标有顺序号 *n* 的程序段。如果指定的条件表达式不满足，执行下个程序段，如图 6-47 所示。

（2）IF ［条件表达式］ THEN　如果条件表达式满足，执行预先定义的宏程序语句，而且只执行一个宏程序语句。

例：如果#1 和#2 的值相同，0 赋给#3

IF［#1EQ#2］ THEN #3=0;

（3）循环（WHILE 语句） 在 WHILE 后指定一个条件表达式，当指定条件满足时，执行从 DO 到 END 之间的程序。否则转到 END 后的程序段，如图 6-48 所示。

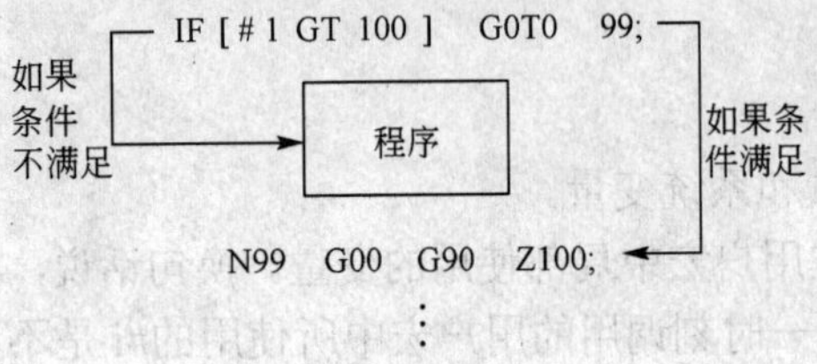

图 6-47　IF 语句执行顺序

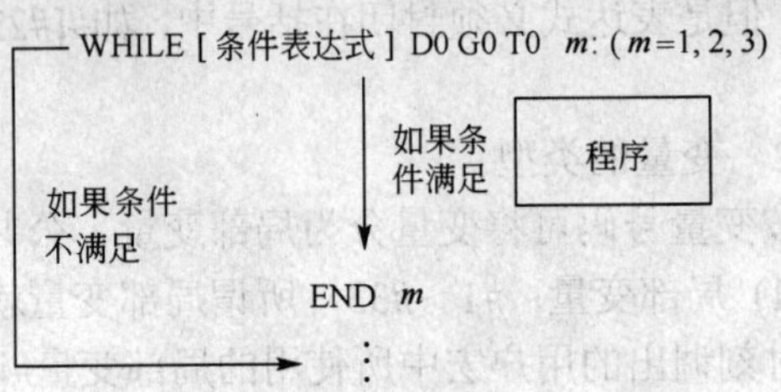

图 6-48　WHILE 语句执行顺序

注意：① DO 后的号和 END 后的号指定程序执行范围的标号，标号值为 1、2、3；

② 标号（1 到 3）可根据要求多次使用；

③ DO 的范围不能交叉；

④ DO 循环可以嵌套三级；

⑤ 控制可转移到循环的外边；

⑥ 转移不能进入循环区内。

6.5.4　宏程序的调用

6.5.4.1　非模态调用指令 G65

格式：G65　P<p>　L<l>　<自变量赋值>

式中　　<p>——要调用的程序号；

<l>——重复次数；

<自变量赋值>——传递到宏程序中的数据。

具体使用情况如下所示：

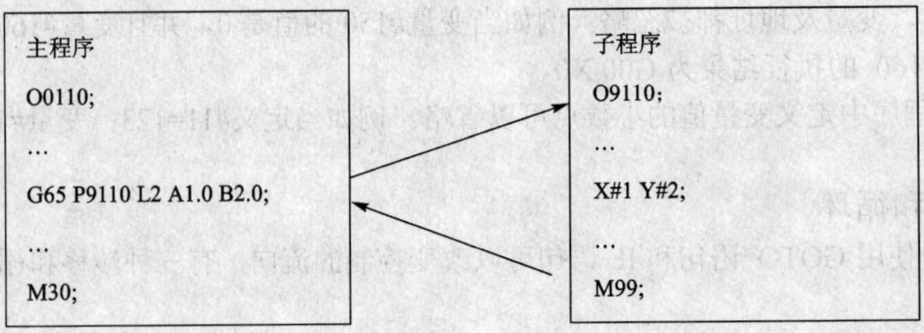

局部变量的赋值有两种类型，即自变量赋值Ⅰ地址和自变量赋值Ⅱ地址，分别见表 6-8 和表 6-9。

表 6-8　自变量赋值 I

自变量赋值 I 地址	宏主体中的变量	自变量赋值 I 地址	宏主体中的变量
A	#1	Q	#17
B	#2	R	#18
C	#3	S	#19
D	#7	T	#20
E	#8	U	#21
F	#9	V	#22
H	#11	W	#23
I	#4	X	#24
J	#5	Y	#25
K	#6	Z	#27
M	#13		

表 6-9　自变量赋值 II

自变量赋值 II 地址	宏主体中的变量	自变量赋值 II 地址	宏主体中的变量	自变量赋值 II 地址	宏主体中的变量
A	#1	K_3	#12	J_7	#23
B	#2	I_4	#13	K_7	#24
C	#3	J_4	#14	I_8	#25
I_1	#4	K_4	#15	J_8	#26
J_1	#5	I_5	#16	K_8	#27
K_1	#6	J_5	#17	I_9	#28
I_2	#7	K_5	#18	J_9	#29
J_2	#8	I_6	#19	K_9	#30
K_2	#9	J_6	#20	I_{10}	#31
I_3	#10	K_6	#21	J_{10}	#32
J_3	#11	I_7	#22	K_{10}	#33

6.5.4.2　模态调用与取消指令 G66/G67

格式：G66　P<p>　L<l>　<自变量赋值>

式中　　　<p>——要调用的程序号；

　　　　　<l>——重复次数；

<自变量赋值>——传递到宏程序中的数据。

具体使用情况如下所示：

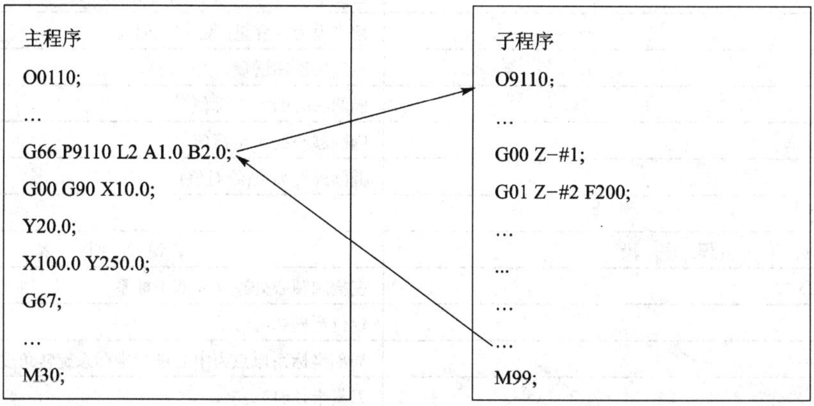
主程序
O0110;
…
G66 P9110 L2 A1.0 B2.0;
G00 G90 X10.0;
Y20.0;
X100.0 Y250.0;
G67;
…
M30;
子程序
O9110;
…
G00 Z-#1;
G01 Z-#2 F200;
…
…
…
…
M99;

6.5.5 用户宏程序的应用实例

例 6-6 用宏程序功能编制图 6-49 所示椭圆轮廓的数控加工程序，加工程序见表 6-10。

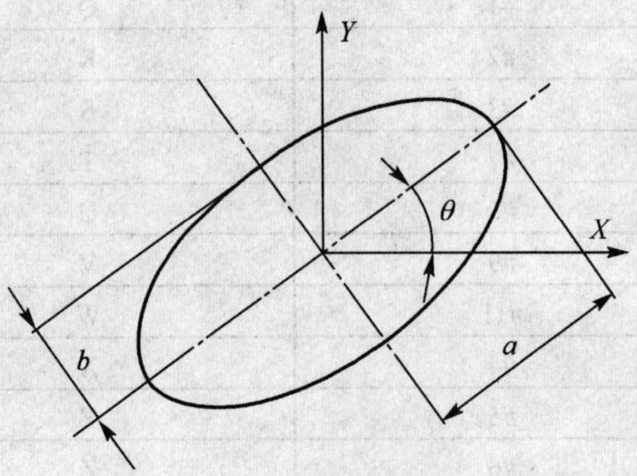

图 6-49 用户宏程序加工椭圆

椭圆方程有两种格式：标准方程 $\dfrac{x^2}{a^2}+\dfrac{y^2}{b^2}=1$

参数方程（直角坐标） $x=a\cos\theta \quad y=b\sin\theta$

表 6-10 椭圆加工程序

主程序：O0222	
程 序 段	说 明
G90 G54 G00 X0 Y0 S1000 M03;	设定坐标系，主轴正转
G43 Z100.0 H01;	初始平面，刀具长度补偿
G65 P1222 X50. Y20.Z–10.A50.B30. C10.I30.Q0H1.R90.S1.F1000;	调用宏程序
G49;	取消刀具长度补偿
M30;	程序结束
自变量赋值说明	
自 变 量	说 明
#1=(A)	椭圆长半轴长(对应 *X* 轴)
#2=(B)	椭圆短半轴长(对应 *Y* 轴)
#3=(C)	(平底立铣刀)刀具直径
#4=(I)	椭圆长半轴的轴线与水平方向的夹角(+*X* 方向)
#17=(Q)	*Z* 方向深度初值设为自变量，赋初始值为 0
#9=(F)	进给量值 F
#11=(H)	自变量#17 每次递增量(等高)
#18=(R)	角度设为自变量，赋初始值为 0
#19=(S)	角度每次递增量
#24=(X)	椭圆圆心的 *X* 坐标值
#25=(Y)	椭圆圆心的 *Y* 坐标值
#6=(Z)	椭圆外形高度(绝对值)
宏程序：O1222	
程 序 段	说 明
G52 X #24 Y #25;	在椭圆圆心处建立局部坐标系
G00 X0 Y0;	定位至椭圆圆心处
G68 X0 Y0 R #4;	局部坐标系原点为中心进行坐标系旋转角度#4
#13= #3/2;	刀具半径#13

续表

宏程序：O1222

程 序 段	说　明
#5= #1+ #13;	刀具中心所对应的“长半轴”
#6= #2+ #13;	刀具中心所对应的“短半轴”
WHILE[#17LE#26] DO 1;	如果加工高度#17 ≤#26，循环 1 继续
G00 X[#5+ #13] Y #13;	G00 快速定位至提刀点上方
Z[–#17+1.];	Z 方向快速降至当前加工面 Z–#17 以上 1.处
G01 Z–#17 F[＃5*0.15];	以 G01 进给降至当前加工深度
G03 X#5 Y0 R#13 F#9;	以刀具半径为旋转半径圆弧切入进刀
#18=0;	重置#18=0
WHILE[#18LE360] DO 2	如#18≤360，循环 2 继续
#7 = #5*COS[#18];	椭圆上一点的 X 坐标值
#8 = #6*SIN[#18];	椭圆上一点的 Y 坐标值
G01 X#7 Y–#8;	以直线 G01 逼近走出椭圆
#18 = #18+ #19;	#18 每次以#19 递减
END 2;	循环 2 结束(完成一圈椭圆，此时#18>360)
G03 X[#5+ #13] Y– #13 R#13;	以刀具半径为旋转半径圆弧切出退刀
#17= #17+#11;	Z 坐标(绝对值)依次递减#11(层间距)
END 1;	循环 1 结束(此时#17>#26)
G00 Z100.;	抬刀
G69;	取消坐标系旋转
G52 X0 Y0;	取消局部坐标系，恢复 G54 原点
M99;	宏程序结束返回

6.6　数控编程指令综合应用

例 6-7　用宏程序功能编制图 6-50 所示工件的数控加工程序，程序见表 6-11。

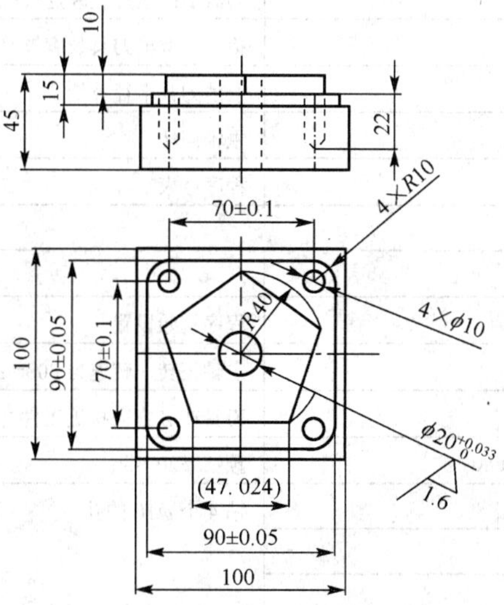

图 6-50　数控铣编程指令综合应用实例

表 6-11　例 6-7 数控加工程序

程序原点设置在工件上表面的几何中心。

程序：O1000　加工外轮廓(五角星和四边形轮廓)

程序段内容	注 释 说 明
G90 G94 G17 G21 G54；	程序初始设置
S1200 M03；	主轴正转，转速为 1200r/min
G00 G43 Z50.0 H01；	刀具在 Z 方向接近工件并建立刀具长度补偿
X–60.0 Y– 60.0；	刀具在 XY 平面内接近工件
G42 X– 55.0 Y– 32.361 D01；	刀具运动至五角星轮廓延长线上并建立刀具半径右补偿
G01 Z– 10.0 F100；	刀具在 Z 方向下刀，下刀深度为 10mm
G16 X40.0 Y– 54.0；	调用极坐标，加工五角星
Y18.0；	
Y90.0；	
Y162.0；	
Y– 126.0；	
G15；	取消极坐标
X13.764 Y– 62.361；	刀具沿五角星轮廓延长线切出
G00 X– 60.0 Y– 45.0；	刀具运动至四边形轮廓延长线上
G01 Z– 15.0；	刀具在 Z 方向下刀，下刀深度为 15mm
X35.0；	切削四边形轮廓
G03 X45.0 Y– 35.0 R10.0；	
G01 Y35.0；	
G03 X35.0 Y45.0 R10.0；	
G01 X– 35.0；	
G03 X– 45.0 Y35.0 R10.0；	
G01 Y– 35.0；	
G03 X– 35.0 Y– 45.0 R10.0；	
G01 Y60.0；	刀具沿四边形轮廓延长线方向切出
G00 G49 Z0.0；	抬刀，取消刀具长度补偿
G40 X0.0 Y0.0；	取消刀具半径补偿
M05；	主轴停转
M30；	程序结束

程序：O2000　加工孔(钻孔 ϕ10)

程序段内容	注 释 说 明
G90 G94 G17 G21 G54；	程序初始设置
S800 M03；	主轴正转，转速为 800r/min
G00 G43 Z50.0 H02；	刀具在 Z 方向接近工件并建立刀具长度补偿
G73 X0.0 Y0.0 Z– 50.0 R20.0 Q10.0 F80；	预钻 ϕ20 深孔
G81 X35.0 Y35.0 Z– 32.0 R20.0 F80；	钻 4 个 ϕ10 的孔
X– 35.0；	
Y– 35.0；	
X35.0；	

12. 使用各种编程指令编制图 6-57 所示零件的数控加工程序。

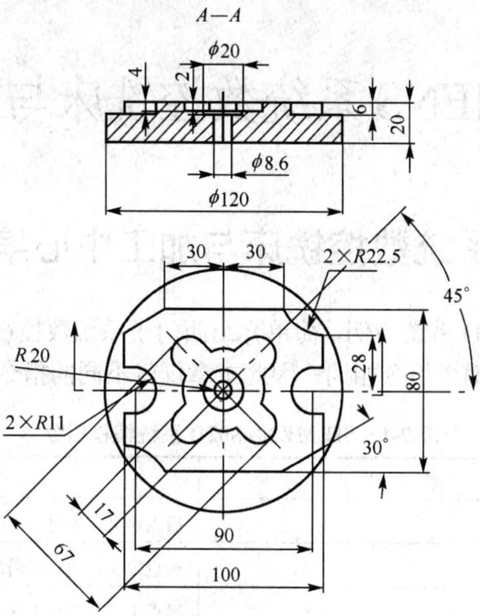

图 6-57　轮廓综合加工

第 7 章　SIEMENS 系统数控铣床与加工中心编程

7.1　SIEMENS 系统数控铣床与加工中心编程概述

本章以 SIEMENS 802D 系统为例，简单介绍西门子系统数控铣编程基础知识。由于大多数编程指令与前面章节的编程指令相同，因此本章仅就不同的指令给予简单介绍，见表 7-1。

表 7-1　SIEMENS 802D 系统编程指令

指　令	指令格式	指令含义
G110，G111，G112 极坐标，极点定义	G110	极点定义，相对于上次编程的设定位置
	G111	极点定义，相对于当前工件坐标系的零点
	G112	极点定义，相对于最后有效的极点，平面不变
TRANS，ATRANS 可编程的零点偏置	TRANS X__Y__Z__；	可编程的零点偏移，清除所有有关偏移、旋转、比例系数、镜像的指令
	ATRANS X__Y__Z__；	可编程的零点偏移，附加于当前的指令
	TRANS；	不带数值，清除所有有关偏移、旋转、比例系数、镜像的指令
ROT，AROT 可编程旋转	ROT　RPL=__；	可编程旋转，删除以前的偏移，旋转，比例系数和镜像指令
	AROT RPL=__；	可编程旋转，附加于当前的指令
	ROT；	没有设定值，删除以前的偏移，旋转，比例系数和镜像
MIRROR，AMIRROR 可编程的镜像	MIRROR X0 Y0 Z0；	可编程的镜像功能，清除所有有关偏移、旋转、比例系数、镜像
	AMIRROR X0 Y0 Z0；	可编程的镜像功能，附加于当前的指令
	MIRROR；	不带数值，清除所有有关偏移、旋转、比例系数、镜像的指令
LONGHOLE 铣圆弧槽	LONGHOLE(RTP，RFP，SDIS，DP，DPR，NUM，LENG，CPA，CPO，RAD，STA1，INDA，FFD，FFP1，MID)	铣削圆弧槽
SLOT2 铣圆周槽	SLOT2(RTP，RFP，SDIS，DP，DPR，NUM，AFSL，WID，CPA，CPO，RAD，STA1，INDA，FFD，FFP1，MID，CDIR，FAL，VARI，MIDF，FFP2，SSF)	用于铣削圆周槽
CYCLE72 轮廓铣削循环	CYCLE72(_KNAME，_RTP，_RFP，_SDIS，_DP，_MID，_FAL，_FALD，_FFP1，_FFD，_VARI，RL，_AS1，_LP1，_FF3，_AS2，_LP2)	使用 CYCLE72 可以铣削定义在子程序中的任何轮廓

7.2　SIEMENS 系统数控铣床与加工中心编程指令介绍

7.2.1　极坐标，极点定义（G110，G111，G112）

通常情况下一般使用直角坐标系（*X*，*Y*，*Z*），但工件上的点也可以用极坐标定义。如果一个工件或一个部件，当其尺寸以到一个固定点（极点）的半径和角度来设定时，往往就使用极坐标系。当使用极坐标编程时，RP 表示极坐标半径，AP 表示极坐标角度，如图 7-1 所示。极坐标角度有正有负，逆时针为正，顺时针为负。

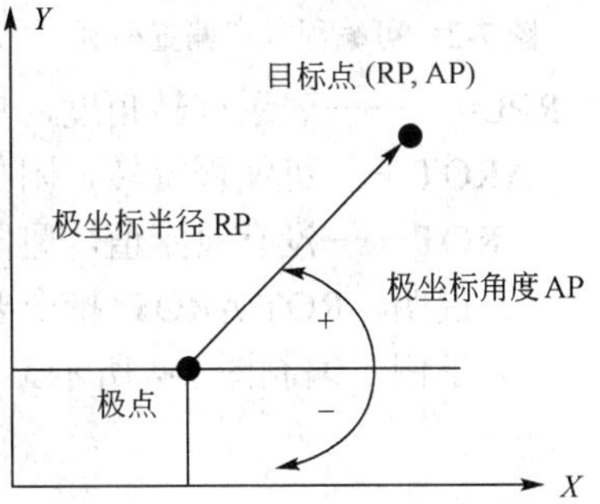

图 7-1　极坐标定义

（1）格式：

G110：极点定义，相对于上次编程的设定位置（在平面中，比如 G17）。

G111：极点定义，相对于当前工件坐标系的零点（在平面中，比如 G17）。

G112：极点定义，相对于最后有效的极点，平面不变。

（2）说明

① 当一个极点已经存在时，极点也可以用极坐标定义。

② 如果没有定义极点，则当前工件坐标系的零点就作为极点使用。

（3）举例

N10 G17；（表示 *XY* 平面）

N20 G111 X17 Y36 ；（在当前工件坐标系中的极点坐标）

N80 G112 AP=45 RP=27.8；（定义新的极点，相对于上一个极点，作为一个极坐标）

N90…AP=12.5 RP=47.679；（极坐标）

7.2.2　可编程的零点偏置（TRANS，ATRANS）

（1）格式：TRANS X__Y__Z__；

ATRANS X__Y__Z__；

TRANS；

式中　TRANS——可编程的零点偏移，清除所有有关偏移、旋转、比例系数、镜像的指令；

X__Y__Z__——偏置的零点坐标值；

ATRANS——可编程的零点偏移，附加于当前的指令；

TRANS——不带数值，清除所有有关偏移、旋转、比例系数、镜像的指令。

（2）说明

① TRANS/ATRANS 指令要求一个独立的程序段；

② 如果工件上在不同的位置有重复出现的形状或结构，或者选用了一个新的参考点，在这种情况下就需要使用可编程零点偏置，由此就产生一个当前工件坐标系，新输入的尺寸均是在该坐标系中的数据尺寸；

③ 可以在所有坐标轴中进行零点偏移。

（3）举例　编制图 7-2 所示工件的数控加工程序。

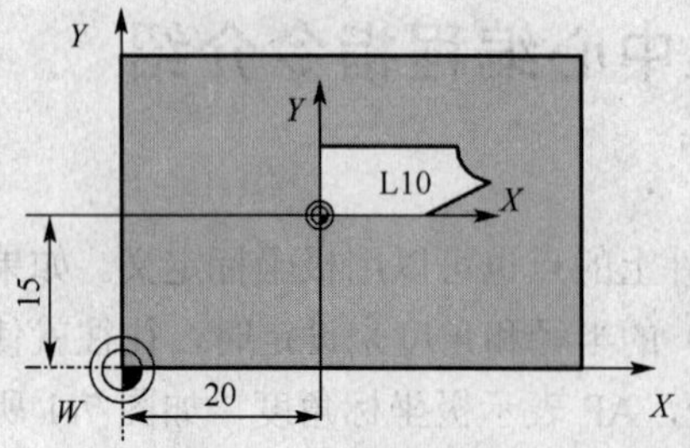

图 7-2 可编程零点偏置举例

N20 TRANS X20 Y15；（可编程零点偏移）
N30 L10 ；（调用子程序）
…
N70 TRANS ；（取消零点偏移）

7.2.3 可编程旋转（ROT，AROT）

（1）格式：ROT RPL=__；
AROT RP=__；
ROT；

式中 ROT——可编程旋转，删除以前的偏移、旋转、比例系数和镜像指令；

RPL=__——表示旋转角度，单位为度，且顺时针为负，逆时针为正，如图 7-3 所示；

AROT——可编程旋转，附加于当前的指令；

ROT——没有设定值，删除以前的偏移、旋转、比例系数和镜像；

（2）说明 ROT/AROT 指令要求一个独立的程序段。

（3）举例 编制图 7-4 所示工件的数控加工程序。

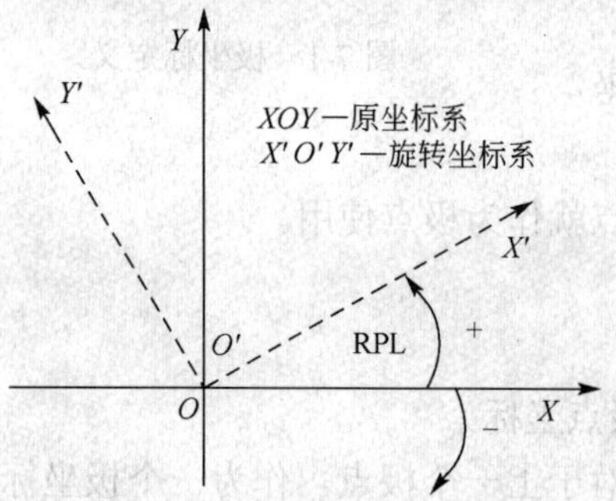

图 7-3 可编程旋转坐标系

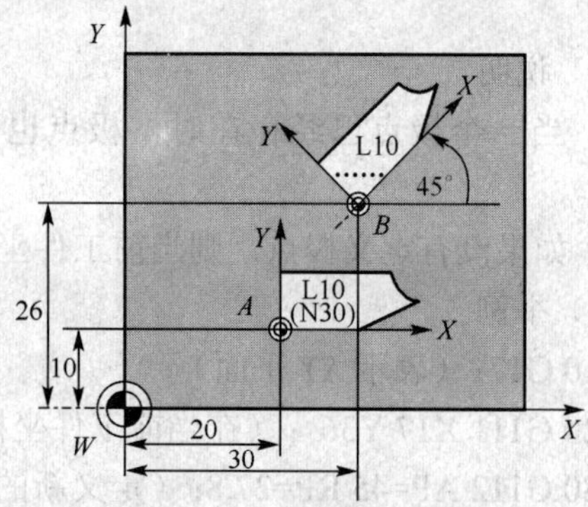

图 7-4 可编程旋转举例

N10 G17；（选择 *XY* 平面）
N20 TRANS X20 Y10 ；（可编程零点偏置，将零点偏置到 *A* 点）
N30 L10 ；（调用子程序）
N40 TRANS X30 Y26；（可编程零点偏置，将零点偏置到 *B* 点）
N50 AROT RPL=45；（将坐标系附加旋转 45°）
N60 L10 ；（调用子程序）
N70 TRANS；（删除偏移和旋转）

7.2.4 可编程的镜像（MIRROR，AMIRROR）

（1）格式

MIRROR X0 Y0 Z0；可编程的镜像功能，清除所有有关偏移、旋转、比例系数、镜像

AMIRROR X0 Y0 Z0；可编程的镜像功能，附加于当前的指令

MIRROR；不带数值，清除所有有关偏移、旋转、比例系数、镜像的指令

（2）说明

① 用 MIRROR 和 AMIRROR 可以以坐标轴镜像工件的几何尺寸。编程镜像功能的坐标轴，其所有运动都以反向运行。

② MIRROR/AMIRROR 指令要求一个独立的程序段。坐标轴的数值没有影响，但必须要定义一个数值。

③ 在镜像功能有效时已经使能的刀具半径补偿（G41/G42）自动反向。

④ 在镜像功能有效时旋转方向 G2/G3 自动反向。

（3）举例　编制图 7-5 所示工件的数控加工程序。

```
…
N10 G17；（选择 XY 平面）
N20 L10；（调用零件轮廓子程序）
N30 MIRROR X0 ；（沿 Y 轴镜像）
N40L10；（调用零件轮廓子程序）
N50 MIRROR Y0；（沿 X 轴镜像）
N60 L10；（调用零件轮廓子程序）
N70 AMIRROR X0；（再次镜像，又回到 X 方向）
N80L10 ；（调用零件轮廓子程序，轮廓镜像两次）
N90 MIRROR；（取消镜像功能）
…
```

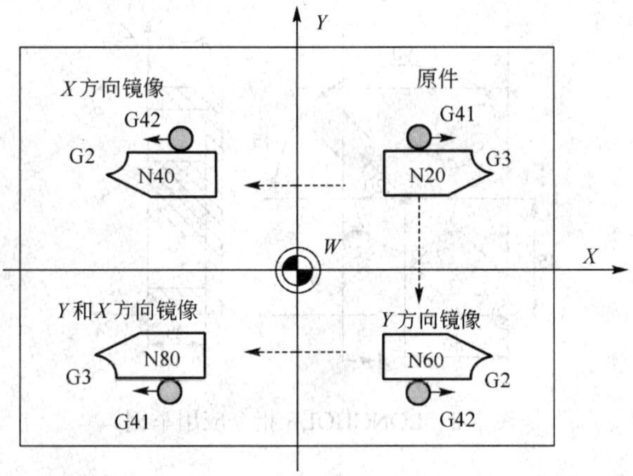

图 7-5　可编程旋转举例

7.2.5　固定循环指令

7.2.5.1　铣圆弧槽指令（LONGHOLE）

（1）格式

LONGHOLE(RTP，RFP，SDIS，DP，DPR，NUM，LENG，CPA，CPO，RAD，STA1，INDA，FFD，FFP1，MID)

LONGHOLE 指令用于铣削圆弧槽（见图 7-6），指令中各参数的具体含义见图 7-7 和表 7-2 的具体说明。

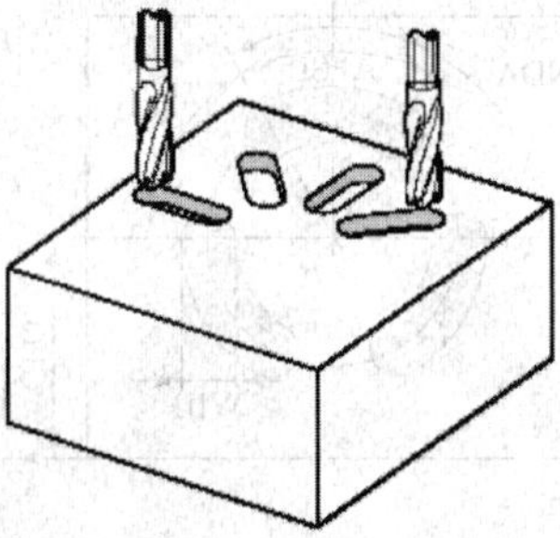

图 7-6　铣圆弧槽

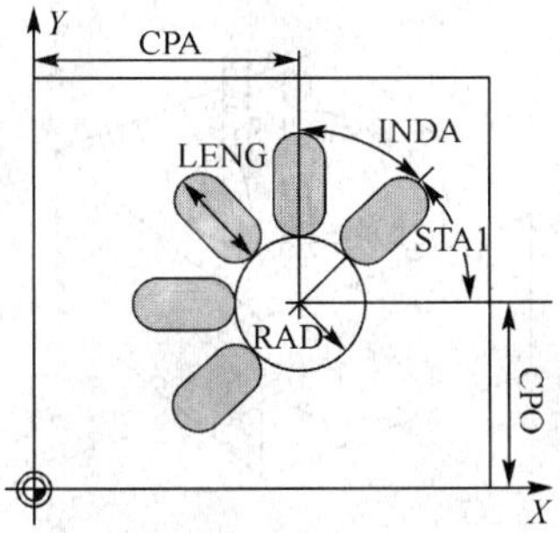

图 7-7　LONGHOLE 指令参数含义

表 7-2 LONGHOLE 指令参数含义

参数	类型	含 义	参数	类型	含 义
RTP	实数	退回平面（绝对值）	CPO	实数	圆弧圆心（绝对值），平面的第二轴
RFP	实数	参考平面（绝对值）	RAD	实数	圆弧半径（无符号输入）
SDIS	实数	安全间隙（无符号输入）	STA1	实数	起始角度
DP	实数	槽深（绝对值）	INDA	实数	增量角度
DPR	实数	相对于参考平面的槽深（无符号输入）	FFD	实数	深度切削进给率
NUM	整数	槽的数量	FFP1	实数	表面加工进给率
LENG	实数	槽长（无符号输入）	MID	实数	每次进给时的进给深度（无符号输入）
CPA	实数	圆弧圆心（绝对值），平面的第一轴			

（2）功能 使用此循环可以加工按圆弧排列的槽。

（3）举例 利用 LONGHOLE 指令编制图 7-8 所示工件上的四个圆弧槽加工程序。

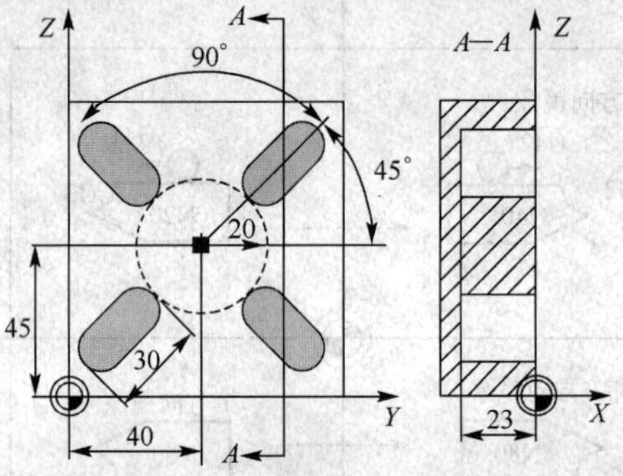

图 7-8 LONGHOLE 指令应用举例

N10 G19 G90 D9 T10 S600 M3；（技术值定义）
N20 G0 Y50 Z25 X5；（移动到起始位置）
N30 LONGHOLE(5，0，1，，23，4，30，40，45，20，45，90，100，320，6)；(循环调用)
N40 M02；（循环结束）

7.2.5.2 铣圆周槽指令（SLOT2）

（1）格式 SLOT2(RTP，RFP，SDIS，DP，DPR，NUM，AFSL，WID，CPA，CPO，RAD，STA1，INDA，FFD，FFP1，MID，CDIR，FAL，VARI，MIDF，FFP2，SSF)

SLOT2 指令用于铣削圆周槽（见图 7-9），指令中各参数的具体含义见图 7-10 和表 7-3 的具体说明。

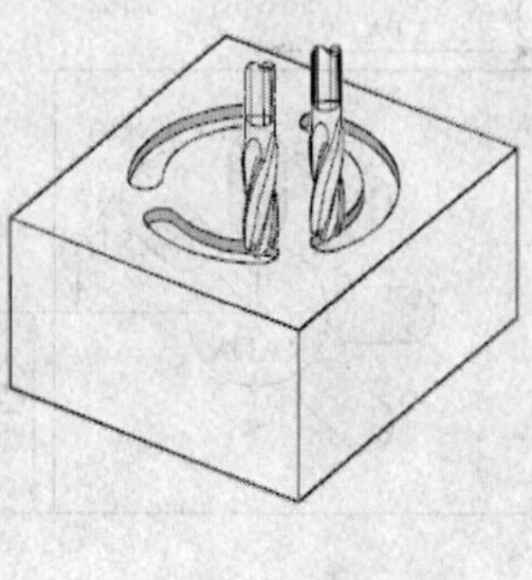

图 7-9 铣削圆周槽

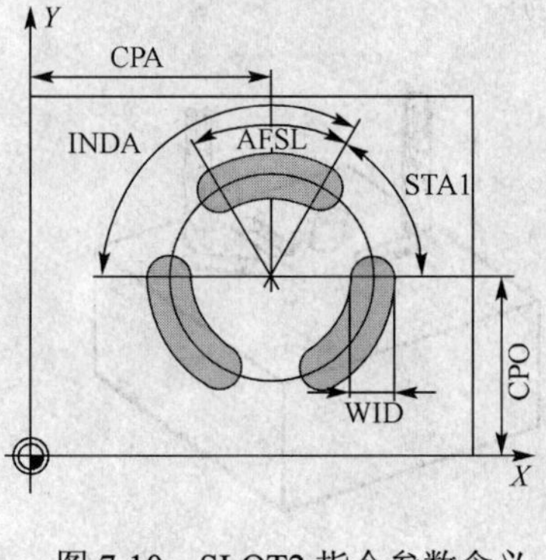

图 7-10 SLOT2 指令参数含义

表 7-3　SLOT2 指令参数含义

参　数	类　型	含　义
RTP	实数	退回平面（绝对值）
RFP	实数	参考平面（绝对值）
SDIS	实数	安全间隙（无符号输入）
DP	实数	槽深（绝对值）
DPR	实数	相对于参考平面的槽深（无符号输入）
NUM	整数	槽的数量
AFSL	实数	槽长的角度（无符号输入）
WID	实数	圆周槽宽（无符号输入）
CPA	实数	圆弧圆心（绝对值），平面的第一轴
CPO	实数	圆弧圆心（绝对值），平面的第二轴
RAD	实数	圆弧半径（无符号输入）
STA1	实数	起始角度
INDA	实数	增量角度
FFD	实数	深度切削进给率
FFP1	实数	表面加工进给率
MID	实数	每次进给时的进给深度（无符号输入）
CDIR	整数	加工圆周槽的铣削方向值: 2（用于 G2）3（用于 G3）
FAL	实数	槽边缘的精加工余量（无符号输入）
VARI	整数	加工类型值：0=完整加工，1=粗加工，2=精加工
MIDF	实数	精加工时的最大进给深度
FFP2	实数	精加工进给率
SSF	实数	精加工速度

（2）功能　SLOT2 循环是一个综合的粗加工和精加工循环。使用此循环可以加工分布在圆上的圆周槽。

（3）举例　利用 SLOT2 指令编制图 7-11 所示工件上的 3 个圆周槽加工程序。

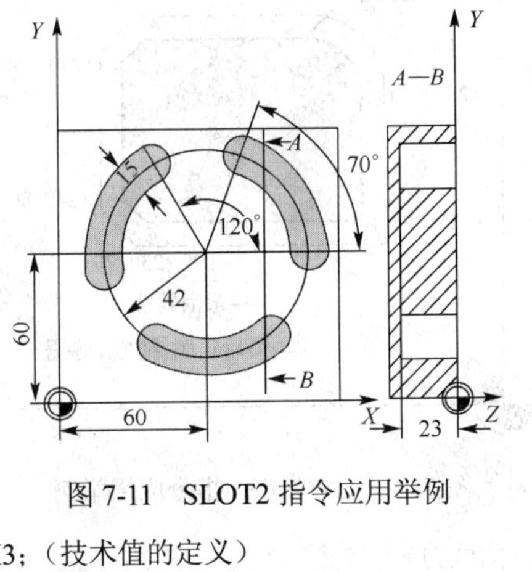

图 7-11　SLOT2 指令应用举例

N10 G17 G90 T1 D1 S600 M3；（技术值的定义）
N20 G0 X60 Y60 Z5；（回到起始位置）
N30 SLOT2 (2，0，2，–23，，3，70，15，60，65，42，，120，100，300，6，2，0.5，0，，0，)（循环

调用）

N60 M30；（程序结束）

7.2.5.3　轮廓铣削循环指令（CYCLE72）

（1）格式　CYCLE72(_KNAME，_RTP，_RFP，_SDIS，_DP，_MID，_FAL，_FALD，_FFP1，_FFD，_VARI，RL，_AS1，_LP1，_FF3，_AS2，_LP2)

指令中各参数的具体含义见表 7-4。

表 7-4　CYCLE72 指令参数含义

参　数	类　型	含　义
_KNAME	字符	轮廓子程序名称
_RTP	实数	退回平面（绝对值）
_RFP	实数	参考平面（绝对值）
_SDIS	实数	安全间隙（无符号输入）
_DP	实数	深度（绝对值）
_MID	实数	最大进给深度（无符号输入）
_FAL	实数	边缘轮廓的精加工余量（增量，无符号输入）
_FALD	实数	槽底的精加工余量（增量，无符号输入）
_FFD	实数	深度进给率（无符号输入）
_VARI	整数	加工类型（无符号输入）
_RL	整数	沿轮廓中心，向右或向左进给（使用 G40，G41 或 G42;无符号输入）
_AS1	整数	接近方向/接近路径的定义（无符号输入）
_LP1	实数	接近路径的长度（使用直线）或接近圆弧的半径（使用圆）（无符号输入）
_FF3	实数	返回进给率和平面中中间位置的进给率（在开口处）
_AS2	整数	返回方向/返回路径的定义（无符号输入）
_LP2	实数	返回路径的长度（使用直线）或返回圆弧的半径（使用圆）（无符号输入）

（2）功能　使用 CYCLE72 可以铣削定义在子程序中的任何轮廓。循环运行时可以有或没有刀具半径补偿。

（3）举例　使用 CYCLE72 指令加工图 7-12 所示零件的加工程序。

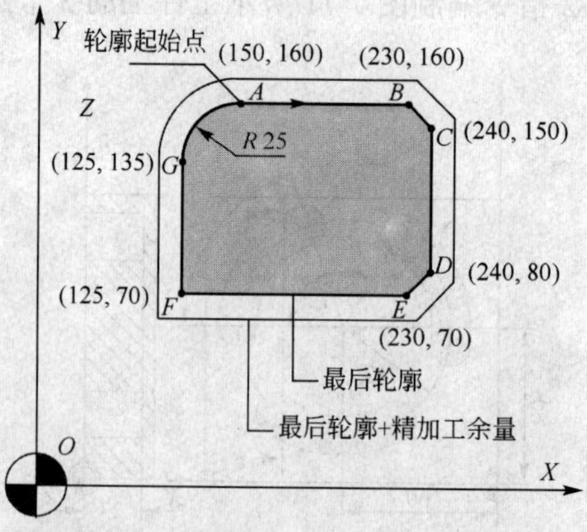

图 7-12　CYCLE72 指令应用举例

N10 T3 D1；（T3 为半径为 7 的铣刀）

N20 S500 M3 F3000；（主轴速度及进给率）

N30 G17 G0 G90 X100 Y200 Z250 G94；（回到起始位置）

```
N40 CYCLE72( "EX72CONTOUR", 250 200, 3, 175, 10, 1, 1.5, 800, 400, 111, 41, 2, 20, 1000,
        2, 20)(调用轮廓循环)
N50 X100 Y200;
N60 M2;(程序结束)
%_N_EX72CONTOUR_SPF(用于铣削轮廓的子程序)
N20 S500 M3 F3000(编程进给率,速度)
N30 G17 G0 G90 X100 Y200 Z250 G94 回到起始位置
N40 CYCLE72( "PIECE_245:PIECE_245_E", 250, 200, 3, 175, 10, 1, 1.5, 800, 400, 11, 41, 2,
        20, 1000, 2, 20)(调用轮廓循环)
N50 X100 Y200;
N60 M2;
N70 PIECE_245:(轮廓)
N80 G1 G90 X150 Y160;
N90 X230 CHF=10;
N100 Y80 CHF=10;
N110 X125;
N120 Y135;
N130 G2 X150 Y160 CR=25;
N140 PIECE_245_E;  (轮廓结束)
N150 M2;
```

思考与练习题

1. 试写出 CYCLE72 指令的指令格式，并说明各参数的具体含义。
2. 编制图 7-13 所示零件的数控加工程序。

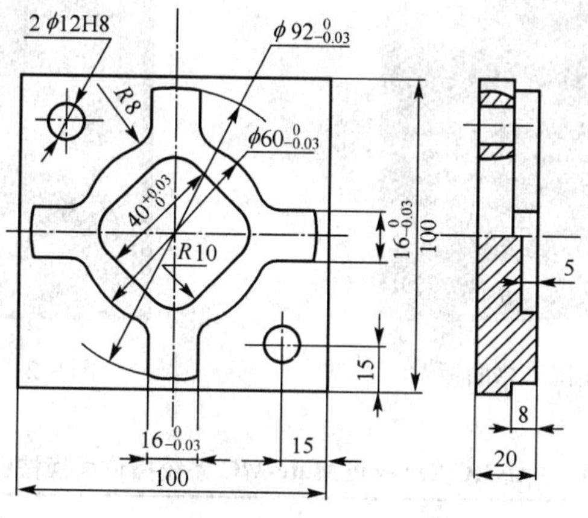

图 7-13　零件图

第 8 章　数控铣床与加工中心操作

8.1　数控铣床面板

本章以 VC750 数控铣床（数控系统为 FANUC Series 0i Mate-MC）为例，来介绍数控铣床的具体操作方法。

8.1.1　数控铣床面板组成

数控铣床总面板由 CRT 显示屏、机床控制面板、系统操作面板三部分组成，如图 8-1 所示。

8.1.2　数控铣床系统操作面板

数控系统操作面板主要用于控制程序的输入与编辑，同时显示机床的各种参数设置和工作状态，如图 8-2 所示。各按钮的含义见表 8-1 中的具体说明。

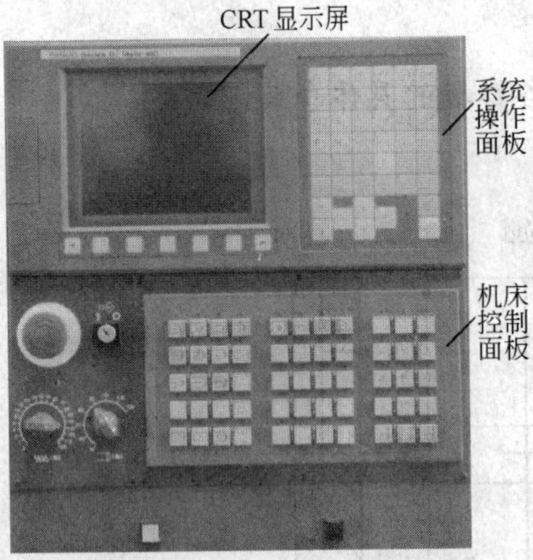

图 8-1　数控铣床总面板

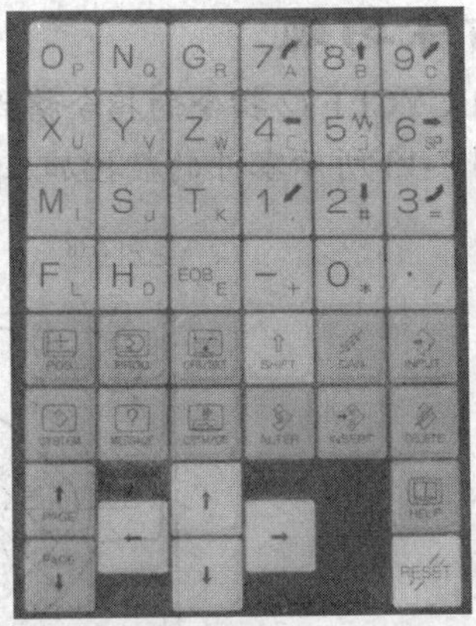

图 8-2　系统操作面板

表 8-1　FANUC Series 0i Mate-MC 系统操作面板按钮功能

序号	名　称	按 钮 符 号	按 钮 功 能
1	地址和数字键	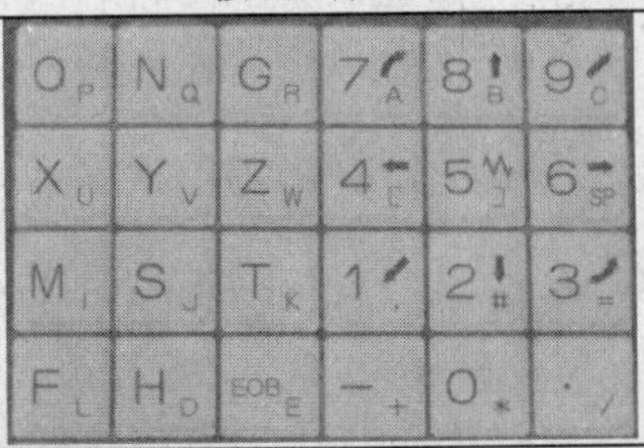	按这些键可以输入字母、数字及其他符号
2	功能键		在 CRT 中显示坐标值
			CRT 将进入程序编辑和显示界面

续表

序号	名　称	按钮符号	按钮功能
2	功能键		CRT 将进入参数补偿显示界面
			系统参数显示界面
			信息显示界面
			在自动运行状态下将数控显示切换至轨迹模式
3	换档键		在有些键的顶部有两个字符，按此键和字符键，选择下端小字符
4	取消键		用于删除已输入到键入缓冲区的数据。例如，当显示键入缓冲区数据为：N001X100Z_时按此键，则字符 Z 被取消，并显示 N1001X100
5	输入键		将数据域中的数据输入到指定的区域
6	编辑键		用输入的数据替代光标所在的数据
			把输入域之中的数据插入到当前光标之后的位置
			删除光标所在的数据，或者删除一个数控程序或者删除全部数控程序
7	帮助键		按此键用来显示如何操作机床，如 MDI 键的操作。可在 CNC 发生报警时提供报警的详细信息
8	复位键		按下此键可使 CNC 复位，消除报警信息
9	光标移动键	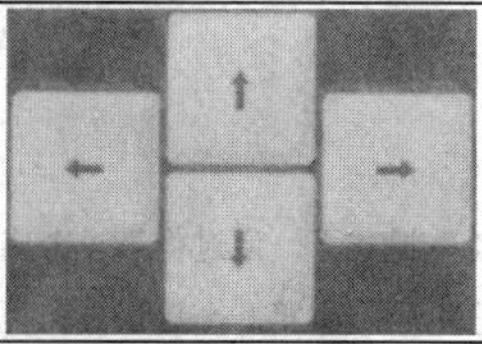	移动 CRT 中的光标位置。软键 ↑ 实现光标的向上移动；软键 ↓ 实现光标的向下移动；软键 ← 实现光标的向左移动；软键 → 实现光标的向右移动
10	翻页键	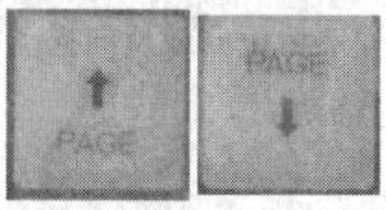	软键 ↑PAGE 实现左侧 CRT 中显示内容的向上翻页；软键 PAGE↓ 实现左侧 CRT 显示内容的向下翻页

8.1.3　数控铣床控制面板

数控铣床控制面板如图 8-3 所示，各按钮的含义见表 8-2 中的具体说明。

图 8-3　数控铣床控制面板

表 8-2　VC750 数控铣床控制面板按钮功能

序号	名　称	符　号	功　能
1	电源总开关		ON 状态，启动数控铣床； OFF 状态，关闭数控铣床
2	系统开关	 	按下左边白色按钮，启动数控系统；按下右边黑色按钮，关闭数控系统
3	急停按钮		在机床操作过程中遇到紧急情况时，按下此按钮使机床移动立即停止，并且所有的输出如主轴的转动等都会关闭。按照按钮上的旋向旋转该按钮使其弹起来消除急停状态
4	主轴倍率调节		旋转旋钮在不同的位置，调节主轴转速倍率，调节范围为 50%～120%
5	进给倍率调节		旋转旋钮在不同的位置，调节手动操作或数控程序自动运行时的进给速度倍率，调节范围为 0～120%
6	机床程序锁		对存储的程序起保护作用，当程序锁锁上后，不能对存储的程序进行任何操作
7	手轮		在“手轮”模式下，通过将第一个旋钮旋转至 X、Y、Z 位置来选择进给轴，将第二个旋钮旋转至×1、×10、×100 位置选择进给倍率，然后正向或反向摇动手轮手柄实现该轴方向上的正向或反向移动
8	模式选择按钮	 自动运行	此按钮被按下后，系统进入自动加工模式

续表

序号	名　称	符　号		功　能
8	模式选择按钮		编辑	此按钮被按下后，系统进入程序编辑状态
			MDI	此按钮被按下后，系统进入 MDI 模式，手动输入并执行指令
			远程执行	此按钮被按下后，系统进入远程执行模式(DNC 模式)，输入输出资料
			单节	此按钮被按下后，运行程序时每次执行一条数控指令
			单节忽略	此按钮被按下后，数控程序中的注释符号“/”有效
			选择性停止	点击该按钮，“M01”代码有效
			机械锁定	锁定机床
			试运行	空运行
			进给保持	程序运行暂停，在程序运行过程中，按下此按钮运行暂停。按循环启动“ ”恢复运行
			循环启动	程序运行开始；系统处于自动运行或“MDI”位置时按下有效，其余模式下使用无效
			循环停止	程序运行停止，在数控程序运行中，按下此按钮停止程序运行
		外部复位	外部复位	在程序运行中点击该按钮将使程序运行停止。在机床运行超程时若“超程释放”按钮不起作用可使用该按钮使系统释放
9	运动模式选择按钮		回原点	点击该按钮系统处于回原点模式
			手动	机床处于手动模式，连续移动
			增量进给	机床处于手动模式，点动移动
			手动脉冲	机床处于手轮控制模式
10	原点灯	X原点灯　Y原点灯　Z原点灯		当机床的 *X*、*Y*、*Z* 坐标轴返回参考点后，*X*、*Y*、*Z* 轴参考点指示灯亮
11	坐标轴选择按钮	X　Y　Z		分别用于选择 *X*、*Y*、*Z* 轴
12	主轴控制按钮			从左至右分别为：正转、停止、反转
13	运动方向选择按钮	+　　−		“ + ”表示坐标轴正向运动；“ − ”表示坐标轴反向运动；同时按下坐标轴和“ ”，可以实现该坐标轴上的快速移动

8.2 数控铣床操作

8.2.1 开机与关机

开机：首先将机床侧壁上的机床电源开关“”打开至“ON”状态，然后按下机床面板上白色系统开关“”即可。

关机：首先按下机床面板上黑色系统开关“”，然后将机床侧壁上的电源开关“”打到“OFF”状态即完成关机操作。

8.2.2 手动操作

8.2.2.1 手动返回参考点

手动返回参考点的步骤如下：

① 按下回参考点按钮“”，进入回参考点模式。

② 先使 Z 方向回参考点，按下“Z”按钮，再按下“+”按钮，机床向 Z 正方向运动，Z 方向回到参考点后，“Z原点灯”灯亮；同理按下“X”按钮，再按下“+”按钮，X 方向回参考点，“X原点灯”灯亮表示 X 轴已经返回参考点；按下“Y”按钮，再按下“+”按钮，Y 方向回参考点，“Y原点灯”灯亮表示 Y 轴已经回到参考点。

8.2.2.2 手动连续进给（JOG 进给）操作

手动连续进给操作的步骤如下：

① 点击操作面板中的手动按钮“”，机床进入手动模式。

② 分别按下“X”、“Y”或“Z”按钮选择坐标轴，再按住“+”或“-”按钮不放，可以使选定坐标轴向正方向或负方向连续运动。

③ 手动连续进给速度可由进给速度倍率按钮“”来调节，调节范围为0~120%。

④ 选择进给轴后，如同时按住快速移动按钮“”和进给方向按钮“+”或“-”，则机床向相应的方向快速移动。

8.2.2.3 增量进给方式

在增量进给（INC）方式中，按下机床操作面板上的进给轴“X”、“Y”或“Z”及其方向选择按钮“+”或“-”，会使刀具沿着所选轴方向移动一步。刀具移动的最小距离是最小的输入增量。每一步可以是最小输入增量的 1，10，100 或者 1000 倍。这种方式在没有连接手摇脉冲发生器时有效。

增量进给的执行步骤如下：

① 点击操作面板中的增量进给按钮“”，机床进入增量进给模式。

② 按下“X”、“Y”或“Z”按钮选择进给轴，按下“+”或“-”按钮选择进给方向，每按下一次按钮，刀具就移动一步。进给速度与 JOG 方式的进给速度一样。

③ 选择进给轴后，如同时按住快速移动开关“”和进给方向按钮“+”或“-”，则可以以快速移动速度移动刀具。

8.2.2.4　手轮进给操作

在手动脉冲模式中，可以通过旋转机床操作面板上的手摇脉冲发生器使刀具作微量移动，使用手轮选择要移动的坐标轴。手摇脉冲发生器旋转一个刻度时刀具移动的最小距离与最小输入增量相等。

手轮进给的操作步骤如下：

① 点击操作面板中的手动脉冲按钮“”，机床进入手动脉冲模式；

② 通过将手轮上坐标选择的旋钮“

”旋转在 X、Y、Z 位置选择进给轴；

③ 通过将手轮上进给倍率旋钮“

”旋转在×1、×10、×100 位置选择进给倍率，旋转手摇脉冲发生器一个刻度时刀具移动的最小距离等于最小输入增量乘以放大倍数；

④ 正向或反向摇动手轮手柄“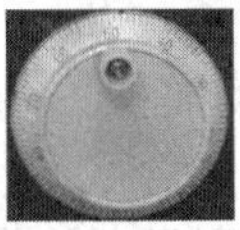”实现该轴方向上的正向或反向移动，手轮旋转 360° 刀具移动的距离相当于 100 个刻度的对应值。

8.2.2.5　主轴旋转控制

主轴旋转控制步骤如下：

① 点击操作面板中的手动按钮“” 进入手动模式，或点击操作面板中的增量进给按钮“”进入增量进给模式，或点击操作面板中的手动脉冲按钮“”进入手动脉冲模式；

② 按下按钮“”，主轴正转；按下按钮“”，主轴反转；按下按钮“”，主轴停转。

8.2.3　程序的管理

8.2.3.1　建立一个新程序

① 点击操作面板中的编辑按钮“” 进入程序编辑模式；

② 按功能键 “”显示程序画面；

③ 输入新程序的程序号，如 O1005；

④ 按功能键 “”， 若所输入的程序号已存在，将此程序设置为当前程序，否则新建此程序；

⑤ 屏幕显示 O1005 程序画面，在此窗口中输入程序。

8.2.3.2　选择一个程序

① 点击操作面板中的编辑按钮“”进入程序编辑模式；

② 按功能键 “”显示程序画面；

③ 输入要选择的程序号，如 O1010；

④ 按光标键“↑”或“↓”开始搜索，找到后，“O1010”显示在屏幕右上角程序号位置，NC 程序显示在屏幕上。

8.2.3.3　删除一个程序

① 点击操作面板中的编辑按钮“”进入程序编辑模式；

② 按功能键“ ”显示程序画面；

③ 输入要删除的程序号，如O2005；

④ 按删除键“ ”，则O2005程序被删除。

8.2.3.4　删除指定范围内的多个程序

① 点击操作面板中的编辑按钮“ ”进入程序编辑模式；

② 按功能键“ ”显示程序画面；

③ 以如下格式输入将要删除的程序号的范围：OXXXX，OYYYY

其中 XXXX 代表将要删除程序的起始程序号，YYYY 代表将要删除的程序的终了程序号。

④ 按删除键“ ”，则删除程序号从No.XXXX到No.YYYY之间的程序。

8.2.3.5　删除全部程序

① 点击操作面板中的编辑按钮“ ”进入程序编辑模式；

② 按功能键“ ”显示程序画面；

③ 输入O—9999；

④ 按删除键“ ”，则所有程序被删除。

8.2.3.6　输入数控程序

① 确认输入设备准备好；

② 点击操作面板中的编辑按钮“ ”进入程序编辑模式；

③ 使用软盘时，查找程序所在目录；

④ 按下功能键“ ”，显示程序内容画面或者程序目录画面；

⑤ 按软键“[(OPRT)]”；

⑥ 按软键“▷”（菜单继续键）；

⑦ 输入程序号；如果不指定程序号，就会使用软盘或者纸带中的程序号；

⑧ 按软键“[READ]”和“[EXEC]”，程序被输入。

8.2.3.7　输出数控程序

① 确认输出设备已经准备好；

② 点击操作面板中的编辑按钮“ ”进入程序编辑模式；

③ 按下功能键“ ”，显示程序内容画面或者程序目录画面；

④ 按软键“[(OPRT)]”；

⑤ 按软键“▷”（菜单继续键）；

⑥ 输入程序号；如果输入—9999，则所有存储在内存中的程序都将被输出；

⑦ 按软键“[PUNCH]”和“[EXEC]”，程序被输出。

8.2.4　程序的编辑

① 点击操作面板中的编辑按钮“ ”进入程序编辑模式；

② 按功能键“ ”显示程序画面；

③ 输入要选择的程序号，如O1111；

④ 按光标键“ ”开始搜索，找到后O111的NC程序显示在屏幕上。

8.2.4.1　阅读程序

① 按下光标移动键“ ”、“ ”、“ ”、“ ”，实现光标向上、向下、向左、向右移动；

② 按下翻页键“ ”、“ ”，实现向上、向下翻页。

8.2.4.2　插入字符

比如在 G00 后插入 G42，具体操作如下：

① 按下光标移动键“↑”、“↓”、“←”、“→”，将光标移到所需位置，即 G00 上；

② 输入需要插入的字符 G42；

③ 按插入键“”，则 G42 被插入 G00 后。

8.2.4.3　删除输入域中的数据

如输入正在 G00 X100，需要删除 X100，具体操作如下：

按取消键“”，按一次删除一个字符，按四次，则 X100 被删除。

8.2.4.4　删除字符

比如将程序中的 Z56.0 删除，具体操作如下：

① 按光标移动键“↑”、“↓”、“←”、“→”，将光标移动到 Z56.0 上；

② 按删除键“”，则 Z56.0 被删除。

8.2.4.5　替换字符

比如将程序中的 X20.0 修改为 X25.0，具体操作如下：

① 按光标移动键“↑”、“↓”、“←”、“→”，“将光标移动到 X20.0 上；

② 输入 X25.0；

③ 按替换键“”，则 X20.0 被修改为 X25.0。

8.2.5　MDI 操作

在 MDI 方式中，通过 MDI 面板，可以编制最多 10 行的程序并被执行，程序格式和通常程序一样。MDI 运行适用于简单的测试操作。

MDI 运行方式步骤如下：

① 点击操作面板中的 MDI 按钮“”进入 MDI 模式。

② 按功能键“”显示程序画面。

③ 用通常的程序编辑操作编制一个要执行的程序。在 MDI 方式编制程序可以用插入、修改、删除、字检索、地址检索和程序检索等操作，具体过程见 8.2.4 节。

④ 为了删除在 MDI 中建立的程序，输入程序名，按“”删除程序。

⑤ 为了运行在 MDI 中建立的程序，需将光标移动到程序头，按下操作面板上的循环启动按钮“”，程序启动运行。

⑥ 为了中途停止或结束 MDI 运行，按下面步骤进行。

• 停止 MDI 运行。

按机床操作面板上进给暂停按钮“”，进给暂停灯亮而循环启动灯灭。

机床响应如下：

当机床在运动时，进给操作减速并停止；

当机床在停刀状态时，停刀状态被中止；

当执行 M，S 或 T 指令时，操作在 M，S 和 T 执行完毕后运行停止；当操作面板上的循环启动按钮再次被按下时，机床的运行重新启动。

• 终止 MDI 运行。

按 MDI 面板上的复位键“”，自动运行结束并进入复位状态。当在机床运动中执行了复位命令后，运动会减速并停止。

8.2.6 程序运行

8.2.6.1 自动/连续运行方式

自动/连续运行的操作步骤如下：

① 点击操作面板中的自动运行按钮“”进入自动运行模式。

② 从存储的程序中选择一个程序，为此，按下面的步骤来执行：

- 按“”显示程序画面；
- 按地址键“”和数字键输入程序名；
- 按功能键“”，显示程序；
- 将光标移动到程序开始位置。

③ 按机床面板上的循环启动按钮“”，自动运行启动，而且循环启动灯亮，当自动运行结束，循环启动灯灭。

④ 为了中途停止或取消存储器运行，按以下步骤执行：

- 停止自动运行。

按机床操作面板上进给暂停按钮“”，进给暂停灯亮而循环启动灯灭。在进给暂停灯点亮期间按了机床操作面板上的循环启动按扭“”，机床运行重新开始。

- 结束存储器运行。

按 MDI 面板上的复位键“”，自动运行结束并进入复位。

8.2.6.2 自动/单段运行方式

单段运行步骤：

① 点击操作面板中的自动运行按钮“”进入自动运行模式；

② 从存储的程序中选择一个程序，按“”显示程序画面，将光标移动至程序头位置；

③ 按下机床操作面板上的单节按钮“”；

④ 按循环启动按钮“”执行该程序段，执行完毕后光标自动移动至下一个程序段位置，按下循环启动按钮“”依次执行下一个程序段直到程序结束。

注：

- 自动/单段方式执行每一行程序均需点击一次循环启动按钮“”；
- 点击单节跳过按钮“”，序运行时跳过符号“/”有效，该行成为注释行，不执行；
- 点击选择性停止按钮“”，则程序中 M01 有效；
- 可以通过主轴倍率旋钮“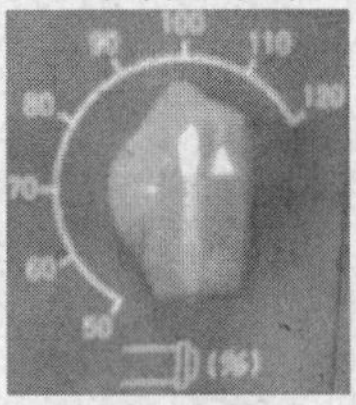

”和进给倍率旋钮“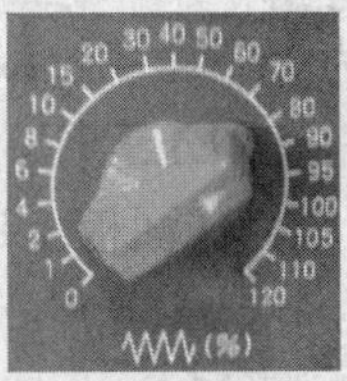

”来调节主轴旋转的速度和移动的速度。

8.2.6.3 试运行

机床锁住和辅助功能锁住步骤：

① 打开需要运行的程序，且将光标移动至程序头位置；

② 点击操作面板中的自动运行按钮“” 进入自动运行模式；

③ 同时按下机床操作面板上的空运行开关“”和机床锁住开关“”，机床进入锁紧状态；

④ 按机床面板上的循环启动按钮“”，自动运行启动，而且循环启动灯亮，机床不移动，但显示器上各轴位置在改变。当自动运行结束，循环启动灯灭。

⑤ 为了检验刀具运行轨迹，按下功能键“”和软键“[GRAPH]”，则屏幕上显示刀具轨迹。

8.2.7　偏置数据的输入

① 点击操作面板中的编辑按钮“” 进入程序编辑模式；

② 按功能键“”显示刀具偏移画面；

③ 按软键“【坐标系】”，进入工件坐标系设置窗口，通过面板手动输入对刀值；

④ 按软键“【形状补正】”，进入刀具偏置值设置窗口，通过面板手动输入对刀值；

8.2.8　设定和显示数据

8.2.8.1　显示坐标系

① 显示绝对坐标系：

- 按下功能键“”；
- 按软键“【绝对】”；
- 在屏幕上显示绝对坐标值。

② 显示相对坐标系：

- 按下功能键“”；
- 按软键“【相对】”；
- 在屏幕上显示相对坐标值。

③ 显示综合坐标系：

- 按下功能键“”；
- 按软键“【综合】”；
- 在屏幕上显示综合坐标值。

8.2.8.2　显示程序清单

① 点击操作面板中的编辑按钮“”进入程序编辑模式；

② 按功能键“”显示程序画面；

③ 按软键“[LIB]”；

④ 在屏幕上显示内存程序目录。

8.3　数控铣床对刀

在数控铣床上加工零件时，为了使对刀过程方便，通常工件坐标系的原点设在工件的几何中心或几何角点上，下面以工件原点设在工件的几何中心为例，说明常见的几种对刀方法。

8.3.1　用寻边器和 Z 轴设定器对刀

寻边器主要用来确定工件坐标系原点在机床坐标系中的 X、Y 值，也可测量工件的简单尺寸。寻边器分为偏心式和光电式两种，其中以光电式寻边器比较常用（见图 8-4）。光电式寻边器的测头一般为直径 10mm 的钢球，用弹簧拉紧在光电式寻边器的测杆上，碰到工件时可以退让，并将电路导通，发出光讯信号，通过光电式寻边器的指示和机床坐标位置，即可得到被测表面的坐标位置。

Z 轴设定器主要用于确定工件坐标系中的 Z 值（见图 8-5），有光电式和指针式等类型，通过光电指示或指针判断刀具与对刀器是否接触，对刀精度一般可达 0.005mm。*Z* 轴设定器带有磁性表座，可以牢固地吸附在工件或夹具上，其高度一般为 50mm 或 100mm。对刀时，将刀具的端刃与工件表面或 *Z* 轴设定器的测头接触，利用机床坐标的显示来确定对刀值。需要注意的是当使用 *Z* 轴设定器对刀时，要将 *Z* 轴设定器的高度考虑进去。

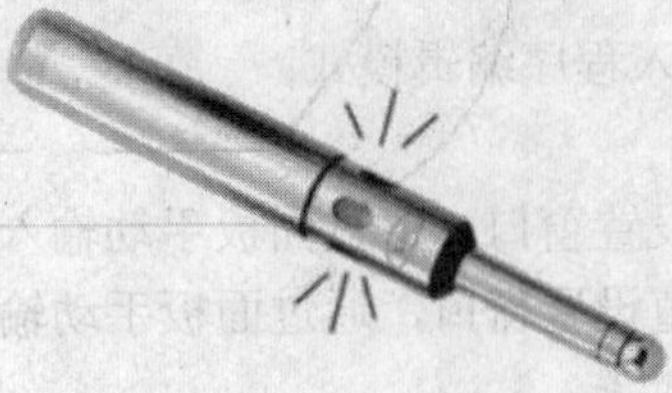

图 8-4　光电式寻边器

图 8-5　*Z* 轴设定器

使用寻边器和 *Z* 轴设定器的使用情况分别如图 8-6 和图 8-7 所示，具体对刀过程如下。

图 8-6　使用光电式寻边器对刀

图 8-7　使用 *Z* 轴设定器对刀

8.3.1.1　*X* 轴方向对刀

① 将寻边器装到机床主轴上，找正；

② 开机；

③ 回参考点；

④ 点击操作面板中的手动按钮“”，机床进入手动模式；

⑤ 分别按下“X”、“Y”或“Z”按钮选择坐标轴，再按住“+”或“-”不放，可以使选定坐标轴向正方向或负方向连续运动；

⑥ 按下“X”按钮，再按住“+”或“-”不放，使寻边器接近工件的右边（见图 8-8），通过进给速度倍率按钮“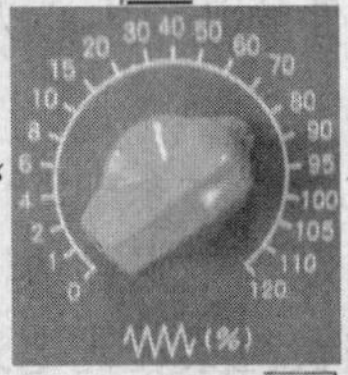”来调节进给速度；

⑦ 点击操作面板中的手动脉冲按钮“”，机床进入手动脉冲模式；

⑧ 通过将手轮上坐标选择的旋钮“

”旋转在 *X* 位置选择 *X* 进给轴；

⑨ 通过将手轮上进给倍率旋钮“

”依次旋转在×100、×10、×1 位置，反向摇动手轮手柄“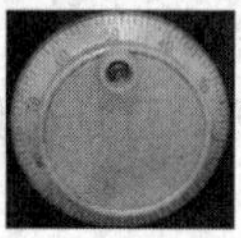”，注意观察寻边器的指示灯，当指示灯亮表明位置合适，记下此时的坐标值 X_1；

⑩ 同理将寻边器移动至工件左边位置（见图 8-8），用手轮操作使其接近工件，注意观察寻边器的指示灯，当指示灯亮表明位置合适，记下此时的坐标值 X_2；

⑪ 将（X_1+X_2）/2 所得的 X 坐标值输入到 G54 坐标系中即完成了 X 方向的对刀操作。

8.3.1.2　*Y* 轴方向对刀

① 按照与 X 轴对刀相同的方法，将寻边器移动至工件前边位置，用手轮操作使其接近工件，注意观察寻边器的指示灯，当指示灯亮表明位置合适，记下此时的坐标值 Y_1。再将寻边器移动至工件后边位置，用手轮操作使其接近工件，注意观察寻边器的指示灯，当指示灯亮表明位置合适，记下此时的坐标值 Y_2（见图 8-9）。

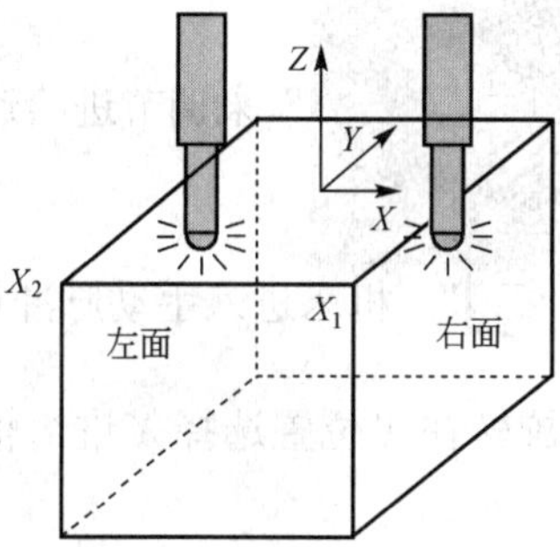

图 8-8　用寻边器进行 X 方向对刀

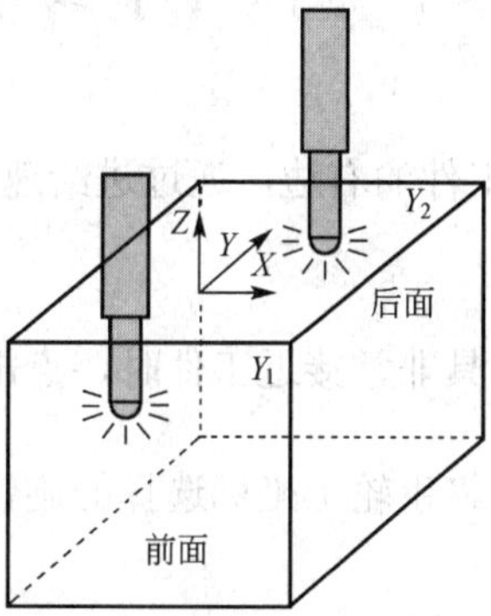

图 8-9　用寻边器进行 Y 方向对刀

② 将（Y_1+Y_2）/2 所得的 Y 坐标值输入到 G54 坐标系中即完成了 Y 方向的对刀操作。

8.3.1.3　*Z* 轴方向对刀

① 将寻边器卸下来，将加工用的刀具装到机床主轴上，找正；

② 将 Z 轴设定器吸附在工件的上表面上；

③ 点击操作面板中的手动按钮“”，机床进入手动模式；

④ 分别按下“X”、“Y”或“Z”按钮选择坐标轴，再按住“+”或“-”不放，使刀具接近工件上表面，通过进给速度倍率按钮“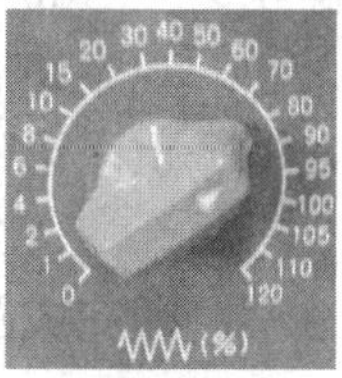

”来调节进给速度；

⑤ 当刀具非常接近工件时，点击手动脉冲按钮“”，机床进入手动脉冲模式；

⑥ 通过将手轮上坐标选择的旋钮“

”旋转在 Z 位置选择 Z 进给轴；

⑦ 通过将手轮上进给倍率旋钮“”依次旋转在×100、×10、×1 位置，摇动手轮手柄“”，注意 Z 轴设定器的指示灯，当指示灯亮表示刀具已经与工件上表面接触上，记下此时的坐标值 Z；

⑧ 将所得的 Z 坐标值输入到 G54 坐标系中即完成了 Z 方向的对刀操作。

8.3.2 试切对刀

8.3.2.1 X 轴方向对刀

① 将加工用的刀具装到机床主轴上，找正；

② 点击操作面板中的手动按钮“”，机床进入手动模式；

③ 开机；

④ 回参考点；

⑤ 按下按扭“”或“”，使主轴正转或反转；

⑥ 分别按下“X”、“Y”或“Z”按钮选择坐标轴，再按住“+”或“-”不放，使刀具接近工件的右边，通过进给速度倍率按钮“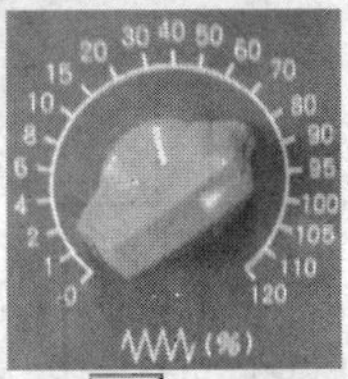”来调节进给速度；

⑦ 当刀具非常接近工件时，点击手动脉冲按钮“”，机床进入手动脉冲模式；

⑧ 通过将手轮上坐标选择的旋钮“”旋转在 X 位置选择 X 进给轴；

⑨ 通过将手轮上进给倍率旋钮“”依次旋转在×100、×10、×1 位置，反向摇动手轮手柄“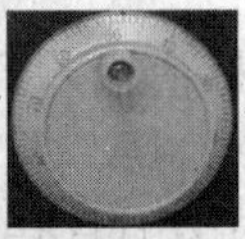”，注意观察切屑情况，一旦下屑表示刀具已经与工件右表面接触上，记下此时的坐标值 X_1（见图 8-10）。

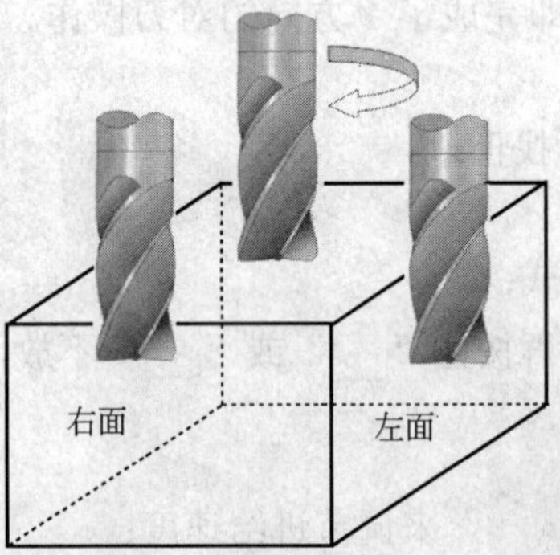

图 8-10　试切法对刀

⑩ 将刀具沿着 X 正方向退刀，再沿 Z 正方向抬刀；

⑪ 重复上述操作过程，用刀具试切工件左端面，注意观察切屑情况，一旦下屑表示刀具已经与工件左表面接触上，记下此时的坐标值 X_2（见图 8-10）。

⑫ 将 $(X_1+X_2)/2$ 所得的 X 坐标值输入到 G54 坐标系中即完成了 X 方向的对刀操作。

8.3.2.2 Y 轴方向对刀

① 按照与 X 轴对刀相同的方法，用刀具试切工件前端面，用手轮操作使其接近工件，注意观察切屑情况，一旦下屑表示刀具已经与工件前面接触上，记下此时的坐标值 Y_1。再用刀具试切工件后端面，用手轮操作使其接近工件，注意观察切屑情况，一旦下屑表示刀具已经与工件后表面接触上，记下此时的坐标值 Y_2。

② 将（Y_1+Y_2）/2 所得的 Y 坐标值输入到 G54 坐标系中即完成了 Y 方向的对刀操作。

8.3.2.3　Z 轴方向对刀

① 按照与 X 轴对刀相同的方法，用刀具试切工件上表面，用手轮操作使其接近工件，注意观察切屑情况，一旦下屑表示刀具已经与工件上表面相接触，记下此时的坐标值 Z；

② 将所得的 Z 坐标值输入到 G54 坐标系中即完成了 Z 方向的对刀操作。

8.3.3　用塞尺对刀

当用试切法对刀时，通常会在工件表面留下对刀痕迹，从而影响工件的表面质量。为此，可在刀具与工件之间加入塞尺进行对刀，过程如下。

8.3.3.1　X 轴方向对刀

① 将加工用的刀具装到机床主轴上，找正；

② 开机；

③ 回参考点；

④ 点击操作面板中的手动按钮“”，机床进入手动模式；

⑤ 分别按下“”、“”或“”按钮选择坐标轴，再按住“”或“”不放，可以使选定坐标轴向正方向或负方向连续运动；

⑥ 按下“”按钮，再按住“”或“”不放，使刀具接近工件的右边，通过进给速度倍率按钮“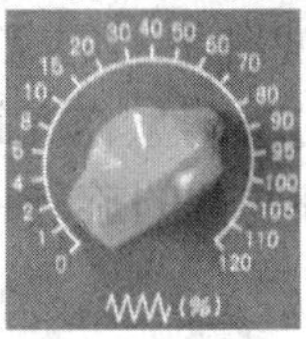”来调节进给速度；

⑦ 快接近工件时，点击操作面板中的手动脉冲按钮“”，机床进入手动脉冲模式；

⑧ 在工件右端面和刀具之间夹一塞尺（或一定尺寸的量块）；

⑨ 通过将手轮上坐标选择的旋钮“
”旋转在 X 位置选择 X 进给轴；

⑩ 通过将手轮上进给倍率旋钮“
”依次旋转在×100、×10、×1 位置，反向摇动手轮手柄“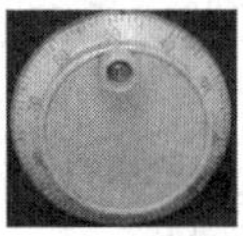”，注意塞尺的松紧程度，当塞尺松紧程度适中（太紧容易损坏刀具和工件表面，太松则对刀不准确），记下此时的坐标值 X_1（见图 8-11）。

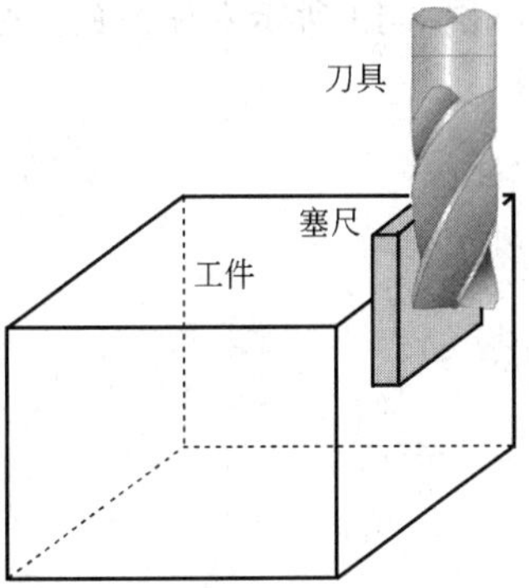

图 8-11　用塞尺对刀

⑪ 同理将刀具移动至工件左边位置，用手轮操作使其接近工件，注意塞尺的松紧程度，当塞尺松紧程度适中时，记下此时的坐标值 X_2。

⑫ 将（X_1+X_2）/2 所得的 X 坐标值输入到 G54 坐标系中即完成了 X 方向的对刀操作。

8.3.3.2　Y 轴方向对刀

① 按照与 X 轴对刀相同的方法，将刀具移动至工件前边位置，用手轮操作使其接近工件，注意塞尺的松紧程度，当塞尺松紧程度适中时，记下此时的坐标值 Y_1。再将刀具移动至工件后边位置，用手轮操作使其接近工件，注意塞尺的松紧程度，当塞尺松紧程度适中时，

记下此时的坐标值 Y_2。

② 将（Y_1+Y_2）/2 所得的 Y 坐标值输入到 G54 坐标系中即完成了 Y 方向的对刀操作。

8.3.3.3 Z 轴方向对刀

① 按照与 X 轴对刀相同的方法，将刀具移动至工件上表面附近，用手轮操作使其接近工件，注意塞尺的松紧程度，当塞尺松紧程度适中时，记下此时的坐标值 Z_1。

② 计算：$Z=Z_1$–塞尺的厚度

③ 将计算所得的 Z 坐标值输入到 G54 坐标系中即完成了 Z 方向的对刀操作。

8.3.4 用杠杆百分表对刀

除了上述常用的三种对刀方法外，有时还采用杠杆百分表对刀，如图 8-12 所示。

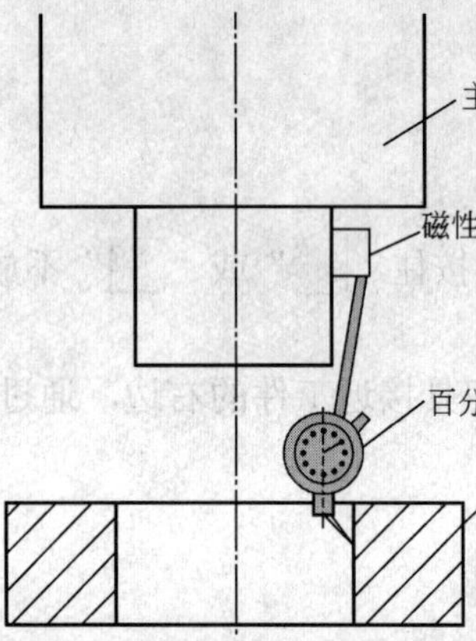

图 8-12 杠杆百分表对刀

对刀过程如下：

① 用磁性表座将杠杆百分表吸附在机床主轴端面上，并手动输入 M03 低速正转；

② 手动操作，使旋转的表头按 X、Y、Z 的顺序逐渐靠近孔壁（或圆柱面）；

③ 移动 Z 轴，使表头压住被测表面，指针转到约 0.1mm；

④ 逐步降低手动脉冲发生器的 X、Y 移动量，使表头旋转一周时，其指针的跳动量在允许的对刀误差内，如 0.01mm，此时可认为主轴的旋转中心与被测孔中心重合；

⑤ 记下此时机床坐标系中的 X、Y 坐标值，输入到 G54 中完成对刀操作。

思考与练习题

1. 数控铣床的工件坐标系通常如何设置？
2. 数控铣床与加工中心有何区别？
3. 数控铣床常见的对刀方法有哪些？简述对刀过程。
4. 以图 8-13 所示零件为例，分析其加工过程并完成加工。

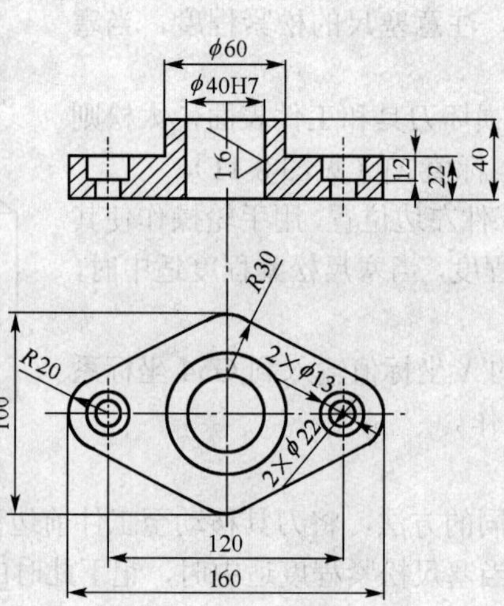

图 8-13 零件综合加工

第9章 数控铣床与加工中心零件加工综合实例

9.1 平面外轮廓的加工

9.1.1 零件图纸及加工要求

在数控铣床上加工如图 9-1 所示零件，材料为 Q235 钢板，要求用手工编程编制下列零件的数控加工程序并在数控铣床上完成加工。

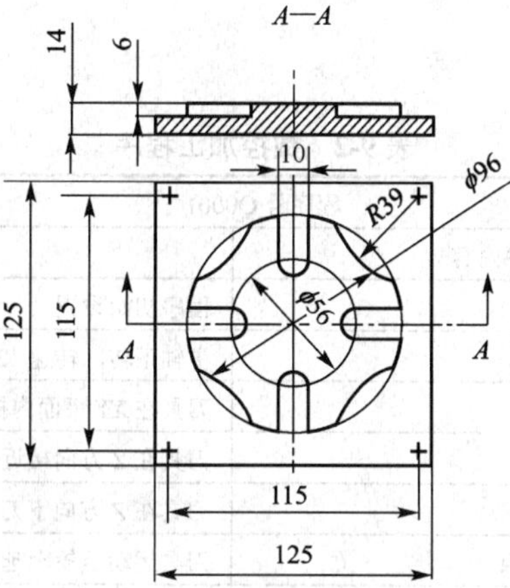

图 9-1 平面外轮廓零件图

9.1.2 工艺分析

分析图 9-1，可以看出该零件为薄壁零件，且形状比较复杂，采用立式数控铣床进行加工。零件的毛坯尺寸为 125mm×125mm×14mm 钢板。由于工件外形轮廓对称，因此工件坐标系原点选在顶面对称中心点。

零件形状规则，故采用平口钳进行装夹。由于工件上有 4 个槽，为便于编程和加工，同时减少换刀，故选择ϕ10 的立铣刀进行加工。根据零件的加工工艺，首先加工由ϕ96 和 *R*39 组成的外轮廓，采用顺铣方式加工，然后加工四个宽度为 10mm 的槽。

9.1.3 基点坐标的计算

基点号及基点坐标值如图 9-2 和表 9-1 所示。

表 9-1 基点坐标值

基点号	*X* 坐标	*Y* 坐标	基点号	*X* 坐标	*Y* 坐标
1	43.022	21.287	7	21.287	–43.022
2	21.287	43.022	8	43.022	–21.287
3	–21.287	43.022	9	28	0
4	–43.022	21.287	10	0	28
5	–43.022	–21.287	11	–28	0
6	–21.287	–43.022	12	0	–28

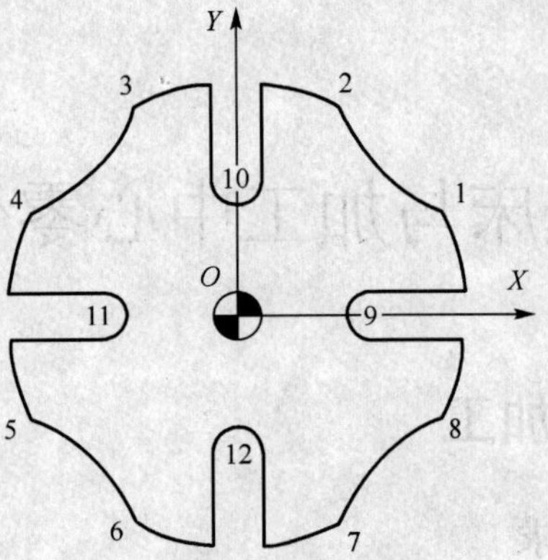

图 9-2 平面外轮廓的加工

9.1.4 数控加工程序

数控加工程序见表 9-2。

表 9-2 数控加工程序

程序号 O0001		
程序段号	程序内容	程序说明
N0005	G90 G94 G17 G21 G54；	程序初始设置
N0010	S1200 M03；	主轴正转，转速 1200r/min
N0015	G00 X80.0 Y–80.0；	刀具在 *XY* 平面内接近工件
N0020	Z100；	刀具在 *Z* 方向接近工件
N0025	G01 Z–6.0 F400；	刀具在 *Z* 方向下刀，切深 6mm
N0030	G42 X48.0 Y–70.0 D01；	刀具运动至轮廓延长线上并建立刀具半径右补偿
N0035	G01 Y0.0 F200；	沿直线切削至工件轮廓上
N0040	G03 X43.022 Y21.287 R48.0；	切削圆弧至 1 点
N0045	G02 X21.287 Y43.022 R39.0；	切削圆弧至 2 点
N0050	G03 X–21.287 Y43.022 R48.0；	切削圆弧至 3 点
N0055	G02 X–43.022 Y21.287 R39.0；	切削圆弧至 4 点
N0060	G03 X–43.022 Y–21.287 R48.0；	切削圆弧至 5 点
N0065	G02 X–21.287 Y43.022 R39.0；	切削圆弧至 6 点
N0070	G03 X21.287 Y–43.022 R48.0；	切削圆弧至 7 点
N0075	G02 X43.022 Y–21.287 R39.0；	切削圆弧至 8 点
N0080	G03 X62.5 Y0.0 R48.0；	切削圆弧至 *X* 轴
N0085	G01 Y70.0；	刀具切出工件
N0090	G00 Z10.0；	抬刀
N0095	G40 X70.0 Y0.0；	取消刀具半径补偿
N0100	G01 Z–6.0 F200；	下刀
N0105	X28.0；	切槽至 9 点
N0110	G00 Z10.0；	抬刀
N0115	X0.0 Y70.0；	接近工件
N0120	G01 Z–6.0 F200；	下刀
N0125	Y28.0；	切槽至 10 点

续表

程序号 O0001		
程序段号	程序内容	程序说明
N0130	G00 Z10.0;	抬刀
N0135	X–70.0 Y0.0;	接近工件
N0140	G01 Z–6.0 F200;	下刀
N0145	X–28.0;	切槽至 11 点
N0150	G00 Z10.0;	抬刀
N0155	X0.0 Y–70.0;	接近工件
N0160	G01 Z–6.0 F200;	下刀
N0165	Y–28.0;	切槽至 12 点
N0170	G00 Z100.0;	抬刀
N0175	M05;	主轴停转
N0180	M30;	程序结束

9.1.5　零件的数控加工

① 机床的开机。机床在开机前，应先进行机床的开机前检查。一切没有问题之后，先打开机床总电源，然后打开控制系统电源。在显示屏上应出现机床的初始位置坐标。检查操作面板上的各指示灯是否正常，各按钮、开关是否处于正确位置；显示屏上是否有报警显示，若有问题应及时予以处理；液压装置的压力表是否在所要求的范围内。若一切正常，就可以进行下面的操作。

② 回参考点操作。开机正常之后，机床应首先进行手动回零操作。将主功能键设在“回参考点”位置，按下回零操作键，进行手动回零。先按下+Z 键，再按下+X、+Y 键，机床回到机械原点，机床原点指示灯亮，表示机床已回到机床原点位置。

③ 加工程序输入。在编辑模式下，按下主功能的程序键（PROGRAM），进行加工程序编辑。将 O0001 程序输入数控系统。

④ 工件装夹。将已准备好的毛坯找正并用压板等夹紧在工作台上。

⑤ 刀具参数设置（对刀）。按下补偿键（OFFSETING），进入参数设置状态，根据工件设计和工艺要求及加工程序设计要求，将使用刀具的刀具补偿量输入程序对应的刀具的参数数据库里面。具体刀具补偿量根据实际情况确定。

⑥ 图形模拟加工。在自动模式下，按下图形模拟键（GRAPH），进入图形模拟加工状态，如加工有错，则修改程序，直到程序正确为止。

⑦ 程序试运行。

⑧ 自动加工。

⑨ 加工完毕后取下工件，清洁机床。

9.2　平面内轮廓的加工

9.2.1　零件图纸及加工要求

在数控铣床上加工如图 9-3 所示零件，材料为 Q235 钢板，要求用手工编程编制下列零件的数控加工程序并在数控铣床上完成加工。

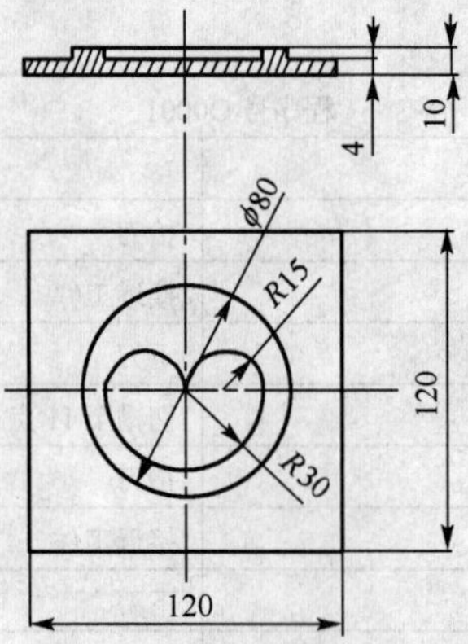

图 9-3 平面内轮廓零件图

9.2.2 工艺分析

分析图 9-3，可以看出该零件为薄壁零件，由内外圆弧组成，采用立式数控铣床进行加工。零件的毛坯尺寸为 120mm×120mm×10mm 钢板。由于工件外形轮廓对称，因此工件坐标系原点选在顶面对称中心点。

零件形状规则，故采用平口钳进行装夹。由于工件内轮廓最小尺寸为 *R*15，故选择的刀具尺寸应小于ϕ30。为便于编程和加工，同时提高生产率，加工外轮廓时采用ϕ40 的平底立铣刀；加工内轮廓时采用ϕ10 的平底立铣刀进行加工。根据零件的加工工艺，首先加工外轮廓，采用顺铣方式加工，然后加工内轮廓。

9.2.3 基点坐标的计算

加工过程采用刀具半径左补偿。加工外轮廓时，刀具沿着切线方向切入，并沿着切线方向切出，走刀路线为直线（1 到 2）—圆弧（2 到 2）—直线（2 到 3）；加工内轮廓时也是沿着切线方向切入和切出，走刀路线为直线（4 到 5）—圆弧（5 到 6）—圆弧（6 到 7）—圆弧（7 到 8）—直线（8 到 9），见图 9-4，具体坐标值见表 9-3。

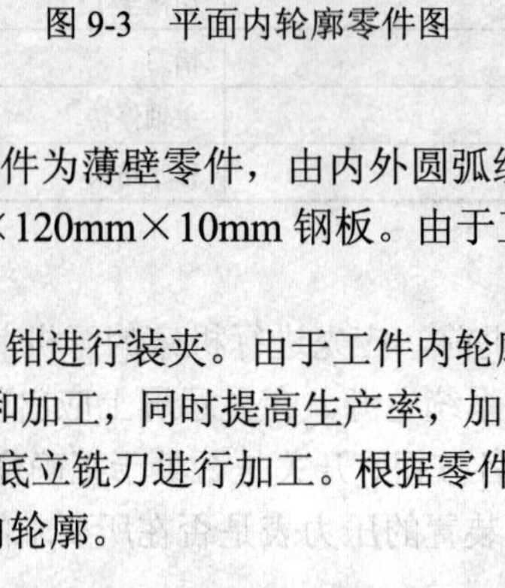

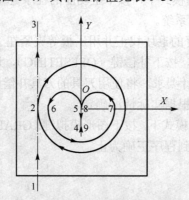

图 9-4 平面内轮廓零件走刀路线

表 9-3 基点坐标值

基点号	*X* 坐标	*Y* 坐标	基点号	*X* 坐标	*Y* 坐标
1	–40	–80	6	–30	0
2	40	0	7	30	0
3	–40	80	8	0	0
4	0	–20	9	0	–20
5	0	0			

9.2.4　数控加工程序

数控加工程序见表 9-4。

表 9-4　数控加工程序

程序号：O0002		
加工外轮廓用ϕ40 的平底立铣刀，加工内轮廓时用ϕ10 的平底立铣刀		
程序段号	程序内容	程序说明
N0005	G90 G94 G17 G21 G54；	程序初始设置
N0010	S1000 M03；	主轴正转，转速 1000r/min
N0015	G00 X–100.0 Y–100.0；	接近工件
N0020	G43 Z20.0 H01；	接近工件并建立长度补偿（ϕ40 铣刀）
N0025	G01 Z–4.0 F500；	下刀，深度 4mm
N0030	G41 X–40.0 Y–80.0 D01；	运动至 1 点，建立刀具半径左补偿
N0035	G01 Y0.0 F200；	轮廓切线方向切削至 2 点
N0040	G02 X–40.0 Y0.0 I40.0 J0.0；	切削外轮廓的圆弧
N0045	G01 Y80.0；	沿切线方向切出轮廓
N0050	G00 G49 Z0.0；	抬刀并取消长度补偿
N0055	G40 X0.0 Y0.0；	取消半径补偿
N0060	M05；	主轴停转
N0065	M00；	暂停，换 10 铣刀加工内轮廓
N0070	S1000 M03；	主轴正转，转速 1000r/min
N0075	G00 G43 Z20.0 H02；	接近工件并建立长度补偿（ϕ10 铣刀）
N0080	G01 G41 X0.0 Y–20.0 D02 F300；	运动至 4 点，建立刀具半径左补偿
N0085	G01 Z–4.0 F200；	下刀，深度 4mm
N0090	Y0.0；	沿轮廓切线方向切削至 5 点
N0095	G03 X–30.0 Y0.0 I–15.0 J0.0；	切削圆弧至 6 点
N0100	G03 X30.0 Y0.0 I30.0 J0.0；	切削圆弧至 7 点
N0105	G03 X0.0 Y0.0 I–15.0 J0.0；	切削圆弧至 8 点
N0110	G01 Y–20.0；	沿切线方向切出轮廓至 9 点
N0115	G00 G49 Z0.0；	抬刀并取消长度补偿
N0120	G40 X0.0 Y0.0；	取消半径补偿
N0125	M05；	主轴停转
N0130	M30；	程序结束

9.2.5　零件的数控加工

加工过程参考 9.1.5 节。

9.3　孔的加工

9.3.1　零件图纸及加工要求

如图 9-5 所示零件，材料为 LF21，要求用手工编程编制下列零件的数控加工程序并在加工中心上完成加工，使满足图纸要求。

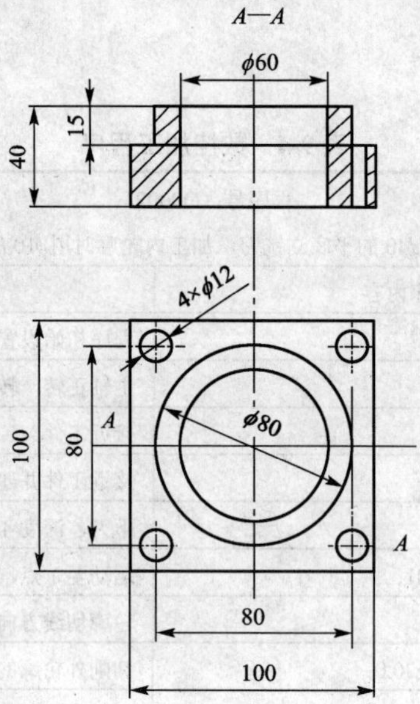

图 9-5　孔加工零件图

9.3.2　工艺分析

分析图 9-5 可以看出该零件有孔和圆形外轮廓组成，孔又包括ϕ60 的大孔和ϕ12 的小孔，因此加工过程中会涉及换刀的问题，故选择立式加工中心对其进行加工。零件的毛坯尺寸为 100mm×100mm×40mm 的正方形铝块，工件坐标系原点选在顶面对称中心点。

零件形状规则，故采用平口钳进行装夹。加工过程中采用 4 把刀具，见表 9-5。

表 9-5　刀具表

刀具序号	刀具名称	加工表面
1	ϕ30 平底立铣刀	加工ϕ80 的圆形外轮廓
2	ϕ12 钻头	加工 4 个ϕ12 孔及ϕ60 的底孔
3	ϕ30 钻头	将ϕ60 的底孔扩到 30mm
4	镗孔刀	镗ϕ60 孔至规定尺寸

9.3.3　数控加工程序

数控加工程序见表 9-6。

表 9-6　数控加工程序

程序号 O0003（主程序）		
程序段号	程序内容	程序说明
N0005	G90 G94 G17 G21 G54;	程序初始设置
N0010	G91 G28 Z0.0;	回到参考点
N0015	T01 M06;	换ϕ30 平底立铣刀
N0020	S1200 M03;	主轴正转，转速 1200r/min
N0025	G00 G90 X–60.0 Y–60.0;	接近工件
N0030	G43 Z0.0 H01;	接近工件并建立刀具长度补偿
N0035	M98 P030004;	调用子程序 O0004 三次
N0040	G00 G49 Z0.0;	抬刀并取消刀具长度补偿
N0045	M05;	主轴停转

续表

程序段号	程序内容	程序说明
程序号 O0003（主程序）		
N0050	T02 M06；	换ϕ12 钻头
N0055	S1000 M03；	主轴正转，转速 1000r/min
N0060	G00 G43 Z50.0 H02；	接近工件并建立刀具长度补偿
N0065	G81 X40.0 Y40.0 Z–45.0 R20.0 F100；	钻孔ϕ12 孔
N0070	X–40.0；	
N0075	Y–40.0；	
N0080	X40.0；	
N0085	X0.0 Y0.0；	
N0090	G00 G49 Z0.0；	抬刀并取消刀具长度补偿
N0095	M05；	主轴停转
N0100	T03 M06；	换ϕ30 钻头
N0105	S1000 M03；	主轴正转，转速 1000r/min
N0110	G00 G43 Z50.0 H03；	接近工件并建立刀具长度补偿
N0115	G81 X0.0 Y0.0 Z–45.0 R20.0 F100；	将ϕ12 孔扩到ϕ30
N0120	G00 G49 Z0.0；	抬刀并取消刀具长度补偿
N0125	M05；	主轴停转
N0130	T04 M06；	换镗孔刀
N0135	G85 X0.0 Y0.0 Z–45.0 R20.0 F100；	镗ϕ60 的孔
N0140	G00 G49 Z0.0；	抬刀并取消刀具长度补偿
N0145	M05；	主轴停转
N0150	M30；	程序结束
程序号 O0004（子程序）		
N0005	G91 G01 Z–5.0 F200；	下刀，每次切深 5mm
N0010	G90 G41 X–40.0 Y–60.0 D01；	切至轮廓延长线上，并建立刀具半径左补偿
N0015	G01 Y0.0 F100；	沿直线切削至 X 轴上
N0020	G02 X–40.0 Y0.0 I40.0 J0.0；	切削圆弧
N0025	G01 Y60.0；	切出圆弧
N0030	G00 X–70.0；	退刀至初始点
N0035	Y–70.0；	
N0040	G00 G40 X–60.0 Y–60.0；	
N0045	M99；	子程序结束

9.3.4　零件的数控加工

加工过程参考 9.1.5 节。

9.4　复杂零件加工

9.4.1　零件图纸及加工要求

如图 9-6 所示零件，材料为 LF21，要求用手工编程编制下列零件的数控加工程序并在立式铣床上完成加工，使满足图纸要求。

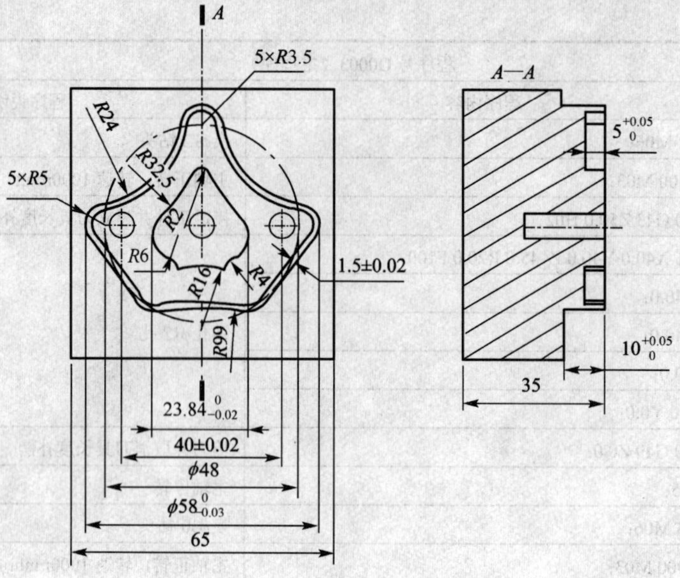

图 9-6 零件图

9.4.2 工艺分析

分析图 9-6 可以看出该零件为薄壁零件，且形状比较复杂，采用数控铣床进行加工。零件的毛坯尺寸为 65mm×65mm×35mm 铝板。根据零件的加工工艺，首先粗加工心形外轮廓，其次加工内型外轮廓，然后粗加工心形内轮廓，再精加工心形内外轮廓，均采用顺铣方式加工，最后钻孔。工件坐标系原点可选择工件顶面对称中心点，采用平口钳进行装夹。加工过程中选择的刀具见表 9-7。

表 9-7 刀具表

刀具序号	刀具名称	加工表面
1	ϕ12 立铣刀	粗加工心形外轮廓
2	ϕ10 立铣刀	精加工心形外轮廓
3	ϕ6 立铣刀	粗精加工心形内轮廓
4	ϕ6 钻头	加工孔

9.4.3 基点坐标的计算

基点号及基点坐标值如图 9-7 和表 9-8 所示。

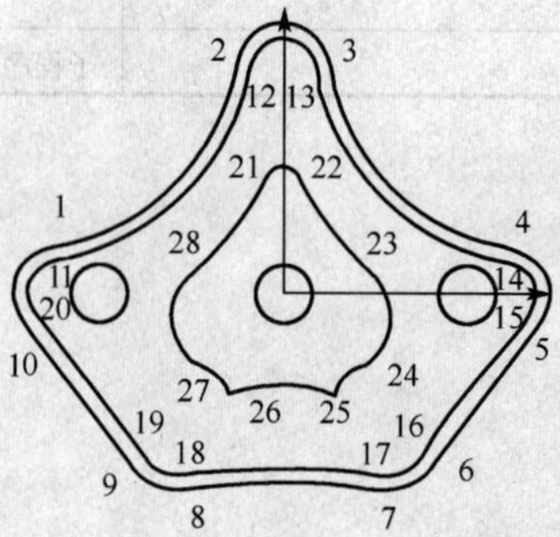

图 9-7 基点坐标图

表 9-8　基点坐标值

基点号	*X* 坐标	*Y* 坐标	基点号	*X* 坐标	*Y* 坐标
1	–24.798	4.936	15	26.772	–2.136
2	–4.936	24.798	16	14.54	–18.009
3	4.936	24.798	17	11.372	–19.35
4	24.798	4.936	18	–11.372	–19.35
5	27.96	–3.052	19	–14.54	–18.009
6	15.728	–18.925	20	–26.772	–2.136
7	11.202	–20.84	21	–1.66	10.492
8	–11.202	–20.84	22	1.66	10.492
9	–15.728	–18.925	23	9.46	2.383
10	–27.96	–3.052	24	8.094	–8.056
11	–24.559	3.455	25	5.678	–10.75
12	–3.455	24.559	26	–5.678	–10.75
13	3.455	24.559	27	–8.094	–8.056
14	24.559	3.455	28	–9.46	2.383

9.4.4　数控加工程序

数控加工程序见表 9-9。

表 9-9　数控加工程序

程序号 O0002 （加工心形外轮廓）		
程序段号	程序内容	程序说明
N0005	G90 G54 G00 X80.0 Y80.0 S1000 M03；	主轴以 1000r/min 速度启动，正转
N0010	Z100.0；	接近工件
N0015	Z5.0；	
N0020	G01 Z–10.0 F500；	下刀，切深 10mm
N0025	G41 X4.936 Y50.0 D01；	切至轮廓延长线上并建立左补偿
N0030	X4.936 Y24.798 F300；	切至 3 点
N0035	G03 X24.798 Y4.936 R24.0；	切至 4 点
N0040	G02 X27.96 Y–3.052 R5.0；	切至 5 点
N0045	G01 X15.728 Y–18.925；	切至 6 点
N0050	G02 X11.202 Y–20.84 R5.0；	切至 7 点
N0055	G03 X–11.202 Y–20.84 R99.0；	切至 8 点
N0060	G02 X–15.728 Y–18.925 R5.0；	切至 9 点
N0065	G01 X–27.96 Y–3.052；	切至 10 点
N0070	G02 X–24.798 Y4.936 R5.0；	切至 1 点
N0075	G03 X–4.936 Y24.798 R24.0；	切至 2 点
N0080	G02 X4.936 Y24.798 R5.0；	切至 3 点
N0085	G03 X24.798 Y4.936 R24.；	切至 4 点
N0090	G01 X50.0；	切出轮廓
N0095	G40 G00 X80.0 Y80.0；	取消刀补
N0100	Z100.0；	抬刀
N0105	M05；	主轴停转
N0110	M30；	程序结束
程序号 O0002 （加工内型外轮廓）		
程序段号	程序内容	程序说明
N0005	G90 G54 G00 X0 Y30.0 S2000 M03；	主轴以 1000r/min 速度启动，正转
N0010	Z100.0；	接近工件

续表

程序号 O0002 （加工内型外轮廓）

程序段号	程序内容	程序说明
N0015	Z5.0;	接近工件
N0020	G41 X–3.0 Y16.0 D02;	建立刀具半径
N0025	G01 Z–5.0 F100;	下刀，切深 5mm
N0030	G03 X1.66 Y10.492 R60.0 F200;	切至 22 点
N0035	G03 X9.46 Y2.383 R32.5;	切至 23 点
N0040	G02 X8.094 Y–8.056 R6.0;	切至 24 点
N0045	G03 X5.678 Y–10.75 R4.0;	切至 25 点
N0050	G03 X–5.678 Y–10.75 R16.0;	切至 26 点
N0055	G03 X–8.094 Y–8.056 R4.0;	切至 27 点
N0060	G02 X–9.46 Y2.383 R6.0;	切至 28 点
N0065	G03 X–1.66 Y10.492 R32.5;	切至 21 点
N0070	G02 X1.66 Y10.492 R2.0;	切至 22 点
N0075	G03 X4.0 Y8.0 R10.0;	切出工件
N0080	G01 Z5.0;	抬刀
N0085	G40 X50.0 Y50.0;	取消刀补
N0090	G00 Z100.0;	抬刀
N0095	M05;	主轴停
N0100	M30;	程序结束

程序号 O0003 （加工心形内轮廓）

程序段号	程序内容	程序说明
N0005	G90 G54 G00 X0 Y0 S2500 M03;	主轴以 1000r/min 速度启动，正转
N0010	Z100.0;	接近工件
N0015	Z5.0;	
N0020	G41 X–18.0 Y0 D03;	建立刀具半径左补偿
N0025	G01 Z–5.0 F80;	下刀，切深 5mm
N0030	X–24.559 Y3.455;	切至 11 点
N0035	G03 X–26.772 Y–2.136 R3.5;	切至 20 点
N0040	G01 X–14.54 Y–18.009;	切至 19 点
N0045	G03 X–11.372 Y–19.35 R3.5;	切至 18 点
N0050	G02 X11.372 Y–19.35 R99.0;	切至 17 点
N0055	G03 X14.54 Y–18.009 R3.5;	切至 16 点
N0060	G01 X26.772 Y–2.136;	切至 15 点
N0065	G03 X24.559 Y3.455 R3.5;	切至 14 点
N0070	G02 X3.455 Y24.559 R24.0;	切至 13 点
N0075	G03 X–3.455 Y24.559 R3.5;	切至 12 点
N0080	G02 X–24.559 Y3.455 R24.0;	切至 11 点
N0085	G03 X–26.772 Y–2.136 R3.5;	切至 20 点
N0090	G01 X–18.0 Y–12.0;	切出工件
N0095	G01 Z5.0;	抬刀
N0100	G40 X0;	取消半径补偿
N0105	G00 Z100.0;	抬刀
N0110	G00 Z100.0;	主轴停
N0115	M30;	程序结束

续表

程序号 O0004（加工孔）		
程序段号	程序内容	程序说明
N0005	G90 G54 G00 X0 Y0 S1000 M03；	主轴以 1000r/min 速度启动，正转
N0010	Z100.0；	接近工件
N0015	Z5.0；	
N0020	G99 G81 X–20.0 Y0 R5.0 Z–20.0 F80；	从左到右依次钻 3 个孔
N0025	X0Y0；	
N0030	X20.0 Y0；	
N0035	G80；	取消钻孔固定循环
N0040	G00 Z100.0；	抬刀
N0045	M05；	主轴停转
N0050	M30；	程序结束

9.4.5　零件的数控加工

加工过程参考 9.1.5 节。

9.5　复杂零件加工

9.5.1　零件图纸及加工要求

如图 9-8 所示零件，材料为 LF21，要求用手工编程编制下列零件的数控加工程序并完成加工，使满足图纸要求。

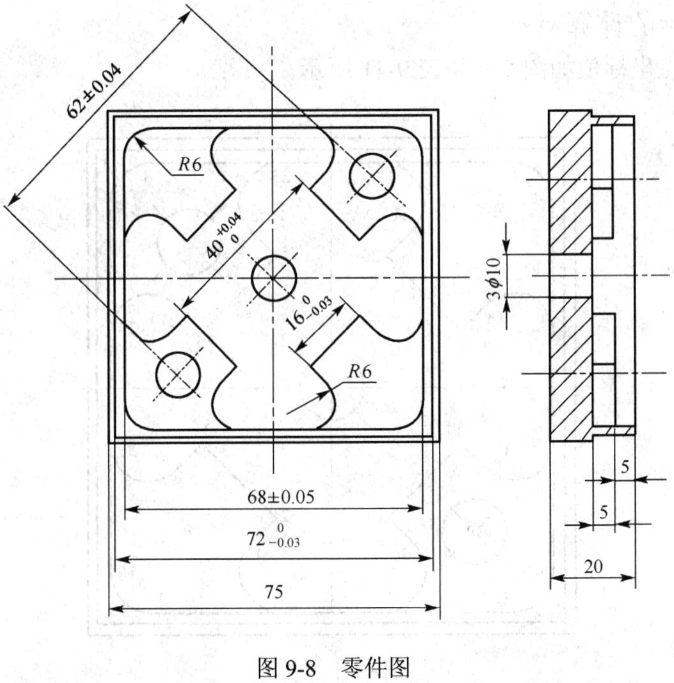

图 9-8　零件图

9.5.2　工艺分析

分析图 9-8 可以看出该零件由外轮廓、内轮廓、孔组成，形状比较复杂，采用加工中心进行加工。零件的毛坯尺寸为75mm×75mm×20mm铝板。根据零件的加工工艺，首先加工正方形外轮廓，然后加工内轮廓，均采用顺铣方式加工，最后钻孔。由于加工过程中采用多把刀具，为减少换刀辅助时间，提高劳动生产率，故采用立式加工中心进行加工。具体加工过程如下：

（1）调用ϕ20立铣刀　先粗加工四边形外轮廓，留1mm的精加工余量。然后粗加工带有圆弧的四边形内轮廓，留的2mm精加工余量。

（2）调用ϕ10 立铣刀　先精加工四边形外轮廓到规定尺寸，然后精加工带有圆弧的四边形内轮廓到规定尺寸，最后粗加工花瓣形内轮廓，留1mm的精加工余量。

（3）调用ϕ6立铣刀　精加工花瓣形内轮廓到规定尺寸。

（4）调用ϕ10钻头　加工3个孔。

工件坐标系原点可选择工件顶面对称中心点，采用平口钳进行装夹。加工过程中选择的刀具见表9-10。

表9-10　刀具表

刀具号	刀具名称	程序名称	加工表面	长度补偿号	半径补偿号
T01	ϕ20立铣刀	O0002	粗加工四边形外轮廓	H01	D01=11
		O0003	粗加工带有圆弧的四边形内轮廓	H01	D02=12
T02	ϕ10立铣刀	O0012	精加工四边形外轮廓	H02	D03=10
		O0013	精加工带有圆弧的四边形内轮廓	H02	D04=10
		O0004	粗加工花瓣形内轮廓	H02	D05=11
T03	ϕ6立铣刀	O0014	精加工花瓣形内轮廓	H03	D06=3
T04	ϕ10钻头	O0001	钻三个孔	H04	—

9.5.3　基点坐标的计算

基点号及基点坐标值如图9-9和表9-11所示。

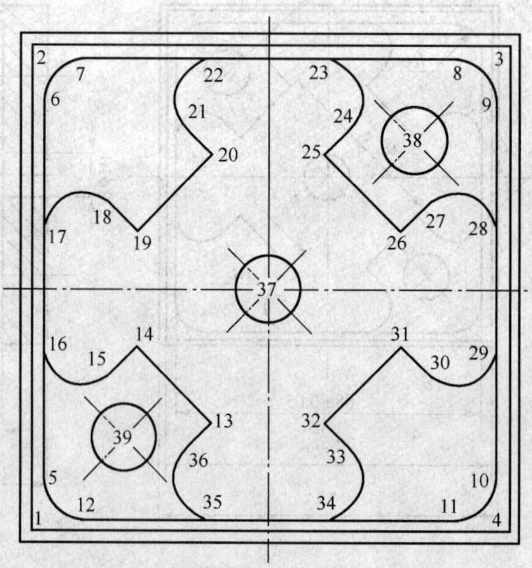

图9-9　基点坐标图

表 9-11　基点坐标值

基点号	X 坐标	Y 坐标	基点号	X 坐标	Y 坐标
1	–36	–36	21	–12.444	23.757
2	–36	36	22	–8.201	34
3	36	36	23	8.201	34
4	36	–36	24	12.444	23.757
5	–34	–28	25	8.485	19.799
6	–34	28	26	19.799	8.485
7	–28	34	27	23.757	12.444
8	28	34	28	34	8.201
9	34	28	29	34	–8.201
10	34	–28	30	23.757	–12.444
11	28	–34	31	19.799	–8.485
12	–28	–34	32	8.485	–19.799
13	–8.485	–19.799	33	12.444	–23.757
14	–19.799	–8.485	34	8.201	–34
15	–23.757	–12.444	35	–8.201	–34
16	–34	–8.201	36	–12.444	–23.757
17	–34	8.201	37	0	0
18	–23.757	12.444	38	21.920	21.920
19	–19.799	8.485	39	–21.920	–21.920
20	–8.485	19.799			

9.5.4　数控加工程序

数控加工程序见表 9-12。

表 9-12　数控加工程序

程序号 O0001 （主程序）		
程序段号	程序内容	说明
N0005	G90 G94 G17 G21 G54;	程序初始设置
N0010	G91 G28 Z0.0;	回到参考点
N0015	T01 M06;	换 1 号 ϕ20 立铣刀
N0020	S1000 M03;	主轴正转，转速 1000r/min
N0025	G00 G90 G43 Z20.0 H01;	在 Z 方向接近工件并建立长度补偿
N0030	X–45.0 Y–45.0;	在 XY 平面内接近工件
N0035	G01 Z0.0 F300;	下刀至 Z0 位置
N0040	M98 P020002;	调用 O0002 子程序粗加工四边形外轮廓，每次切深 5mm
N0045	G00 Z100.0;	抬刀
N0050	G42 X0.0 Y0.0 D02;	运动至中心点并建立刀具半径右补偿，补偿值为 12mm
N0055	G01 Z–5.0 F300;	下刀，切深 5mm
N0060	M98 P0003;	调用 O0003 子程序粗加工带有圆弧的四边形内轮廓
N0065	G00 G49 Z0.0;	抬刀并取消刀具长度补偿
N0070	G40;	取消刀具半径右补偿
N0075	M05;	主轴停转
N0080	T02 M06;	换 2 号 ϕ10 立铣刀
N0085	S1500 M03;	主轴正转，转速 1500r/min
N0090	G00 G43 Z20.0 H02;	在 Z 方向接近工件并建立长度补偿
N0095	X–45.0 Y–45.0;	在 XY 平面内接近工件

续表

程序号 O0001 （主程序）		
程序段号	程序内容	说明
N0100	G01 Z0.0 F100;	下刀至 Z0 位置
N0105	M98 P020012;	调用 O0012 子程序精加工四边形外轮廓，每次切深 5mm
N0110	G00 Z100;	抬刀
N0115	G42 X0.0 Y0.0 D04;	运动至中心点并建立刀具半径右补偿，补偿值为 10mm
N0120	G01 Z–5.0 F100;	下刀，切深 5mm
N0125	M98 P0013;	调用 O0013 子程序精加工带有圆弧的四边形内轮廓
N0130	G00 Z100;	抬刀
N0135	G40;	取消刀具半径补偿
N0140	G41 X0.0 Y–28.28 D05;	刀具运动至花瓣形内轮廓的轮廓长线上，并建立刀具半径左补偿，补偿值为 11mm
N0145	G01 Z–10.0 F100;	下刀，切深 5mm
N0150	M98 P0004;	调用 O0004 子程序粗加工花瓣形内轮廓
N0155	G00 G49 Z0;	抬刀，取消长度补偿
N0160	G40 X0.0 Y0.0;	运动至中心并取消半径补偿
N0165	M05;	主轴停转
N0170	T03 M06;	换 3 号 $\phi 6$ 立铣刀
N0175	S1500 M03;	主轴正转，转速 1500r/min
N0180	G00 G43 Z20.0 H03;	在 *Z* 方向接近工件并建立长度补偿
N0185	G41 X0.0 Y–28.284 D06;	刀具运动至花瓣形内轮廓的轮廓长线上，并建立刀具半径左补偿，补偿值为 3mm
N0190	G01 Z–10.0 F100;	下刀，切深 5mm
N0195	M98 P0014;	调用 O0014 子程序精加工花瓣形内轮廓
N0200	G00 G49 Z0.0;	抬刀并取消长度补偿
N0205	M05;	主轴停转
N0210	T04 M06;	换 3 号 $\phi 10$ 钻头
N0215	S1000 M03;	主轴正转，转速 1000r/min
N0220	G00 G43 Z50.0 H04;	在 *Z* 方向接近工件并建立长度补偿
N0225	G81 X–21.92 Y–21.92 Z–25.0 R20.0 F80;	钻轮廓左下角的孔
N0230	X0.0 Y0.0;	钻轮廓中心的孔
N0235	X21.92 Y21.92;	钻轮廓右上角的孔
N0240	G00 G49 Z0.0;	抬刀并取消长度补偿
N0245	M05;	主轴停转
N0250	M30;	程序结束

程序号 O0002：D01（粗加工四边形外轮廓） O0012：D03（精加工四边形外轮廓）		
程序段号	程序内容	说明
N0005	G91 G01 Z–5.0 F100;	下刀，每次切深 5mm
N0010	G90 G41 X–40.0 Y–40.0 D01(D03);	接近工件并建立刀具半径左补偿，粗加工时补偿号为 D01，精加工时补偿号为 D03
N0015	Y36.0 ;	切削直线至 2 点
N0020	X36.0;	切削直线至 3 点
N0025	Y–36.0;	切削直线至 4 点
N0030	X–40.0;	沿直线切出轮廓
N0035	G00 G40 X–45.0 Y–45.0;	取消刀具半径补偿
N0040	M99;	子程序结束

续表

程序号：O0003：D02（粗加工带有圆弧的四边形内轮廓） O0013：D04（精加工带有圆弧的四边形内轮廓）		
程序段号	程序内容	说明
N0005	G02 X–34.0 Y0.0 I–17.0 J0.0；	沿圆弧切入轮廓
N0010	G01 Y28.0；	切削直线至 6 点
N0015	G02 X–28.0 Y34.0 R6.0；	切削圆弧至 7 点
N0020	G01 X28.0；	切削直线至 8 点
N0025	G02 X34.0 Y28.0 R6.0；	切削圆弧至 9 点
N0030	G01 Y–28.0；	切削直线至 10 点
N0035	G02 X28.0 Y–34.0 R6.0；	切削圆弧至 11 点
N0040	G01 X–28.0；	切削直线至 12 点
N0045	G02 X–34.0 Y–28.0 R6.0；	切削圆弧至 5 点
N0050	G01 Y0.0；	切削直线至 *Y* 轴
N0055	G02 X0.0 Y0.0 I17.0 J0.0；	沿圆弧切出轮廓
N0060	M99；	子程序结束
程序号：O0004：D05（粗加工花瓣形内轮廓） O0014：D06（精加工花瓣形内轮廓）		
程序段号	程序内容	说明
N0005	G01 X19.799 Y–8.485 ；	切削直线至 31 点
N0010	X23.757 Y–12.444；	切削直线至 30 点
N0015	G03 X34.0 Y–8.201 R6.0；	切削圆弧至 29 点
N0020	G01 X34.0 Y8.201；	切削直线至 28 点
N0025	G03 X23.757 Y 12.444 R6.0；	切削圆弧至 27 点
N0030	G01 X19.799 Y8.485；	切削直线至 26 点
N0035	X8.485 Y19.799；	切削直线至 25 点
N0040	X12.444 Y23.757；	切削直线至 24 点
N0045	G03 8.201 Y34.0 R6.0	切削圆弧至 23 点
N0050	G01 X–8.201；	切削直线至 22 点
N0055	G03 X–12.444 Y23.757 R6.0；	切削圆弧至 21 点
N0060	G01 –8.485 Y19.799；	切削直线至 20 点
N0065	X–19.799 Y8.485；	切削直线至 19 点
N0070	X–23.757 Y12.444；	切削直线至 18 点
N0075	G03 X–34.0 Y8.201 R6.0；	切削圆弧至 17 点
N0080	G01 Y–8.201；	切削直线至 16 点
N0085	G03 X–23.757 Y–12.444 R6.0；	切削圆弧至 15 点
N0090	G01 X–19.799 Y–8.485；	切削直线至 14 点
N0095	X–8.485 Y–19.799；	切削直线至 13 点
N0100	X–12.444 –23.757；	切削直线至 36 点
N0105	G03 X–8.201 –34.0 R6.0；	切削圆弧至 35 点
N0110	G01 X8.201；	切削直线至 34 点
N0115	G03 X12.444 Y–23.757；	切削圆弧至 33 点
N0120	G01 X0 Y–11.314；	沿轮廓延长线切出轮廓
N0125	M99；	子程序结束

9.5.5　零件的数控加工

加工过程参考 9.1.5 节。

思考与练习题

1. 分析图 9-10 所示零件的加工过程并完成加工。

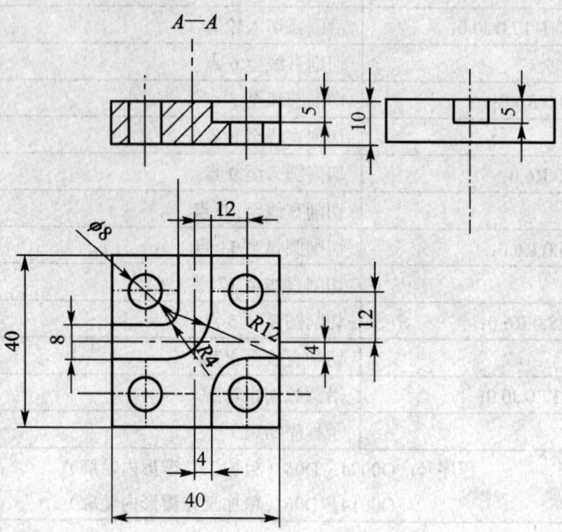

图 9-10　轮廓及孔的加工

2. 分析图 9-11 所示零件的加工过程并完成加工。

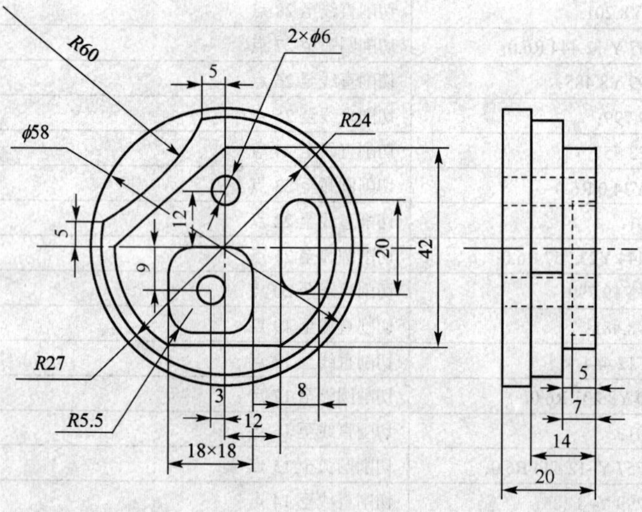

图 9-11　复杂轮廓加工

第 10 章　自动编程简介

10.1　自动编程概述

编制形状结构不太复杂或计算工作量不大零件的加工程序时，手工编程简便、易行，但是对于许多复杂的冲模、凸轮、非圆柱齿轮等零件，则手工编程周期长、精度差、易出错。据统计，一般手工编程所需要时间与机床加工时间之比约为 30∶1。因此，快速、准确地编制程序就成为数控机床发展和应用中的一个重要环节，而自动编程正是针对这个问题而产生和发展起来的。

目前主要采用的是图形交互式自动编程，即 CAD/CAM 编程。它主要的特点是，零件的几何形状可以在零件设计阶段采用 CAD/CAM 集成系统的集合设计模块是在图形方式下进行定义、显示和修改，最终得到零件的几何模型。数控编程的一般过程包括刀具方式下进行定义或选择、刀具相对于零件表面的运动方式、切削加工参数的确定、刀具运动轨迹的生成、加工过程的动态图形仿真显示、程序验证直到后置处理等，一般都是在屏幕菜单及命令驱动等图形交互方式下完成的。CAD/CAM 编程具有高效、形象、直观等优点，已经被广泛应用到现代企业中。

10.1.1　自动编程的基本步骤

自动编程建立在 CAD/CAM 基础上，其处理过程一般可以分为五大步骤：零件图样及加工工艺分析、几何造型、刀具轨迹的生成、后置处理和程序输出。

（1）零件的图样及加工工艺分析　零件图样及加工工艺分析是数控编程的基础，计算机辅助编程和手工编程一样都首先要进行这项工作。目前，由于国内计算机辅助工艺过程设计 CAPP（Computer Aided Process Planning）还没有达到普及应用阶段，因此该项工作还不能由计算机承担，仍需依靠人工进行。因为，自动编程需要将零件被加工部位的图形准确地绘制到计算机，并需要确定有关工件的装夹位置、工件坐标系、刀具尺寸、加工路线及加工工艺参数等数据之后才能编程。所以作为编程前期工作的加工工艺分析的任务主要是：核准零件的几何尺寸、公差及精度要求；确定零件相对机床坐标系的装夹位置以及被加工部位所处的坐标平面；选择刀具并准确测定刀具有关尺寸；确定工件坐标系、编程零点、找正基准面对刀点；确定加工路线；选择合理的工艺参数。

（2）几何造型（几何建模）　几何造型也称为几何建模，是利用 CAD/CAM 软件的图形构建、编辑修改、曲线曲面造型、三维实体造型等功能，将零件被加工部位的几何图形准确的输入计算机，同时在计算机内自动形成零件图形的数据文件，作为下一步刀具轨迹计算的依据。自动编程过程中，软件将根据加工要求提取这些数据，进行分析判断和必要的数学处理，　以形成加工的刀具位置数据。

（3）刀具轨迹的生成　自动编程的刀具轨迹生成是面向屏幕上的图形交互进行的，首先在刀具轨迹生成菜单中选择所需要的菜单项，然后根据屏幕提示，用光标选择相应的图形目标，点取相应的坐标点，输入所需要的各种参数。软件将自动从图形文件中提取编程所需要的信息，进行分析判断，计算基点数据，并将其转换为刀具位置数据，存入到指定的刀位文件中或者直接进行后置处理，生成加工程序代码，同时屏幕上显示刀具轨迹图形。

（4）后置处理　后置处理是为了形成可执行的数控加工程序。当采用自动编程时，经过刀具轨迹计算产生的是刀位文件（例如 CAXA 制造工程师软件的.cut 文件），而不是数控程序（即 NC 程序）。因此，需要将刀位文件转换成指定数控机床能执行数控程序，即刀位文件必须经过后置处理才能够转换成 NC 程序。由于不同的机床所采用的数控系统出自不同的厂商，因此后置处理必须是针对指定机床的。采用通用后置处理方式较灵活，只要生成本企业拥有的几种数控系统的后置处理程序即可。

（5）程序输出　由于自动编程软件在编程过程中，可在计算机内自动生成刀位轨迹图形文件和数控指令文件，所以程序的输出可以通过计算机的各种外部设备进行，如使用打印机，可以打印出数控加工文件程序单，并可在程序单上用绘图机绘制出刀位轨迹图，使机床操作者更加直观的了解加工的进给过程；使用标准通信可以将机床控制系统和计算机直接联机，由计算机将加工程序直接送给机床控制系统。

10.1.2　常用的 CAD/CAM 集成数控编程系统简介

（1）MasterCAM 软件　MasterCAM 软件是美国 CNC Software 公司开发的基于微机上运行的机械 CAD/CAM 一体化软件系统。该软件侧重于数控加工方面，在数控加工领域内占有重要地位，有较高的推广价值。MasterCAM 的主要功能包括三维设计（DESIGN）、车床（LATHE）、线切割(WIREEDN)、2-5 轴铣床(MILL)等，另外，MasterCAM 提供多种图形文件接口，如.SAT、IGES、VDA、DXF、CADL 以及.STL 文件等。该软件三维造型功能稍差，但操作简便，容易学习，是一种广泛应用的中低档 CAD/CAM 软件。

（2）UGNX 软件　UGS 是全球领先的产品生命周期（PLM）软件和服务商，在全球有 47000 家客户。在中国，UGNX 软件拥有非常广泛的用户，覆盖航空航天、汽车、高科技电子、机械和消费品等多个领域。UGNX 的主要功能可以很好地帮助用户解决包括工业设计、产品设计、计算仿真、工装模具设计、数控加工编程、工程数据管理等方面的问题。UGNX 软件可以运行于 WindowsNT 平台，无论装配图还是零件图设计，都是从三维实体造型开始，可视化程度很高。三维实体生成以后，可以自动生成二维视图，如三视图、轴测图、剖视图等。其三维 CAD 是参数化的，一个零件尺寸的修改，可导致相关零件的变化。该软件还具有人机交互方式下的有限元求解程序，可以进行应力、应变及位移分析。UG 的 CAM 模块功能非常强大，提供了一种产生精确刀具路径的方法，该模块允许用户通过观察刀具运动来图形化的编辑刀具轨迹，如延伸、修剪等，它所带的后置处理模块支持多种数控系统。UG 具有多种图形文件接口，可用于复杂性体的造型设计，特别适合于大企业和研究所使用。

（3）Pro/ENGINEER 软件　Pro/ENGINEER 软件是美国参数技术公司 PTC（Parametric Technology Corportion）开发的大型 CAM/CAE/CAM 软件，集零件造型、零件组合、创建工程图、模具设计、数控加工等功能于一体。Pro/ENGINEER 软件是由一个产品系列组成的，是专门应用于机械产品从设计到制造全过程的产品系列。它采用面向对象的统一数据库和全参数化造型技术，为三维实体造型提供了一个优良的平台，其工业设计方案可以直接读取内部的零件和装配文件，当原始造型被修改后，具有自动更新功能。而它的 MOLDESIGN 模块用于建立几何外形，产生模具的模芯和腔体，产生精加工零件和完善的模具装配文件。在数控加工方面，该软件提供了最佳路径控制和智能化加工路径创建，允许 NC 编程人员控制整体的加工路径，甚至最细节的部分，该软件还支持高速加工和多轴加工，带有多种图形文件接口。

（4）Cimatron 软件　Cimatron 软件是加拿大安大略省的 Cimatron Technologies 公司开发的，可运行于 DOS 和 WindowsNT 系统，是早期的 CAD/CAM 软件。它的 CAD 部分支持复杂的曲线和复杂曲面造型设计，在中小型模具制造业有较大的市场。在确定工序所用的刀具后，其 NC 模块能够检查出在何处保留材料不加工，对零件上符合一定几何或技术规则的区域进行加工；通过保存技术样板，可以指示系统如何进行切削，可以重新应用于其他加工件。该软件能够对含有实体和曲面的混合模型进行加工，它还具有.IGES、.DXF、.STA、.CADL 等多种图形文件接口。

（5）DELCAM 公司的 PowerMILL 等系列软件　DELCAM 公司是英国专业化三维 CAD/CAM 系统公司，其系统最适用于复杂形体的产品、零件、模具的设计和制造，主要软件有 PowerSHAPE、PowerMILL、CopyCAD、AatCAM、PowerINSPECT 等。PowerSHAPE 是一套复杂形体的造型系统，采用全新的 Windows 用户界面、智能化光标新技术，操作简单，易于掌握。它具有实体和曲面建模相连接的技术，发挥了实体与曲面两种系统的优势，提供了多曲面、多实体等圆角和双圆角及自动修剪功能。PowerMILL 是一个独立的加工软件包，它是功能强大、加工策略丰富的数控加工编程软件系统。它可以帮助用户产生最佳的加工方案，具有输入模型快速产生无过切刀具路径的特点，这些模型可以是由其他软件产生的曲面，如.IGES 文件、.STL 文件或直接从 PowerSHAPE 输出的曲面文件。PowerMILL 的用户界面十分友好，菜单结构非常合理，它提供了从粗加工到精加工的全部选项，还提供了刀具路径动态模拟和加工仿真，可以直观检查和察看刀具路径。CopyCAD 是一个采用最新数字模型和软件技术研制开发的逆向工程软件系统，广泛地应用于根据现有产品和主模型的测量数据，创建复杂曲面的计算机模型，再根据计算机模型编制加工程序。AatCAM 是根据二维艺术设计建立三维浮雕，并进行数控加工的软件。PowerINSPECT 用于复杂形体的实时在线检测，并自动产生检测结果报告，包括复杂形体关键位置精度、误差等重要参数，使用户可以控制所加工产品的误差范围，进行严格的质量控制。

（6）CAXA 软件　CAXA 软件是北京北航海尔软件有限公司面向我国工业界推出的全中文界面软件，包括工程绘图、数控加工、数控线切割自动编程、注射模设计、注射工艺分析、数控机床通信等方面一系列 CAD/CAE/CAM 软件。CAXA 为制造企业提供了从产品订单到制造交货直至产品维护的信息化解决方案，其中包括设计、工艺、制造和管理等解决方案，使企业对市场能做出快速响应，提高市场竞争力。CAXA 拥有自己的核心技术，依托大学的科研力量，融入国外公司的最新成果，将先进的技术和产品同中国制造业的具体需要相结合，开发具有自主知识产权的软件产品，CAXA 软件连续四年被评为“国产十佳软件”。CAXA 实体设计提供了丰富的数据结构，可与所有流行的 CAD/CAM 软件交换数据。该软件不但可以读入其他三维软件的造型结果加以修改，并且可调入不同软件设计的零件造型生成数据装配。CAXA 实体设计还拥有 CAXA 电子图板的功能，可将实体设计快速、方便的转成符合国标的二维工程图样。

CAXA 系列软件主要包括 CAXA 制造工程师、CAXA 数控车、CAXA 线切割、CAXA 注塑模设计和 CAXA 注射工艺设计。

10.2 CAXA 数控车编程加工

CAXA 数控车是在全新的数控加工平台上开发的数控车床加工编程和二维图形设计软件。CAXA 数控车具有 CAD 软件的强大绘图功能和完善的外部数据接口，可以绘制任意复杂的图形，可通过 DXF、IGES 等数据接口与其他系统交换数据。该软件提供了功能强大、使用简洁的轨迹生成手段，可按加工要求生成各种复杂图形的加工轨迹。通用的后置处理模块使 CAXA 数控车可以满足各种机床的代码格式，可输出 G 代码，并可对生成的代码进行校验及加工仿真。

10.2.1 CAXA 数控车界面

启动 CAXA 数控车后，将出现图 10-1 所示的界面，和其他的 Windows 软件一样，主窗口包括标题栏、菜单栏、图形窗口、工具条、命令行和状态栏等组成。

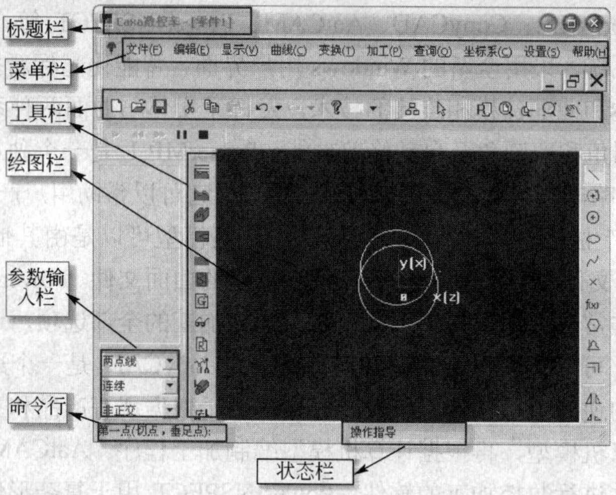

图 10-1 CAXA 数控车界面

系统界面主要功能说明如下。

（1）菜单栏 CAXA 数控车通过菜单来集成有关命令及选项的操作。

主菜单是界面最上方的菜单条。主菜单包括文件、编辑、显示、曲线、变换、加工、查询、坐标系、设置和帮助。每个部分都含有若干个下拉菜单。

（2）工具条 CAXA 数控车提供的工具条有标准工具条、显示工具条、曲线生成工具条、数控车功能工具条和曲线编辑工具条。

标准工具条  包含了标准的“新建文件”、“打开文件”等按钮，也有系统相关的“颜色设置”等按钮。

仿真控制  包含了“继续仿真”、“上一步”、“下一步”、“暂停仿真”、和“停止仿真”等仿真控制按钮。

曲线工具  包含了“直线”、“圆弧”、等丰富的曲线绘制工具及“平面镜像”、“平面旋转”等操作按钮。

数控车  包含了“轮廓粗车”、“轮廓精车”、“切槽”等相关数控车加工的控制按钮。

显示工具 包含了“全局观察”、“放大”、“远近显示”、“平移”等显示方式的按钮。

线面编辑 包含了曲线的“删除”、“裁剪”、“过渡”、“打断”、“组合”、“拉伸”等编辑工具。

状态工具 包含了“打开/关闭参数栏”和“选择”按钮。

（3）工具条的设置　CAXA 数控车的标准菜单提供了 8 种工具条，用户可以通过“工具条”对话框，自行设置。如图 10-2 所示，方法是选中“设置”菜单中的“自定义”命令即可。

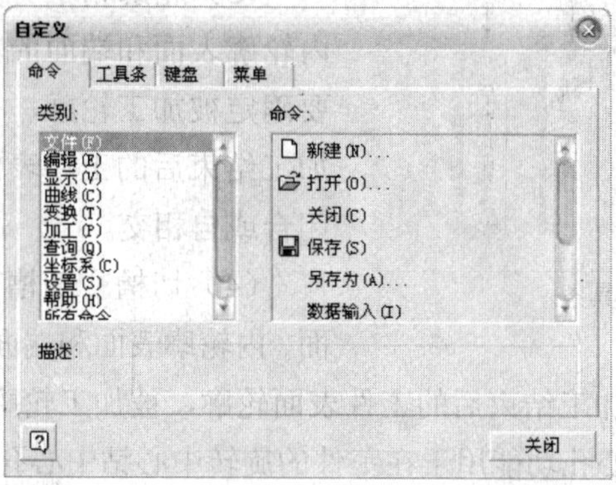

图 10-2　自定义对话框

10.2.2　CAXA 数控车 CAD 功能

CAXA 数控车的 CAD 功能中，曲线生成工具栏中包含点、直线、圆弧、样条曲线、组合曲线等类型，在曲线工具条中有大部分曲线功能相对应的工具按钮，如图 10-3 所示。若应用界面上没有找到曲线工具条，可在菜单或其他工具条的空白位置处右击鼠标，选择“曲线生成”菜单项。也可在主菜单的“曲线”菜单中单击选择，如图 10-4 所示。

图 10-3　曲线工具条

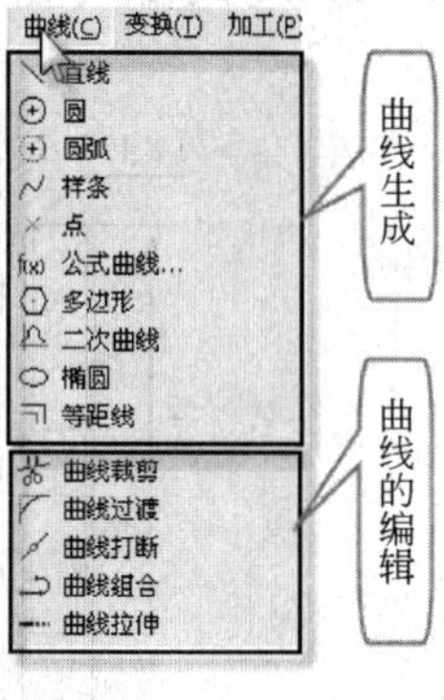

图 10-4　下拉曲线菜单

10.2.3　CAXA 数控车 CAM 功能

CAXA 数控车提供了多种数控车加工功能，如刀具的管理、轮廓粗车、轮廓精车、切槽、机床位置等，数控车的工具条如图 10-5 所示。

（1）刀具库管理　刀具库管理功能定义、确定刀具的有关数据，以便于用户从刀具库中获取刀具信息和对工具库进行维护。该功能包括轮廓车刀、切槽刀具、钻孔刀具和螺纹车刀四种刀具类型的管理。

（2）轮廓粗车　轮廓粗车功能用于实现对工件外轮廓表面、内轮廓表面和端面的粗车加工、用来快速清除毛坯的多余部分。做轮廓粗车时要确定被加工轮廓和毛坯轮廓，加工轮廓和毛坯轮廓两端点相连，两轮廓共同构成一个封闭的加工区域，此区域的材料将被加工去除。加工轮廓和毛坯轮廓不能单独闭合或自相交。

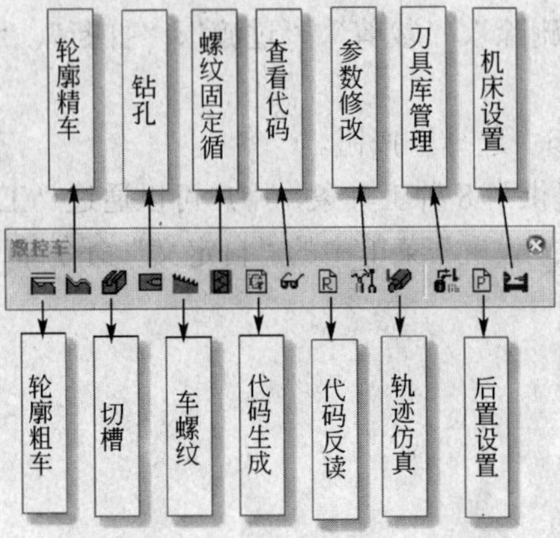

10-5　数控车工具条

（3）轮廓精车　实现对工件外轮廓表面、内轮廓表面和端面的精车加工，做轮廓精车时要确定被加工轮廓，被加工轮廓就是轮廓粗车加工结束后的工件表面轮廓，被加工轮廓不能闭合或自相交。

（4）切槽　切槽功能用于在工件外轮廓表面、内轮廓表面和端面切槽。切槽时要确定被加工轮廓，被加工轮廓就是加工结束后的工件表面轮廓，被加工轮廓不能闭合或自相交。

（5）钻中心孔　钻中心孔功能用于在工件的旋转中心钻中心孔。该功能提供了座钟钻孔方式，包括高速啄式深孔钻、左攻丝、精镗孔、钻孔、镗孔和反镗孔等。

（6）车螺纹　螺纹为非固定循环方式加工螺纹，可对螺纹加工中的各种工艺条件，加工方式灵活控制。螺纹的固定循环方式的代码使用用于西门子 840C/840 控制器。

（7）其他功能　其他功能还包括代码生成、代码的查看、代码的反读、参数的修改、轨迹仿真、机床设置和后置处理等等。

10.2.4　典型零件车削自动编程实例

加工如图 10-6 所示的零件，完成零件的工艺分析和加工程序的编制。

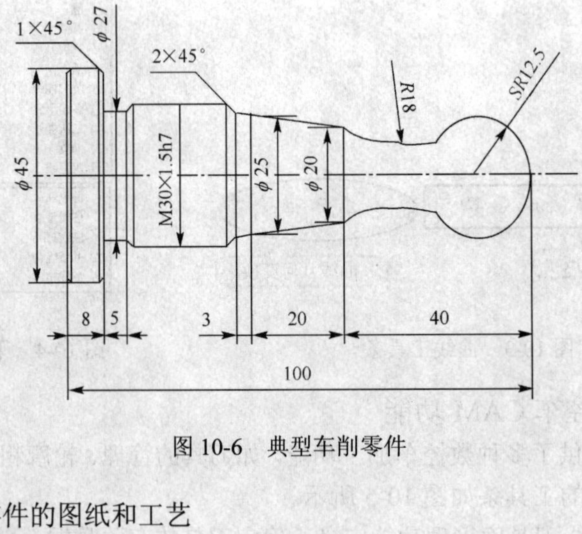

图 10-6　典型车削零件

10.2.4.1　分析加工零件的图纸和工艺

该零件包括复杂的外形面加工、切槽、螺纹加工和切断等典型的工序、尺寸要求不高，没有形位公差要求，毛坯为直径 50mm 的棒料。

10.2.4.2　加工路线和装夹方式的确定

零件全部由数控车完成加工。依次是车削零件的右端面、外圆粗车、外圆精车、退刀槽、螺纹、最后切断。

10.2.4.3　选择刀具

数控加工刀具卡见表 10-1。

表 10-1　数控加工刀具卡

产品名称或代号		数控车削实训件	零件名称	典型零件 5	零件图号	05
序号	刀具号	刀具规格名称	数量	加工表面	刀尖半径	备注
1	T01	45° 硬质合金端面刀	1	车端面	0.5mm	
2	T02	93° 右手外圆偏刀	1	自右至左粗车外表面	0.8mm	
3	T03	93° 右手外圆偏刀	1	自右至左精车外表面	0.2mm	
4	T04	60° 螺纹车刀	1	普通螺纹加工		
5	T05	切断刀	1	切退刀槽及切断	B=3	

① 车端面选择硬质合金 45° 端面刀。

② 外圆粗车、精车选择 Y15 硬质合金 93° 偏刀。

③ 螺纹加工选用 60° 螺纹车刀。

④ 切断处理采用切断刀。

10.2.4.4　选择切削用量

数控加工刀具卡见表 10-2。

表 10-2　数控加工刀具卡

单位名称	×××	产品名称或代号	零件名称	零件图号
		数控车削实训件	典型零件 5	05
工序号	程序编号	夹具名称	使用设备	车间
001		三爪卡盘	CJK6240	数控中心

工步	工部内容	刀具号	刀具规格/mm	主轴转速/(r/min)	进给速度/(mm/min)	背吃刀/mm	备注
1	车端面	T01	20×20	320		1	手动
2	自右至左粗车外表面	T02	25×25	320	80	1	自动
3	自右至左精车外表面	T03	25×25	320	40	0.5	自动
4	切退刀槽	T05	20×20	200		B=3	手/自动
5	加工螺纹	T04	20×20	320	1.5（mm/r）		自动
6	切断	T05	20×20	320	30	B=3	手动

（1）主轴转速　切退刀槽时选择 200 r/min，其余均选用 320 r/min。

（2）进给速度　粗车外圆时，进给量选取 150 mm/min，精车外圆时选择 100 mm/min，车螺纹时选择 1.5 mm/r，切断时选择进给量为 80 mm/min。

10.2.4.5　编制加工程序

（1）粗加工

① 轮廓建模。在 CAXA 数控车系统中绘制粗加工部分的外轮廓和毛坯轮廓。如图 10-7

所示。

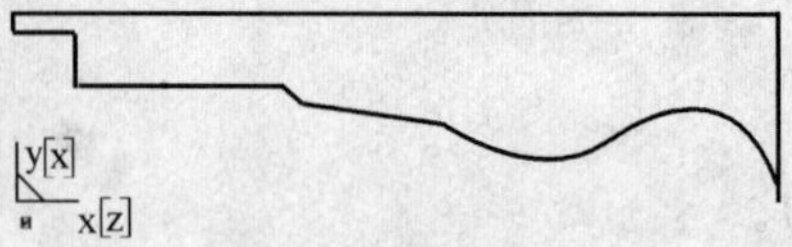

图 10-7　粗加工外轮廓和毛坯轮廓

② 确定加工参数。确定刀具参数、进退刀参数、切削用量参数和粗加工参数，并填写“粗车参数表”对话框，如图 10-8～图 10-11 所示。

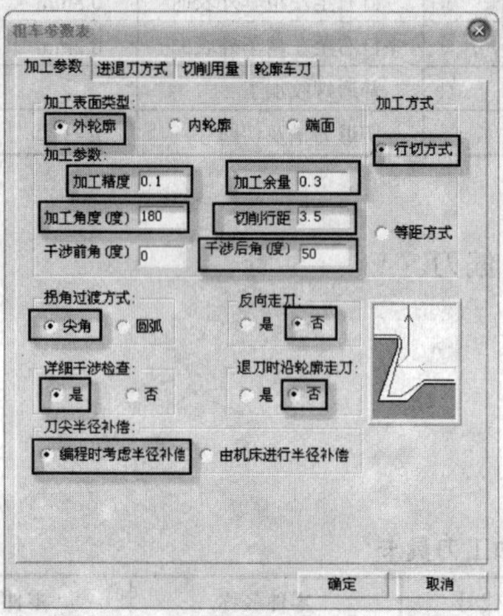

图 10-8　加工参数设置

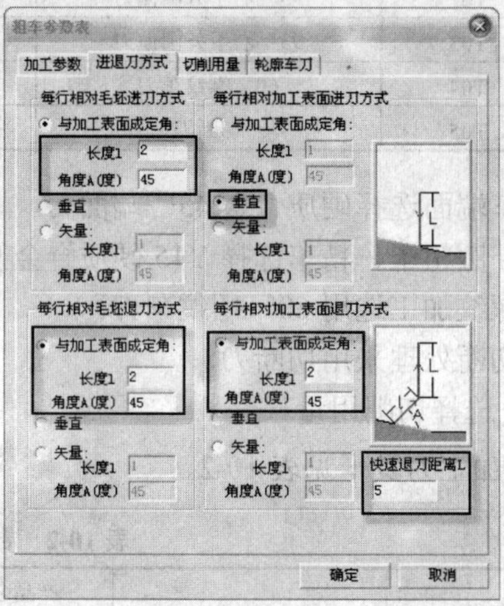

图 10-9　进退刀方式设置

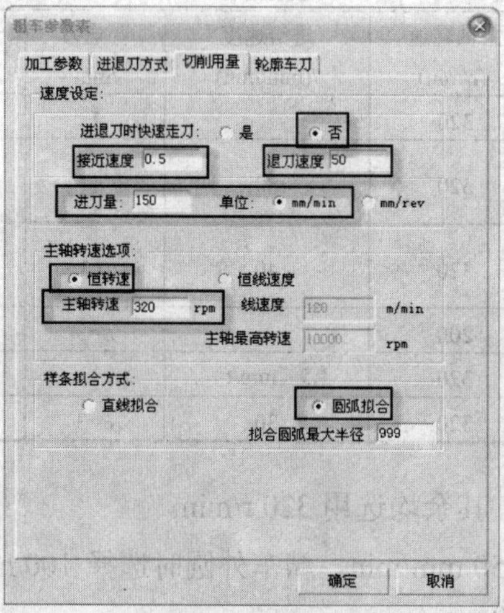

图 10-10　切削用量设置

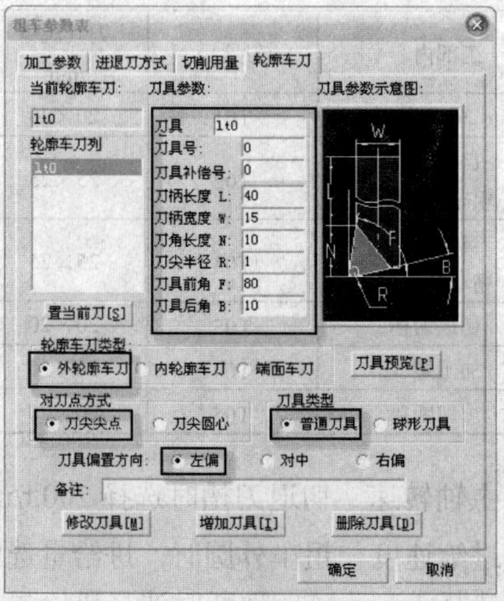

图 10-11　轮廓车刀设置

③ 代码生成。首先，以单个拾取方式分别拾取加工轮廓和毛坯轮廓，其次，确定进退刀点，最后生成刀具粗加工轨迹和加工代码。如图 10-12 所示。

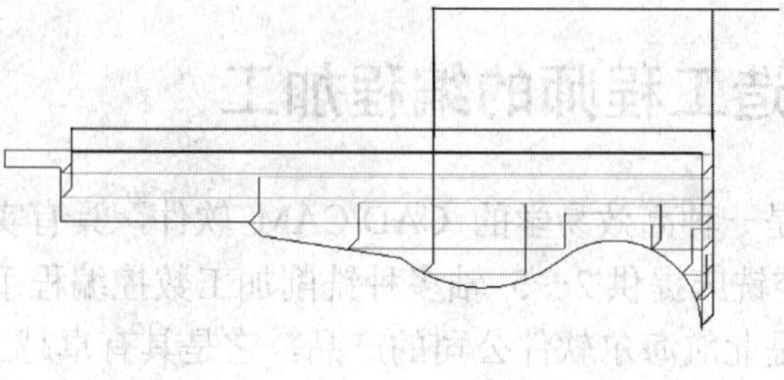

图 10-12　粗加工刀具轨迹

④ 生成粗加工程序（见表 10-3）。

表 10-3　粗加工程序

程　序	程　序
N10 G54	N84 G01 Z93.685 F150.000
N12 G90 G23 G94	N86 G01 X5.414 Z94.392 F50.000
N14 T02 D02	N88 G01 X35.414
N16 M03 M08	N90 G00 Z102.414
N18 G00 X90.000 Z130.000	N92 G01 X19.828 F50.000
N20 G00 Z102.414	N94 G01 X17.000 Z101.000
N22 G00 X57.828	N96 G01 Z97.988 F150.000
N24 G01 X47.828 F50.000	N98 G01 X18.414 Z98.695 F50.000
N26 G01 X45.000 Z101.000	N100 G01 X28.414
N28 G01 X8.707 F150.000	N102 G00 Z102.414
N30 G01 X46.414 Z9.414 F50.000	N104 G01 X12.828 F50.000
N32 G01 X56.414	N106 G01 X10.000 Z101.000
N34 G00 Z102.414	N108 G01 Z100.040 F150.000
N36 G01 X40.828 F50.000	N110 G01 X11.414 Z100.747 F50.000
N38 G01 X38.000 Z101.000	N112 G01 X21.414
N40 G01 X39.414 Z9.707 F50.000	N114 G00 Z101.414
N42 G01 X49.414	N116 G01 X5.828 F50.000
N46 G00 Z102.414	N118 G01 X3.000 Z101.000
N48 G01 X33.828 F50.000	N120 G01 Z100.916 F150.000
N50 G01 X21.000 Z101.000	N122 G01 X4.414 Z101.624 F50.000
N52 G01 Z37.207 F150.000	N124 G01 X34.000
N54 G01 X32.414 Z37.914 F50.000	N126 G00 Z81.315
N56 G01 X42.414	N128 G01 X24.000 F50.000
N58 G00 Z102.414	N130 G01 X50.854 F150.000
N60 G01 X26.828 F50.000	N132 G01 X25.414 Z51.561 F50.000
N62 G01 X24.000 Z101.000	N134 G01 X55.000
N64 G01 Z93.685 F150.000	N136 G00 Z-0.707
N66 G01 X31.000 F50.000	N138 G01 X45.000 F50.000
N68 G00 Z81.315	N140 G01 Z-1.000 F150.000
N70 G01 X24.000 F50.000	N142 G01 X17.828 Z0.414 F50.000
N72 G01 Z50.854 F150.000	N144 G01 X57.828
N74 G01 X25.414 Z51.561 F50.000	N145 T02 D0
N76 G01 X36.828	N146 G00 X90.000
N78 G00 Z102.414	N148 G00 Z130.000
N80 G01 X26.828 F50.000	N150 M09 M05
N82 G01 X24.000 Z101.000	N152 M30

（2）精加工、切槽加工、螺纹加工　按上述的方法完成精加工、切槽加工、螺纹加工。

10.3 CAXA 制造工程师的编程加工

CAXA 制造工程师是一种高效易学的 CAD/CAM 软件，具有实体曲面混合造型功能，面向数控加工中心，数控铣床提供 2～5 轴多种铣削加工数控编程手段。

CAXA 制造工程师是北航海尔软件公司的产品，它是具有卓越工艺性的数控编程 CAM 软件，高效易学，为数控加工行业提供了从造型、设计到加工代码生成、加工仿真、代码校验等一体化的解决方案。CAXA 制造工程师 2008 新增加的“CAXA 编程助手”模块是 CAXA 为数控机床操作工提供的，用于手工数控编程的小工具。它一方面能让操作工在计算机上方便地进行手工代码编制，同时也能让操作工很直观地看到所编制代码的轨迹。

10.3.1 CAXA 制造工程师界面

CAXA 制造工程师的用户界面的各种应用功能通过菜单和工具条驱动。CAXA 制造工程师 2008 的操作界面如图 10-13 所示。

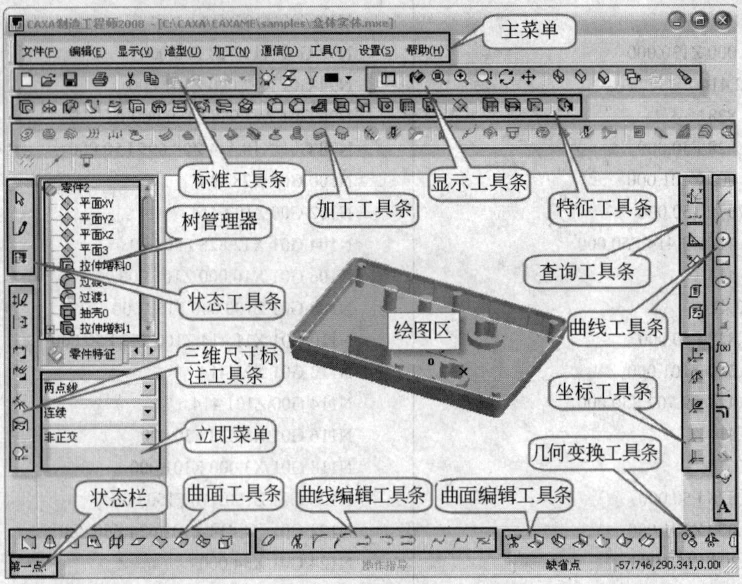

图 10-13　CAXA 制造工程师 2008 操作界面

10.3.2 零件的加工造型

（1）二维线框造型　CAXA 制造工程师的线框造型基本图素的主要命令包括曲线工具栏中的各种曲线绘制命令，用户可以通过曲线绘制的各种功能，方便、快捷地绘制出各种各样的复杂图形。此外还提供了曲线编辑和几何变换的功能。利用这些功能可以提高绘图效率。

（2）实体特征造型　主要有拉伸、旋转、导动、放样、倒角、过渡、打孔、肋板等特征造型方式，可以将二维图形快速生成三维实体。

（3）曲面造型　可以通过列表数据、数学模型、字体文件及各种测量数据生成样条曲线；通过扫描、放样、拉伸、导动、等距、边界网格形式生成复杂曲面；并通过对曲面进行裁减、过渡、缝合、拼接和延伸等，建立更复杂的曲面。

（4）曲面实体混合造型　CAXA 制造工程师在造型时可以使曲面融合进实体中，形成统一的曲面实体复合造型模式，在设计产品和模具时，可以利用曲面裁剪实体、曲面生成实体等混合操作来实现。

10.3.3　CAXA 制造工程师的数控加工

（1）2～5 轴多数控加工　两轴到两轴半加工方式，可以利用零件的轮廓曲线生成轨迹加工指令，不需要建立其三维曲面模型；三轴加工方式，多样化的加工方式可以安排粗加工、半精加工、精加工的加工路线，高效生成刀具轨迹；四轴到五轴的加工方式，针对叶轮、叶片类零件提供的多轴加工功能，加工整体叶轮和叶片。

（2）支持高速加工　支持高速切削工艺，提高产品精度，降低代码数量，使加工质量和效率大大提高。

（3）参数化轨迹编辑和轨迹批处理　CAXA 制造工程师的“轨迹再生成”功能可以实现参数化轨迹编辑，用户只需要选中已有的数控加工轨迹，修改已经定义的参数加工表，即可以重新生成工程加工轨迹；CAXA 制造工程师还可以先定义加工轨迹参数，而不立即生成加工轨迹，工艺人员可以将大批加工轨迹参数事先定义而在某一事件集中批量生成，这样就优化了工作流程。

（4）加工工艺控制　CAXA 制造工程师提供了丰富的工艺控制参数，可以方便地控制加工过程，使编程人员的经验得到充分体现，丰富的刀具轨迹编辑功能可以控制切削方向和轨迹形状的任意细节，大大提高机床的进给速度。

（5）加工轨迹仿真　CAXA 制造工程师提供了轨迹仿真手段以检验数控代码的正确性，可以通过实体真实感仿真如实地模拟加工过程，展示加工零件的任意截面，显示加工轨迹。

（6）通用后置处理　CAXA 制造工程师提供的后置处理，无须生成中间文件就可以直接输出 G 代码控制指令系统。不仅可以提供常见的数控系统得后置格式，还可以让用户定义专用数控系统的后置处理格式。

（7）生成工艺清单　CAXA 制造工程师可自动按照加工的先后顺序生成工艺清单。在加工工艺单上有必要的零件信息、刀具信息、代码信息、加工时间信息，方便编程者与机床操作者之间的交流，减少加工中错误的产生。

10.3.4　典型零件铣削自动编程实例

对图 10-14 所示的型腔零件实体造型、生成刀具轨迹、仿真加工、生成 G 代码和生成工艺清单。

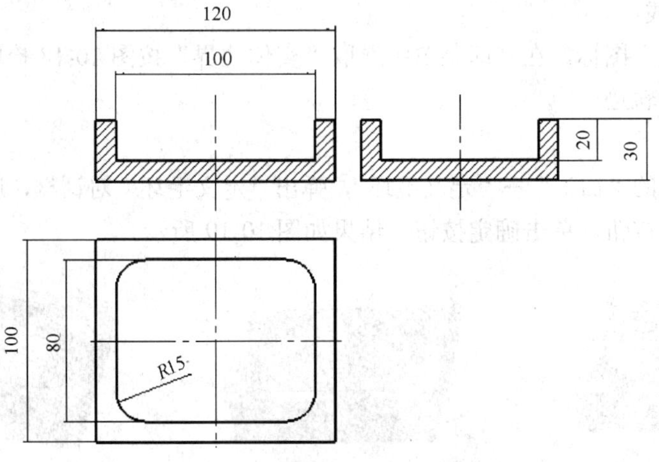

图 10-14　零件图

（1）分析　该型腔属于区域中没有岛屿且底面为平面的零件，选用“区域式粗加工”方法较合适，铣削加工前，需要在坐标（0，0）处用ϕ 10 钻头钻一个深 19.5 的孔。

（2）工件坐标原点和装夹方法　为了与设计基准保持一致，将工件坐标原点选在零件底面中心处；用毛坯底面、侧面定位、虎钳夹紧。

（3）实体造型

① 绘制草图。

单击“零件特征”按钮，拾取特征树上的“平面 *XY*”，按 F2 键，进入“草图状态”，按 F5 键。单击“矩形”图标，在立即菜单中选中“中心　长　宽”，在“长度=”栏中输入“120”，在“宽度=”栏中输入“100”，输入矩形中心坐标“0，0”，→回车，得到 120×100 的矩形，按 F2 键，退出“草图状态”，特征树上新增“草图 0”。

② 拉伸增料。

按 F8 键，单击“拉伸增料”图标，在“深度”栏中输入“30”，单击“确定”按钮。结果如图 10-15 所示。

③ 拉伸除料。

在图 10-15 所示的长方体表面上建草图，绘制矩形 100×80，单击“拉伸除料”图标，在“深度”栏中输入“20”，单击确定按钮。如图 10-16 所示。

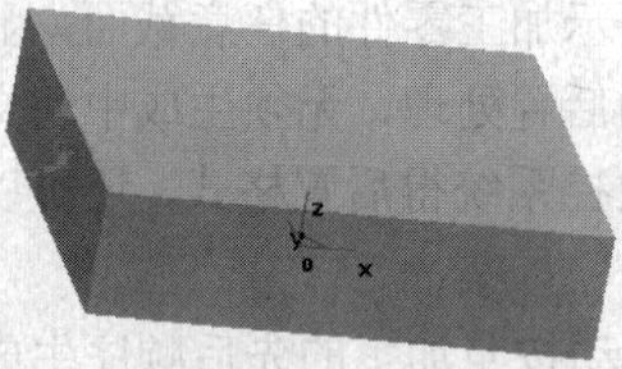

图 10-15　拉伸增料

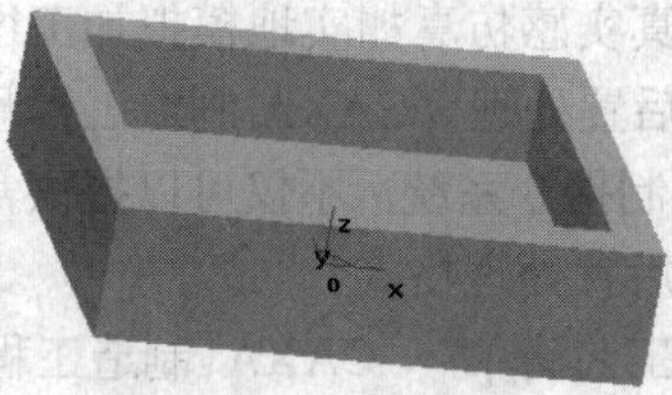

图 10-16　拉伸除料

④ 过渡。

单击“过渡”图标，在“半径”栏中输入“15”，拾取需要过渡的棱边（共四条），单击确定按钮，结果如图 10-17 所示。

⑤ 拾取边界线。

单击“相关线”图标，在立即菜单中选取“实体边界”按图 10-18 拾取型腔边界线。

（4）生成刀具轨迹

① 定义毛坯。

单击主菜单中的“加工”→“定义毛坯”，弹出“定义毛坯”对话框，选择“参照模型”，单击“参照模型”按钮，单击确定按钮。结果如图 10-19 所示。

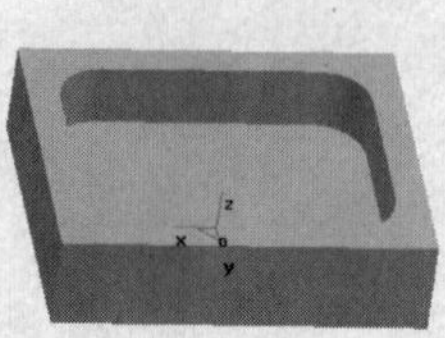

图 10-17　过渡

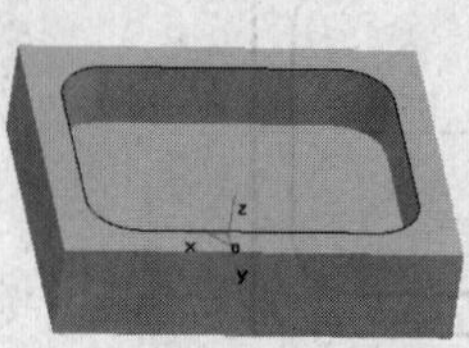

图 10-18　拾取边界线

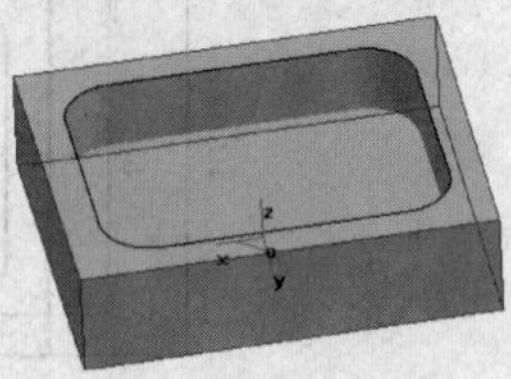

图 10-19　定义毛坯

② 区域式粗加工。

单击主菜单中的"加工"→"粗加工"，→"区域式粗加工"，按图 10-20、图 10-21 所示，确定加工参数，单击确定按钮，拾取加工轮廓，右击（结束轮廓拾取），右击（没有岛屿），生成图 10-22 所示的刀具轨迹。

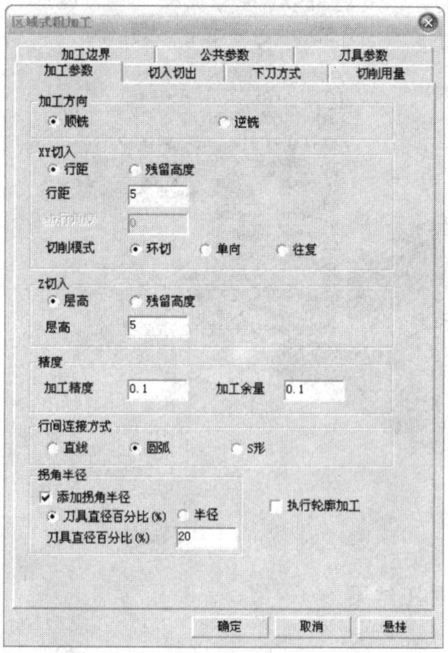

图 10-20　设置"加工参数"

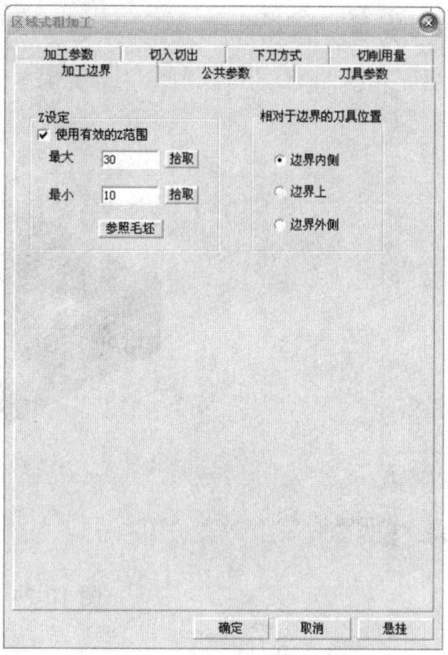

图 10-21　设置"加工边界"

③ 轨迹仿真。

单击主菜单中的"加工"→"轨迹仿真"，拾取刀具轨迹，右击，切换到图 10-23 所示"轨迹仿真"窗口。

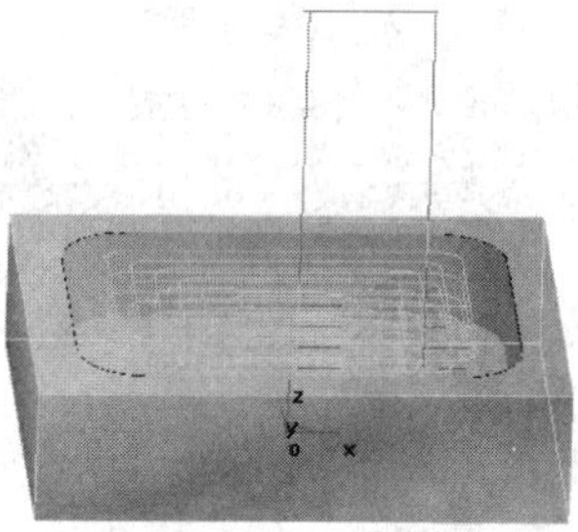

图 10-22　刀具轨迹

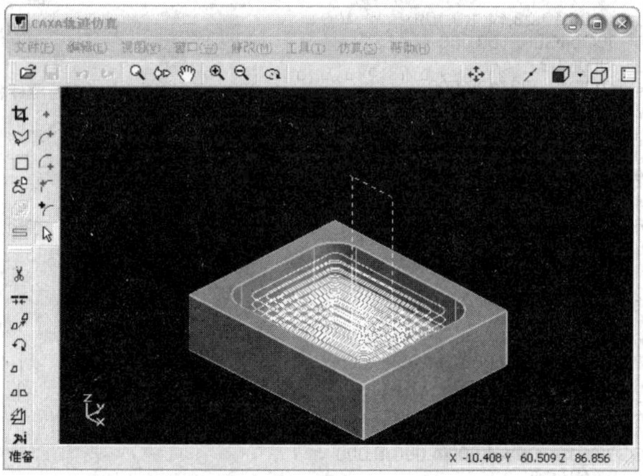

图 10-23　仿真窗口

单击"仿真加工"图标，弹出"仿真加工"对话框，单击"播放"按钮，结果如图 10-24 所示。

④ 生成 G 代码。

单击主菜单中的“加工”→“后置处理”，→“生成G代码”，在对话框的“文件名”栏中填入保存G代码的文件名，单击保存按钮，拾取刀具轨迹，右击，生成图10-25所示的G代码。

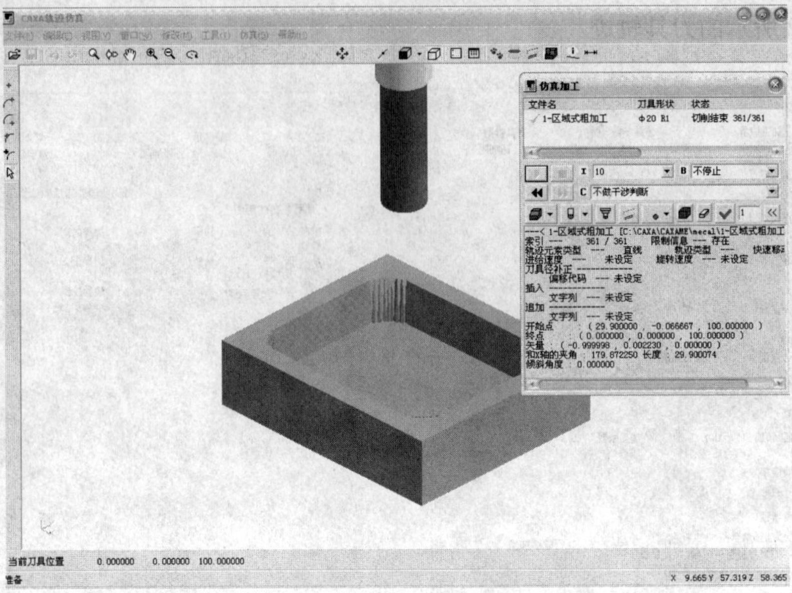

图 10-24　仿真加工结果

⑤ 生成工艺清单。

单击主菜单中的“加工”→“工艺清单”，弹出工艺清单对话框，按图10-26填入参数，单击“拾取轨迹”按钮，拾取图10-22所示的刀具轨迹，右击，单击“生成工艺清单”按钮，弹出IE浏览窗口，单击图有下划线的任何一项，可以查看工艺清单。

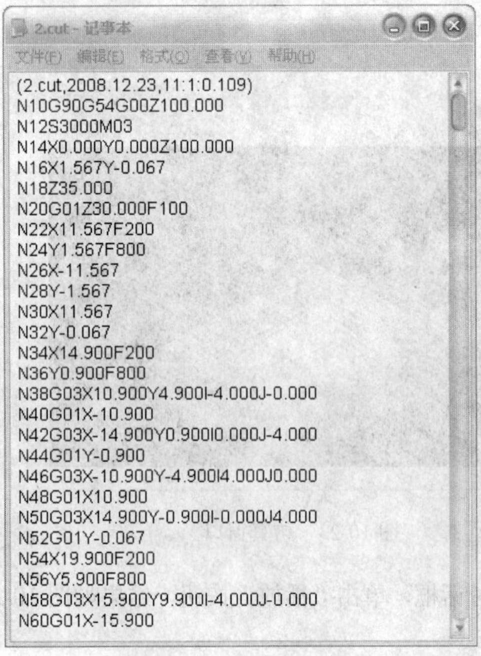
2.cut - 记事本
文件(F) 编辑(E) 格式(O) 查看(V) 帮助(H)
```
(2.cut,2008.12.23,11:1:0.109)
N10G90G54G00Z100.000
N12S3000M03
N14X0.000Y0.000Z100.000
N16X1.567Y-0.067
N18Z35.000
N20G01Z30.000F100
N22X11.567F200
N24Y1.567F800
N26X-11.567
N28Y-1.567
N30X11.567
N32Y-0.067
N34X14.900F200
N36Y0.900F800
N38G03X10.900Y4.900I-4.000J-0.000
N40G01X-10.900
N42G03X-14.900Y0.900I0.000J-4.000
N44G01Y-0.900
N46G03X-10.900Y-4.900I4.000J0.000
N48G01X10.900
N50G03X14.900Y-0.900I-0.000J4.000
N52G01Y-0.067
N54X19.900F200
N56Y5.900F800
N58G03X15.900Y9.900I-4.000J-0.000
N60G01X-15.900
```

图 10-25　生成的G代码

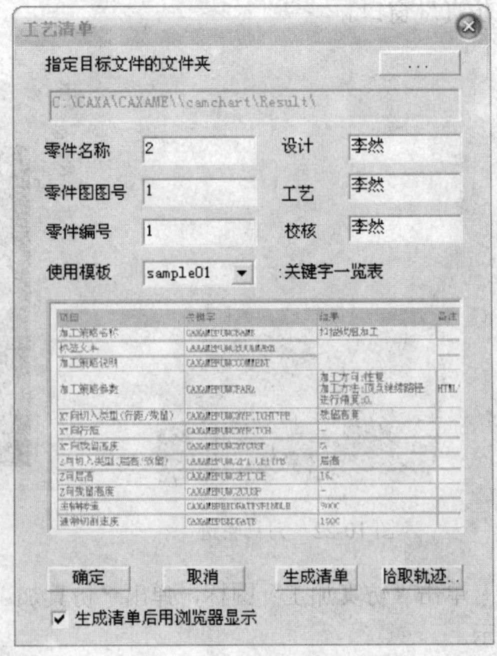

图 10-26　填写参数

思考与练习题

1. 完成图 10-27 所示零件的自动编程。

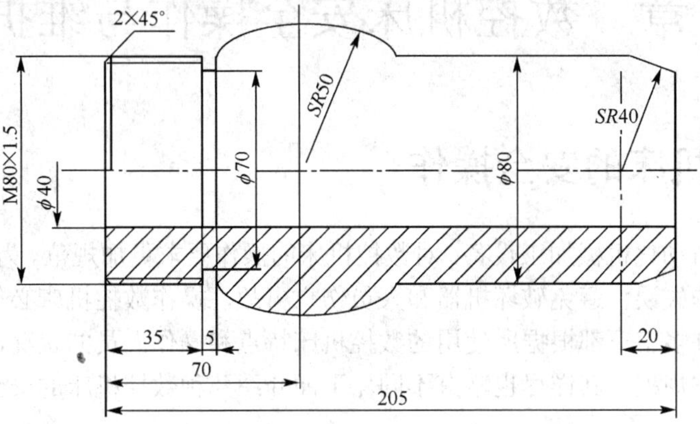

图 10-27　零件自动编程

2. 根据图 10-28 所示的零件简图，生成零件的加工造型，并生成零件的加工轨迹。

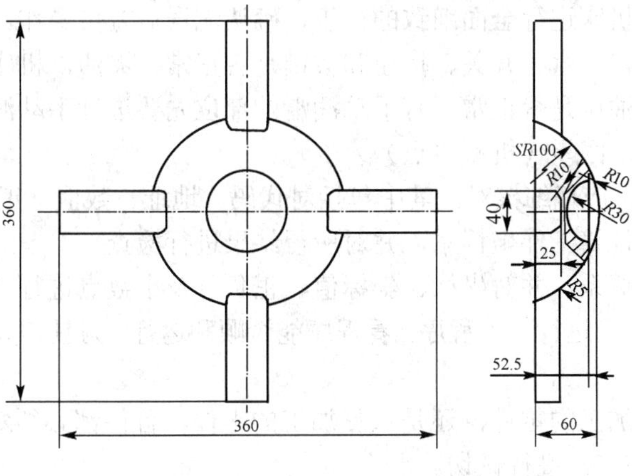

图 10-28　零件的加工造型和加工轨迹

第 11 章　数控机床安全操作与维护保养

11.1　数控机床的安全操作

数控机床是自动化机械加工设备，对数控机床的操作要求更加规范。为了正确操作机床，不产生人为的操作失误，避免破坏机器和人员伤亡事故，操作数控机床必须遵循严格的安全操作规程进行。许多工厂都根据所使用的数控机床特点和操作人员的状况，制定了工厂级的数控机床安全操作规程，其详尽也略有不同。下面介绍几种数控机床的安全操作规程，以供读者学习借鉴。

11.1.1　数控车床安全操作规程

① 操作人员必须熟悉机床使用说明书等有关资料。如主要技术参数、传动原理、主要结构、润滑部位及维护保养等一般知识。

② 开机前应对机床进行全面细致的检查，确认无误后方可操作。

③ 机床通电后，检查各开关、按钮和按键是否正常、灵活，机床有无异常现象。

④ 检查电压、油压是否正常，有手动润滑的部位先要进行手动润滑。

⑤ 各坐标轴手动回零（机械原点）。

⑥ 程序输入后，应仔细核对。其中包括对代码、地址、数值、正负号、小数点及语法。

⑦ 正确测量和计算工件坐标系，并对所得结果进行检查。

⑧ 输入工件坐标系，并对坐标、坐标值、正负号及小数点进行认真核对。

⑨ 未装工件前，空运行一次程序，看程序能否顺利运行，刀具和夹具安装是否合理，有无超程现象。

⑩ 无论是首次加工的零件，还是重复加工的零件，首件都必须对照图纸、工艺规程、加工程序和刀具调整卡，进行试切。

⑪ 试切时快速进给倍率开关必须打到较低挡位。

⑫ 每把刀首次使用时，必须先验证它的实际长度与所给刀补值是否相符。

⑬ 试切进刀时，在刀具运行至工件表面处 30～50mm 处，必须在进给保持下，验证 Z 轴和 X 轴坐标剩余值与加工程序是否一致。

⑭ 试切和加工中，刃磨刀具和更换刀具后，要重新测量刀具位置并修改刀补值和刀补号。

⑮ 程序修改后，对修改部分要仔细核对。

⑯ 手动进给连续操作时，必须检查各种开关所选择的位置是否正确，运动方向是否正确，然后再进行操作。

⑰ 必须在确认工件夹紧后才能启动机床，严禁工件转动时测量、触摸工件。

⑱ 操作中出现工件跳动、打抖、异常声音、夹具松动等异常情况时，必须立即停车处理。

⑲ 加工完毕，清理机床。

11.1.2　数控铣床安全操作规程

① 操作人员应熟悉所用数控机床的组成、结构以及规定的使用环境，并严格按机床操作手册的要求正确操作，尽量避免因操作不当而引起的故障。

② 操作机床时，应按要求正确着装。

③ 按顺序开、关机。先开机床再开数控系统，先关数控系统再关机床。

④ 开机后进行返回机床参考点的操作，以建立机床坐标系。

⑤ 手动操作沿 X、Y 轴方向移动工作台时，必须使 Z 轴处于安全高度位置，移动时应注意观察刀具移动是否正常。

⑥ 正确对刀，确定工件坐标系，并核对数据。

⑦ 程序调试好后，在正式切削加工前，再检查一次程序、刀具、夹具、工件、参数等是否正确。

⑧ 刀具补偿值输入后，要对刀补号、补偿值、正负号、小数点进行认真核对。

⑨ 按工艺规程要求使用刀具、夹具、程序。执行正式加工前，应仔细核对输入的程序和参数，并进行程序试运行，防止加工中刀具与工件碰撞，损坏机床和刀具。

⑩ 装夹工件，要检查夹具是否妨碍刀具运动。

⑪ 试切进刀时，进给倍率开关必须打到低挡。在刀具运行至工件表面 30～50mm 处，必须在进给保持下，验证 Z 轴剩余坐标值和 X、Y 轴坐标值与加工程序数据是否一致。

⑫ 刃磨刀具和更换刀具后，要重新测量刀长并修改刀补值和刀补号。

⑬ 程序修改后，对修改部分要仔细计算和认真核对。

⑭ 手动连续进给操作时，必须检查各种开关所选择的位置是否正确，确定正负方向，然后再进行操作。

⑮ 开机后让机床空运转 15min 以上，以使机床达到热平衡状态。

⑯ 加工完毕后，将 X、Y、Z 轴移动到行程的中间位置，并将主轴速度和进给速度倍率开关都拨至低挡位，防止因误操作而使机床产生错误的动作。

⑰ 机床运行中，一旦发现异常情况，应立即按下红色急停按钮，终止机床的所有运动和操作。待故障排除后，方可重新操作机床及执行程序。

⑱ 卸刀时应先用手握住刀柄，再按换刀开关；装刀时应在确认刀柄完全到位后再松手。

⑲ 换刀过程中禁止运转主轴。

⑳ 出现机床报警时，应根据报警号查明原因，及时排除。

㉑ 加工完毕，清理现场，并做好工作记录。

11.1.3　加工中心安全操作规程

① 机床通电后，检查各开关、按键是否正常、灵活，机床有无异常现象。

② 检查电压、气压、油压是否正常，有手动润滑的部位要先进行手动润滑。

③ 各坐标轴手动回零〈机械原点〉。

④ 在进行工作台回转交换时，台面上、护罩上、导轨上不得有异物。

⑤ 机床空运转 15 min 以上，以使机床达到热平衡状态。

⑥ 程序输入后，应认真核对，保证无误。

⑦ 按工艺规程安装、找正夹具。

⑧ 正确测量和计算工件坐标系。

⑨ 将工件坐标系输入到机床，认真核对。

⑩ 未装工件前，空运行一次程序，看程序能否顺利执行，刀具长度选取和夹具安装是否合理，有无超程现象。

⑪ 刀具补偿值（刀长、半径）输入后，要对刀补号、补偿值、正负号、小数点进行认真核对。

⑫ 注意螺钉压板、工件是否妨碍刀具运动。

⑬ 检查各刀头的安装方向及各刀具旋转方向是否符合程序要求。

⑭ 检查各刀具形状和尺寸是否符合加工工艺要求，是否碰撞工件和夹具。

⑮ 铣刀头尾部露出刀杆直径部分，必须小于刀尖露出刀杆直径部分。

⑯ 检查每把刀柄在主轴孔中是否都能拉紧。

⑰ 不管是首件试切，还是周期性重复加工，第一件都必须对照图纸、工艺规程和刀具调整卡，进行逐把刀具、逐段程序的试切。

⑱ 试切时，快速进给和切削进给速度倍率开关必须打到低挡。

⑲ 每把刀首次使用时，必须先确定它的实际长度与所给刀具补偿值是否一致。

⑳ 在程序运行中，要重点观察显示屏上的坐标显示，工作寄存器和缓冲寄存器显示，主程序和子程序显示。

㉑ 试切进刀时，在刀具运行至工件表面 30～50mm 处，必须在进给保持下，验证 Z 轴剩余坐标值和 X、Y 轴坐标值与程序数据是否一致。

㉒ 对一些有试切要求的刀具，采用“渐进”的方法。使用刀具半径补偿功能时，可边试切边修改补偿值。

㉓ 刃磨刀具和更换刀具后，要重新测量刀长并修改刀补值和刀补号。

㉔ 程序检索时应注意光标位置是否正确，并观察刀具与机床运动方向坐标是否正确。

㉕ 程序修改后，对修改部分一定要仔细核对。

㉖ 手动连续进给操作时，必须先检查各种开关所选择的位置是否正确，弄清正负方向，认准按键，然后再进行操作。

㉗ 整批零件加工完成后，应核对刀具号、刀补值，加工程序、刀具补偿应与调整卡及工艺规程中的内容完全一致。

㉘ 从刀库中卸下刀具，按调整卡或加工程序，清理编号入库。

㉙ 加工程序、工艺规程、刀具调整卡整理入库。

㉚ 卸下夹具，清理机床。

11.2 数控机床的维护与保养

11.2.1 数控机床维护与保养的目的和意义

数控机床是一种综合应用了计算机技术、自动控制技术、自动检测技术和精密机械设计和制造等先进技术的高新技术的产物，是技术密集度及自动化程度都很高的典型机电一体化产品。与普通机床相比较，数控机床不仅具有零件加工精度高、生产效率高、产品质量稳定、自动化程度极高的特点，而且它还可以完成普通机床难以完成或根本不能加工的复杂曲面的零件加工，因而数控机床在机械制造业中的地位显得越来越为重要。甚至可以这样说，在机械制造业中，数控机床的档次和拥有量，是反映一个企业制造能力的重要标志。

但是，应当清醒地认识到：在企业生产中，数控机床能否达到加工精度高、产品质量稳定、提高生产效率的目标，这不仅取决于机床本身的精度和性能，很大程度上也与操作者在生产中能否正确地对数控机床进行维护保养和使用密切相关。

与此同时，还应当注意到：数控机床维修的概念，不能单纯地理解是数控系统或者是数控机床的机械部分和其他部分在发生故障时，仅仅是依靠维修人员如何排除故障和及时修复，使数控机床能够尽早地投入使用就可以了，这还应包括正确使用和日常保养等工作。

综上两方面所述，只有坚持做好对机床的日常维护保养工作，才可以延长元器件的使用寿命，延长机械部件的磨损周期，防止意外恶性事故的发生，争取机床长时间稳定工作；也才能充分发挥数控机床的加工优势，达到数控机床的技术性能，确保数控机床能够正常工作，因此，这无论是对数控机床的操作者，还是对数控机床的维修人员来说，数控机床的维护与保养就显得非常重要，必须高度重视。

11.2.2　数控机床维护与保养的基本要求

在懂得了数控机床的维护与保养的目的和意义后，还必须明确其基本要求。主要包括以下几个方面。

（1）重视数控机床的维护与保养工作　在思想上要高度重视数控机床的维护与保养工作，尤其是对数控机床的操作者更应如此，不能只管操作，而忽视对数控机床的日常维护与保养。

（2）提高操作人员的综合素质　数控机床的使用比使用普通机床的难度要大，因为数控机床是典型的机电一体化产品，它牵涉的知识面较宽，即操作者应具有机、电、液、气等更宽广的专业知识；再有，由于其电气控制系统中的 CNC 系统升级、更新换代比较快，如果不能定期参加专业理论培训学习，则不能熟练掌握新的 CNC 系统应用。因此对操作人员提出的素质要求是很高的。为此，必须对数控操作人员进行培训，使其对机床原理、性能、润滑部位及其方式，进行较系统学习，为更好地使用机床奠定基础。同时在数控机床的使用与管理方面，制定一系列切合实际、行之有效的措施。

（3）为数控机床创造一个良好的使用环境　由于数控机床中含有大量的电子元件，它们最怕阳光直接照射，也怕潮湿和粉尘、振动等，这些均可使电子元件受到腐蚀变坏或造成元件间的短路，引起机床运行不正常。为此，对数控机床的使用环境应做到保持清洁、干燥、恒温和无振动；对于电源应保持稳压，一般只允许±10%波动。

（4）严格遵循正确的操作规程　无论是什么类型的数控机床，它都有一套自己的操作规程，这既是保证操作人员人身安全的重要措施之一，也是保证设备安全、产品质量等的重要措施。因此，使用者必须按照操作规程正确操作，如果机床在第一次使用或长期没用时，应先使其空转几分钟；并要特别注意使用中注意开机、关机的顺序和注意事项。十分清楚各类数控机床的操作规程。

（5）在使用中，尽可能提高数控机床的开动率　在使用中，要尽可能提高数控机床的开动率。对于新购置的数控机床应尽快投入使用，设备在使用初期故障率相对来说往往大一些，用户应在保修期内充分利用机床，使其薄弱环节尽早暴露出来，在保修期内得以解决。如果在缺少生产任务时，也不能空闲不用，要定期通电，每次空运行 1 h 左右，利用机床运行时的发热量来去除或降低机内的湿度。

（6）要冷静对待机床故障，不可盲目处理　机床在使用中不可避免地会出现一些故障，此时操作者要冷静对待，不可盲目处理，以免产生更为严重的后果，要注意保留现场，待维修人员来后如实说明故障前后的情况，并参与共同分析问题，尽早排除故障。故障若属于操作原因，操作人员要及时吸取经验，避免下次犯同样的错误。

（7）制定并且严格执行数控机床管理的规章制度　除了对数控机床的日常维护外，还必须制定并且严格执行数控机床管理的规章制度。主要包括定人、定岗和定责任的“三定”制度，定期检查制度，规范的交接班制度等，也是数控机床管理、维护与保养的重要内容。

11.2.3　数控机床维护与保养的点检管理

由于数控机床集机、电、液、气等技术为一体，所以对它的维护要有科学的管理，有目的地制定出相应的规章制度。对维护过程中发现的故障隐患应及时清除，避免停机待修，从而延长设备平均无故障时间，增加机床的利用率。开展点检是数控机床维护的有效办法。

以点检为基础的设备维修，是日本在引进美国的预防维修制的基础上发展起来的一种点检管理制度。点检就是按有关维护文件的规定，对设备进行定点、定时的检查和维护。其优点是可以把出现的故障和性能的劣化消灭在萌芽状态，防止过修或欠修，缺点是定期点检工作量大。这种在设备运行阶段以点检为核心的现代维修管理体系，能达到降低故障率和维修费用，提高维修效率的目的。

我国自20世纪80年代初引进日本的设备点检定修制，把设备操作者、维修人员和技术管理人员有机地组织起来，按照规定的检查标准和技术要求，对设备可能出现问题的部位，定人、定点、定量、定期、定法地进行检查、维修和管理，保证了设备持续、稳定地运行，促进了生产发展和经营效益的提高。

数控机床的点检，是开展状态监测和故障诊断工作的基础，主要包括下列内容。

（1）定点　首先要确定一台数控机床有多少个维护点，科学地分析这台设备，找准可能发生故障的部位。只要把这些维护点“看住”，有了故障就会及时发现。

（2）定标　对每个维护点要逐个制定标准，例如间隙、温度、压力、流量、松紧度等等，都要有明确的数量标准，只要不超过规定标准就不算故障。

（3）定期　多长时间检查一次，要定出检查周期。有的点可能每班要检查几次，有的点可能一个或几个月检查一次，要根据具体情况确定。

（4）定项　每个维护点检查哪些项目也要有明确规定。每个点可能检查一项，也可能检查几项。

（5）定人　由谁进行检查，是操作者、维修人员还是技术人员，应根据检查部位和技术精度要求，落实到人。

（6）定法　怎样检查也要有规定，是人工观察还是用仪器测量，是采用普通仪器还是精密仪器。

（7）检查　检查的环境、步骤要有规定，是在生产运行中检查还是停机检查，是解体检查还是不解体检查。

（8）记录　检查要详细做记录，并按规定格式填写清楚。要填写检查数据及其与规定标准的差值、判定印象、处理意见，检查者要签名并注明检查时间。

（9）处理　检查中间能处理和调整的要及时处理和调整，并将处理结果记入处理记录。没有能力或没有条件处理的，要及时报告有关人员，安排处理。但任何人、任何时间处理都要填写处理记录。

（10）分析　检查记录和处理记录都要定期进行系统分析，找出薄弱“维护点”，即故障率高的点或损失大的环节，提出意见，交设计人员进行改进设计。

数控机床的点检可分为日常点检和专职点检二个层次。日常点检负责对机床的一般部件进行点检，处理和检查机床在运行过程中出现的故障，由机床操作人员进行。专职点检负责对机床的关键部位和重要部件按周期进行重点点检和设备状态监测与故障诊断，制定点检计划，做好诊断记录，分析维修结果，提出改善设备维护管理的建议，由专职维修人员进行。

数控机床的点检作为一项工作制度，必须认真执行并持之以恒，才能保证机床的正常运行。

从点检的要求和内容上看，点检可分为专职点检、日常点检和生产点检三个层次，数控机床点检维修过程如图 11-1 所示。

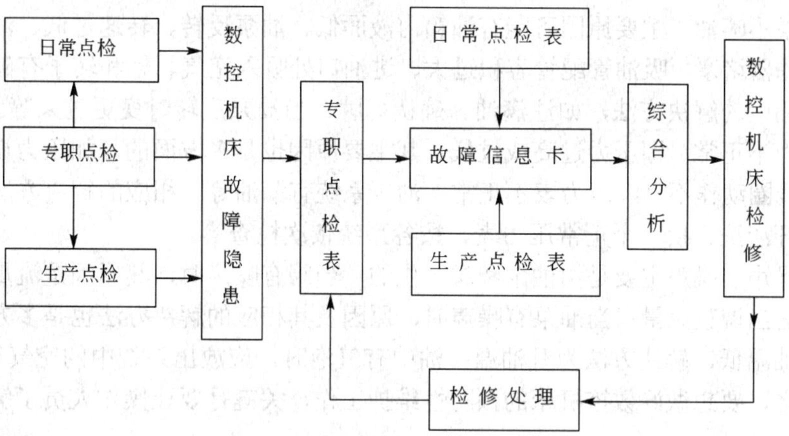

图 11-1　数控机床点检维修过程

（1）专职点检　负责对机床的关键部位和重要部位按周期进行重点点检和设备状态监测与故障诊断定点检计划，做好诊断记录，分析维修结果，提出改善设备维护管理的建议。

（2）日常点检　负责对机床的一般部位进行点检，处理和检查机床在运行过程中出现的故障。

（3）生产点检　负责对生产运行中的数控机床进行点检，并负责润滑、紧固等工作。

点检作为一项工作制度必须认真执行并持之以恒，这样才能保证数控机床的正常运行。

11.2.4　数控机床维护与保养的内容

预防性维护的关键是加强日常保养，主要的保养工作有下列内容。

（1）日检　其主要项目包括液压系统、主轴润滑系统、导轨润滑系统、冷却系统、气压系统。日检就是根据各系统的正常情况来加以检测。例如，当进行主轴润滑系统的过程检测时，电源灯应亮，油压泵应正常运转，若电源灯不亮，则应保持主轴停止状态，与机械工程师联系进行维修。

（2）周检　其主要项目包括机床零件、主轴润滑系统，应该每周对其进行正确的检查，特别是对机床零件要清除铁屑，进行外部杂物清扫。

（3）月检　主要是对电源和空气干燥器进行检查。电源电压在正常情况下额定电压 180～220V，频率 50Hz，如有异常，要对其进行测量、调整。空气干燥器应该每月拆一次，然后进行清洗、装配。

（4）季检　季检应该主要从机床床身、液压系统、主轴润滑系统三方面进行检查。例如，对机床床身进行检查时，主要看机床精度、机床水平是否符合手册中的要求，如有问题，应马上和机械工程师联系。对液压系统和主轴润滑系统进行检查时，如有问题，应分别更换新油 60 L 和 20 L，并对其进行清洗。

（5）半年检　半年后，应该对机床的液压系统、主轴润滑系统以及 X 轴进行检查，如出现毛病，应该更换新油，然后进行清洗工作。

全面地熟悉及掌握了预防性维护的知识后，还必须对油压系统异常现象的原因与处理有更深了解及必要的掌握。如当油泵不喷油、压力不正常、有噪声等现象出现时，应知道主要原因有哪些，有什么相应的解决方法。对油压系统异常现象的原因与处理，主要应从三方面加以了解。

（1）油泵不喷油　主要原因可能有油箱内液面低、油泵反转、转速过低、油黏度过高、油温低、过滤器堵塞、吸油管配管容积过大、进油口处吸入空气、轴和转子有破损处等，对主要原因有相应的解决方法，如注满油、确认标牌、当油泵反转时变更过来等。

（2）压力不正常　即压力过高或过低。其主要原因也是多方面的，如压力设定不适当、压力调节阀线圈动作不良、压力表不正常、油压系统有漏油等。相应的解决方法有按规定压力设置、拆开清洗、换一个正常压力表、按各系统依次检查等。

（3）有噪声　噪声主要是由油泵和阀产生的。当阀有噪声时，其原因是流量超过了额定标准，应该适当调整流量；当油泵有噪声时，原因及其相应的解决办法也是多方面的，如油的黏度高、油温低，解决方法为升油温；油中有气泡时，应放出系统中的空气等。

总而言之，要想做好数控机床的预防性维护工作，关键是要让操作人员了解日常维护与保养的知识。

11.2.5　机械部分的维护与保养

数控机床机械部分的维护与保养主要包括机床主轴部件、进给传动机构、导轨等的维护与保养。

11.2.5.1　主轴部件的维护与保养

主轴部件是数控机床机械部分中的重要组成部件，主要由主轴、轴承、主轴准停装置、自动夹紧和切屑清除装置组成。数控机床主轴部件的润滑、冷却与密封是机床使用和维护过程中值得重视的几个问题。

① 良好的润滑效果，可以降低轴承的工作温度和延长使用寿命，为此，在操作使用中要注意到：低速时，采用油脂、油液循环润滑；高速时采用油雾、油气润滑方式。但是，在采用油脂润滑时，主轴轴承的封入量通常为轴承空间容积的 10%，切忌随意填满，因为油脂过多，会加剧主轴发热。对于油液循环润滑，在操作使用中要做到每天检查主轴润滑恒温油箱，看油量是否充足，如果油量不够，则应及时添加润滑油；同时要注意检查润滑油温度范围是否合适。

为了保证主轴有良好的润滑，减少摩擦发热，同时又能把主轴组件的热量带走，通常采用循环式润滑系统，用液压泵强力供油润滑，使用油温控制器控制油箱油液温度。高档数控机床主轴轴承采用了高级油脂封存方式润滑，每加一次油脂可以使用 7～10 年。新型的润滑冷却方式不但要减少轴承温升，还要减少轴承内外圈的温差，以保证主轴热变形小。

常见主轴润滑方式有两种：油气润滑方式，近似于油雾润滑方式，但油雾润滑方式是连续供给油雾，而油气润滑则是定时定量地把油雾送进轴承空隙中，这样既实现了油雾润滑，又避免了油雾太多而污染周围空气；喷注润滑方式，是用较大流量的恒温油（每个轴承 3～4L/min）喷注到主轴轴承，以达到润滑、冷却的目的；这里较大流量喷注的油必须靠排油泵强制排油，而不是自然回流；同时，还要采用专用的大容量高精度恒温油箱，油温变动控制在±0.5℃。

② 主轴部件的冷却主要是以减少轴承发热，有效控制热源为主。

③ 主轴部件的密封则不仅要防止灰尘、屑末和切削液进入主轴部件，还要防止润滑油的泄漏。主轴部件的密封有接触式和非接触式密封。对于采用油毡圈和耐油橡胶密封圈的接触式密封，要注意检查其老化和破损；对于非接触式密封，为了防止泄漏，重要的是保证回油能够尽快排掉，要保证回油孔的通畅。

综上所述，在数控机床的使用和维护过程中，必须高度重视主轴部件的润滑、冷却与密封问题，并且仔细做好这方面的工作。

11.2.5.2　进给传动机构的维护与保养

进给传动机构的机电部件主要有：伺服电动机及检测元件、减速机构、滚珠丝杠螺母副、丝杠轴承、运动部件（工作台、主轴箱、立柱等）。这里主要对滚珠丝杠螺母副的维护与保养问题加以说明。

（1）滚珠丝杠螺母副轴向的间隙的调整　滚珠丝杠螺母副除了对本身单一方向的进给运动精度有要求外，对轴向间隙也有严格的要求，以保证反向传动精度。因此，在操作使用中要注意，由于丝杠螺母副的磨损而导致的轴向间隙，采用调整方法加以消除。根据滚珠丝杠螺母副的结构，消除间隙的方法有三种。

① 双螺母垫片式消隙。此种形式结构简单可靠、刚度好，应用最为广泛，在双螺母间加垫片的形式可由专业生产厂根据用户要求事先调整好预紧力，使用时装卸非常方便。

② 双螺母螺纹式消隙。利用一个螺母上的外螺纹，通过圆螺母调整两个螺母的相对轴向位置实现预紧，调整好后用另一个圆螺母锁紧，这种结构调整方便，且可在使用过程中，随时调整，但预紧力大小不能准确控制。

③ 齿差式消隙。在两个螺母的凸缘上各制有圆柱外齿轮，分别与固紧在套筒两端的内齿圈相啮合，其齿数分别为 Z_1、Z_2，并相差一个齿。调整时，先取下内齿圈，让两个螺母相对于套筒同方向都转动一个齿，然后再插入内齿圈，则两个螺母便产生相对角位移，其轴向位移量为：

$$S = \frac{P}{Z_1 Z_2}$$

式中　Z_1、Z_2——齿轮的齿数；

　　　P——滚珠丝杠的导程。

（2）滚珠丝杠螺母副的密封与润滑的日常检查　滚珠丝杠螺母副的密封与润滑的日常检查，是操作使用中要注意的问题。对于丝杠螺母的密封，就是要注意检查密封圈和防护套，以防止灰尘和杂质进入滚珠丝杠螺母副。对于丝杠螺母的润滑，如果采用油脂，则定期润滑；如果使用润滑油时则要注意经常通过注油孔注油。

11.2.5.3　机床导轨的维护与保养

机床导轨的维护与保养主要是导轨的润滑和导轨的防护。

（1）导轨的润滑　导轨润滑的目的是减少摩擦阻力和摩擦磨损，以避免低速爬行和降低高温时的温升。因此导轨的润滑很重要。对于滑动导轨，采用润滑油润滑；而滚动导轨，则润滑油或者润滑脂均可。数控机床常用的润滑油的牌号有：L-AN10、15、32、42、68。导轨的油润滑一般采用自动润滑，在操作使用中要注意检查自动润滑系统中的分流阀，如果它发生故障则会造成导轨不能自动润滑。此外，必须做到每天检查导轨润滑油箱油量，如果油量不够，则应及时添加润滑油；同时要注意检查润滑油泵是否能够定时启动和停止，并且要注意检查定时启动时是否能够提供润滑油。

（2）导轨的防护　在操作使用中要注意防止切屑、磨粒或者切削液散落在导轨面上，否则会引起导轨的磨损，加剧擦伤和锈蚀。为此，要注意导轨防护装置的日常检查，以保证导轨的防护。

11.2.5.4　回转工作台的维护与保养

数控机床的圆周进给运动一般由回转工作台来实现，对于加工中心，回转工作台已成为一个不可缺少的部件。因此，在操作使用中要注意严格按照回转工作台的使用说明书要求和操作规程正确操作使用。特别注意回转工作台传动机构和导轨的润滑。

11.2.6　辅助装置的维护与保养

数控机床的辅助装置的维护与保养主要包括数控分度头、自动换刀装置、液压气压系统的维护与保养。

（1）数控分度头的维护与保养　数控分度头是数控铣床和加工中心等的常用附件，其作用是按照 CNC 装置的指令作回转分度或者连续回转进给运动，使数控机床能够完成指定的加工精度，因此在操作使用中要注意严格按照数控分度头的使用说明书要求和操作规程正确操作使用。

（2）自动换刀装置的维护与保养　自动换刀装置是加工中心区别于其他数控机床的特征结构。它具有根据加工工艺要求自动更换所需刀具的功能，以帮助数控机床节省辅助时间，并满足在一次安装中完成多工序、多工步加工要求。因此，在操作使用中要注意经常检查自动换刀装置各组成部分的机械结构的运转是否正常工作、是否有异常现象；检查润滑是否良好等，并且要注意换刀可靠性和安全性检查。

（3）液压系统的维护与保养

① 定期对油箱内的油进行检查、过滤、更换；

② 检查冷却器和加热器的工作性能，控制油温；

③ 定期检查更换密封件，防止液压系统泄漏；

④ 定期检查清洗或更换液压件、滤芯、定期检查清洗油箱和管路；

⑤ 严格执行日常点检制度，检查系统的泄漏、噪声、振动、压力、温度等是否正常。

（4）气压系统的维护与保养

① 选用合适的过滤器，清除压缩空气中的杂质和水分；

② 检查系统中油雾器的供油量，保证空气中有适量的润滑油来润滑气动元件，防止生锈、磨损造成空气泄漏和元件动作失灵；

③ 保持气动系统的密封性，定期检查更换密封件；

④ 注意调节工作压力；

⑤ 定期检查清洗或更换气动元件、滤芯。

11.2.7　数控系统的使用检查

数控系统是数控机床电气控制系统的核心。每台机床数控系统在运行一定时间后，某些元器件难免出现一些损坏或者故障。为了尽可能地延长元器件的使用寿命，防止各种故障，特别是恶性事故的发生，就必须对数控系统进行日常的维护与保养。主要包括：数控系统的使用检查和数控系统的日常维护。

为了避免数控系统在使用过程中发生一些不必要的故障，数控机床的操作人员在操作使用数控系统以前，应当仔细阅读有关操作说明书，要详细了解所用数控系统的性能，要熟练掌握数控系统和机床操作面板上各个按键、按钮和开关的作用以及使用注意事项。一般说来，数控系统在通电前后要进行检查。

（1）数控系统在通电前的检查　为了确保数控系统正常工作，当数控机床在第一次安装调试，或者是在机床搬运后第一次通电运行之前，可以按照下述顺序检查数控系统。

① 确认交流电源的规格是否符合 CNC 装置的要求，主要检查交流电源的电压、频率和容量。

② 认真检查 CNC 装置与外界之间的全部连接电缆是否按随机提供的连接技术手册的规定，正确而可靠地连接。数控系统的连接是指针对数控装置及其配套的进给和主轴伺服驱动单元而进行的，主要包括外部电缆的连接和数控系统电源的连接。在连接前要认真检查数控装置与 MDI/CRT 单元、位置显示单元、纸带阅读机、电源单元、各印刷电路板和伺服单元等，如发现问题应及时采取措施或更换。同时要注意检查连接中的连接件和各个印刷线路板是否紧固，是否插入到位，各个插头有无松动，紧固螺钉是否拧紧，因为由于不良而引起的故障最为常见。

③ 确认 CNC 装置内的各种印刷线路板上的硬件设定是否符合 CNC 装置的要求。这些硬件设定包括各种短路棒设定和可调电位器。

④ 认真检查数控机床的保护接地线。数控机床要有良好的地线，以保证设备、人身安全和减少电气干扰，伺服单元、伺服变压器和强电柜之间都要连接保护接地线。

只有经过上述各项检查，确认无误后，CNC 装置才能投入通电运行。

（2）数控系统在通电后的检查　数控系统通电后的检查包括以下几个方面。

① 首先要检查数控装置中各个风扇是否正常运转，否则会影响到数控装置的散热问题。

② 确认各个印刷线路或模块上的直流电源是否正常，是否在允许的波动范围之内。

③ 进一步确认 CNC 装置的各种参数。包括系统参数、PLC 参数、伺服装置的数字设定等，这些参数应符合随机所带的说明书要求。

④ 当数控装置与机床联机通电时，应在接通电源的同时，做好按压紧急停止按钮的准备，以备出现紧急情况时随时切断电源。

⑤ 在手动状态下，低速进给移动各个轴，并且注意观察机床移动方向和坐标值显示是否正确。

⑥ 进行几次返回机床基准点的动作，这是用来检查数控机床是否有返回基准点的功能，以及每次返回基准点的位置是否完全一致。

⑦ CNC 系统的功能测试。按照数控机床数控系统的使用说明书，用手动或者编制数控程序的方法来测试 CNC 系统应具备的功能。例如：快速点定位、直线插补、圆弧插补、刀具半径补偿、刀具长度补偿、固定循环、用户宏程序等功能以及 M、S、T 辅助机能。

只有通过上述各项检查，确认无误后，CNC 装置才能正式运行。

11.2.8　数控系统的维护与保养

数控系统是数控机床电气控制系统的核心。每台机床数控系统在运行一定时间后，某些电气元件难免出现一些损坏或者故障。为了尽可能地延长元器件的使用寿命，防止各种故障，特别是恶性事故的发生，就必须对数控系统进行日常的维护与保养。主要包括：数控系统的使用检查和数控系统的日常维护。CNC 系统的日常维护主要包括以下几方面。

（1）严格制定并且执行 CNC 系统的日常维护的规章制度　根据不同数控机床的性能特点，严格制定其 CNC 系统的日常维护的规章制度，并且在使用和操作中要严格执行。

（2）应尽量少开数控柜门和强电柜的门　在机械加工车间的空气中往往含有油雾、尘埃，它们一旦落入数控系统的印刷线路板或者电气元件上，则易引起元器件的绝缘电阻下降，甚至导致线路板或者电气元件的损坏。所以，在工作中应尽量少开数控柜门和强电柜的门。

（3）定时清理数控装置的散热通风系统，以防止数控装置过热　散热通风系统是防止数控装置过热的重要装置。为此，应每天检查数控柜上各个冷却风扇运转是否正常，每半年或者一季度检查一次风道过滤器是否有堵塞现象，如果有则应及时清理。

（4）注意 CNC 系统的输入/输出装置的定期维护　例如 CNC 系统的输入装置中磁头的清洗。

（5）定期检查和更换直流电动机电刷　在 20 世纪 80 年代生产的数控机床，大多数采用直流伺服电动机，这就存在电刷的磨损问题，为此对于直流伺服电动机需要定期检查和更换直流电动机电刷。

（6）经常监视 CNC 装置用的电网电压　CNC 系统对工作电网电压有严格的要求。例如 FANUC 公司生产的 CNC 系统，允许电网电压在额定值的 85%～110%的范围内波动，否则会造成 CNC 系统不能正常工作，甚至会引起 CNC 系统内部电子元件的损坏。为此要经常检测电网电压，并控制在定额值的–15%～+10%内。

（7）存储器用电池的定期检查和更换　通常，CNC 系统中部分 CMOS 存储器中的存储内容在断电时靠电池供电保持。一般采用锂电池或者可充电的镍镉电池。当电池电压下降到一定值时，就会造成数据丢失，因此要定期检查电池电压。当电池电压下降到限定值或者出现电池电压报警时，就要及时更换电池。更换电池时一般要在 CNC 系统通电状态下进行，这才不会造成存储参数丢失。一旦数据丢失，在调换电池后，可重新就参数输入。

（8）CNC 系统长期不用时的维护　当数控机床长期闲置不用时，也要定期对 CNC 系统进行维护保养。在机床未通电时，用备份电池给芯片供电，保持数据不变。机床上电池在电压过低时，通常会在显示屏幕上给出报警提示。在长期不使用时，要经常通电检查是否有报警提示，并及时更换备份电池。经常通电可以防止长期不用的机床电气元件受潮或印制板受潮短路或断路等，每周至少通电两次以上。具体做法是：

① 应经常给 CNC 系统通电，在机床锁住不动的情况下，让机床空运行。

② 在空气湿度较大的季节，应天天给 CNC 系统通电，这样可利用电气元件本身的发热来驱走数控柜内的潮气，以保证电器元件的性能稳定可靠。

③ 对于采用直流伺服电动机的数控机床，如果闲置半年以上不用，则应将电动机的电刷取出来，以避免由于化学腐蚀作用而导致换向器表面的腐蚀，确保换向性能。

（9）备用印刷线路板的维护　对于已购置的备用印刷线路板应定期装到 CNC 装置上通电运行一段时间，以防损坏。

（10）CNC 发生故障时的处理　一旦 CNC 系统发生故障，操作人员应采取急停措施，停止系统运行，保护好现场。并且协助维修人员做好维修前期的准备工作。

11.2.9　数控机床强电控制系统的维护与保养

数控机床电气控制系统除了 CNC 装置以及主轴驱动和进给驱动的伺服系统外，还包括机床强电控制系统。机床强电控制系统主要是由普通交流电动机的驱动和机床电器逻辑控制